普通高等教育
软件工程 "十二五"规划教材

12th Five-Year Plan Textbooks
of Software Engineering

工业和信息化普通高等教育
"十二五"规划教材

U0394161

多媒体技术应用与实践

李海芳 马垚 ◎ 主编

廖丽娟 段利国 武淑红 曹洁 ◎ 副主编

陈俊杰 ◎ 审

The Application of Multimedia Technology and Practice

人民邮电出版社
北京

图书在版编目（C I P）数据

多媒体技术应用与实践 / 李海芳，马垚主编. —— 北京 ： 人民邮电出版社，2014.11
普通高等教育软件工程"十二五"规划教材
ISBN 978-7-115-35808-0

Ⅰ. ①多… Ⅱ. ①李… ②马… Ⅲ. ①多媒体技术—高等学校—教材 Ⅳ. ①TP37

中国版本图书馆CIP数据核字(2014)第212211号

内 容 提 要

多媒体技术是一门应用十分广泛的计算机应用技术，并且随着计算机软硬件技术的不断更新换代，得到了前所未有的迅速发展。多媒体应用系统开发主要包括音频、图像、动画、视频等素材的处理，以及多媒体内容的集成。近年来随着互联网的迅速普及，基于 Web 的多媒体开发成为新的技术热点。本书结合作者多年的多媒体教学经验和工程实践，从具体应用实践要求出发，对各项多媒体素材处理的基本方法进行了详细介绍，并重点讲解了相关软件的使用方法和多媒体应用作品集成方法。本书还专门介绍了几种常用的基于 Web 的多媒体开发技术，包括 HTML、Web3D、SMIL 等，读者可以利用这些技术开发出绚丽多彩的多媒体网页。

本书可作为计算机及相关专业本科生、专科生的多媒体实践教材，也可供有关技术人员参考。

◆ 主　编　李海芳　马　垚
　　副主编　廖丽娟　段利国　武淑红　曹　洁
　　审　　　陈俊杰
　　责任编辑　邹文波
　　责任印制　彭志环　焦志炜

◆ 人民邮电出版社出版发行　　北京市丰台区成寿寺路 11 号
　　邮编　100164　电子邮件　315@ptpress.com.cn
　　网址　http://www.ptpress.com.cn
　　北京捷迅佳彩印刷有限公司印刷

◆ 开本：787×1092　1/16
　　印张：15　　　　　　　　2014 年 11 月第 1 版
　　字数：395 千字　　　　　2025 年 1 月北京第 9 次印刷

定价：35.00 元
读者服务热线：(010)81055256　印装质量热线：(010)81055316
反盗版热线：(010)81055315

前言

多媒体技术作为计算机专业的一门专业必修课,主要涉及多媒体技术的基本原理、关键技术及其开发和应用,要求理论和应用并重。本书作为一本多媒体实践教材,侧重多媒体技术的开发与应用,在介绍了多媒体开发相关基本概念与原理的基础上,重点讲解了各类多媒体素材编辑与处理软件、多媒体内容集成开发软件的使用,以及几种常用的基于 Web 的多媒体开发技术及其应用。本书各章都附有大量精心编排的实例,根据这些实例,读者可以快速掌握相关的多媒体开发技术和软件的使用方法。

本书根据多媒体研究的基本内容,以及最新的多媒体技术研究热点,涉及多媒体应用开发的多个方面,包含众多多媒体开发技术与软件,如 Audition、Photoshop、Flash、Premiere、Dreamweaver 和 Authorware。本书以案例为主,通过案例来讲解技术和软件,由浅入深、从易到难,结合开发实际需要,使读者能够通过案例尽快掌握多媒体相关软件和技术的使用,提高多媒体综合应用开发与制作能力。

全书分为两大部分。第一部分为多媒体素材编辑,包含 4 章内容。第 1 章音频数据制作,介绍了音频基本知识及处理方法,以及音频编辑软件 Audition 的使用方法。第 2 章图像数据制作,介绍了图像基本知识及处理方法,以及著名图像处理软件 Photoshop 的使用方法。第 3 章动画数据制作,介绍了动画基本知识及处理方法,以及动画制作软件 Flash 的使用方法。第 4 章视频数据制作,介绍了视频基本知识及处理方法,以及视频编辑软件 Premiere 的使用方法。第二部分为多媒体系统集成与网页制作,包含 4 章内容。第 5 章 HTML 动态网页制作,介绍了 HTML 的基本知识,具体讲解了使用 Dreamweaver 设计多媒体网页。第 6 章 Web3D 三维网页制作,介绍了三维网页的基本知识,具体讲解了使用 WebGL 技术制作三维网页。第 7 章 Authorware 多媒体系统制作,阐述了如何使用 Authorware 来开发一个交换式的多媒体集成系统。第 8 章 SMIL 同步流媒体制作,介绍了 SMIL 的基础知识和基本语法,并给出了使用 SMIL 制作同步流媒体的具体实例。

本书共 8 章,第 1 章由武淑红编写,第 2 章由李海芳编写,第 3 章由曹洁编写,第 4 章、第 7 章由廖丽娟编写,第 5 章由段利国编写,第 6 章、第 8 章由马垚编写。全文统稿由李海芳完成。其中曹洁是山西省林业职业技术学院教师,其余均为太原理工大学教师。该书在编写大纲、修订及审稿过程中始终得到陈俊杰教授的悉心指导和帮助,在此表示深切的感谢。

由于作者水平所限,编写时间仓促,书中难免有不当和谬误之处,敬请各位专家和读者批评指正。

编　者
2014 年 9 月

目 录

第一部分　多媒体素材编辑

第1章　音频数据制作 ………………… 1

1.1　音频基础知识 ………………………… 1

　　1.1.1　声音信号的形式 ………………… 1

　　1.1.2　模拟音频与数字音频 …………… 2

1.2　常用音频处理软件介绍 …………… 4

1.3　Adobe Audition CS6 音频制作实例 ……… 7

　　1.3.1　Adobe Audition CS6 工作界面 …… 7

　　1.3.2　录制一首卡拉 OK 歌曲 ………… 11

　　1.3.3　录制影视作品中的声音 ………… 13

　　1.3.4　制作老旧收音机效果 …………… 14

　　1.3.5　一个人为多个角色配音 ………… 16

　　1.3.6　歌曲串烧文件制作 ……………… 18

　　1.3.7　模拟电话声音 …………………… 20

　　1.3.8　制作山谷回声效果 ……………… 20

　　1.3.9　将独唱的声音制作成合唱 ……… 22

　　1.3.10　制作幽默手机铃声 …………… 23

　　1.3.11　提取 CD 音乐 ………………… 25

　　1.3.12　提取合成音轨中的单个音频 …… 26

　　1.3.13　为视频配乐 …………………… 28

1.4　实验内容与要求 …………………… 30

第2章　图像数据制作 ……………… 31

2.1　图像基础知识 ……………………… 31

2.2　常用图像处理软件介绍 …………… 32

2.3　Adobe Photoshop CS6 图像制作实例 …… 33

　　2.3.1　Adobe Photoshop CS6 快速入门 …… 33

　　2.3.2　选区 …………………………… 35

　　2.3.3　图像绘制与编辑 ………………… 38

　　2.3.4　文字处理 ……………………… 49

　　2.3.5　路径 …………………………… 52

　　2.3.6　图层与蒙版 …………………… 54

　　2.3.7　滤镜 …………………………… 58

2.4　实验内容与要求 …………………… 66

第3章　动画数据制作 ……………… 67

3.1　动画基础知识 ……………………… 67

3.2　常用动画制作软件介绍 …………… 68

3.3　Adobe Flash CS6 动画制作实例 …… 69

　　3.3.1　Adobe Flash CS6 快速入门 ……… 69

　　3.3.2　逐帧动画 ……………………… 74

　　3.3.3　补间动画 ……………………… 77

　　3.3.4　图层动画 ……………………… 86

　　3.3.5　交互式动画 …………………… 93

3.4　实验内容与要求 …………………… 98

第4章　视频数据制作 ……………… 99

4.1　视频编辑基础 ……………………… 99

　　4.1.1　模拟视频与数字视频 …………… 99

　　4.1.2　数字视频的编辑方式 ………… 100

　　4.1.3　数字视频的制作基础 ………… 101

　　4.1.4　数字视频的非线性编辑流程 …… 103

4.2　常用的视频制作软件 …………… 104

　　4.2.1　视频采集与编辑软件 ………… 104

　　4.2.2　视频格式转换软件 …………… 104

　　4.2.3　刻录软件 ……………………… 105

4.3　Premiere Pro CS4 视频制作 …… 105

　　4.3.1　Premiere Pro CS4 对系统的
　　　　　要求 ………………………… 105

　　4.3.2　Premiere Pro CS4 的启动与系统
　　　　　设置 ………………………… 106

　　4.3.3　Premiere Pro CS4 素材的获取 …… 107

　　4.3.4　Premiere Pro CS4 素材的处理 …… 109

　　4.3.5　Premiere Pro CS4 素材的特效 …… 111

4.3.6 视频作品的输出 ············· 120
4.3.7 Premiere Pro CS4 实例制作 ······ 122
4.4 实验内容与要求 ················ 127

第二部分 多媒体系统集成与网页制作

第5章 HTML 动态网页制作 ······ 128

5.1 HTML 基础知识 ················ 128
5.1.1 HTML 简介 ················ 128
5.1.2 HTML 文档基本结构 ········ 129
5.1.3 HTML 常见标签 ············ 129
5.2 常用网页编辑软件介绍 ········ 137
5.3 Dreamweaver CS5 动态网页制作 ·· 139
5.3.1 Dreamweaver CS5 基础 ······ 139
5.3.2 创建与管理站点 ············ 141
5.3.3 插入文本 ·················· 142
5.3.4 插入多媒体 ················ 144
5.3.5 插入超链接 ················ 147
5.3.6 页面布局 ·················· 148
5.4 实验内容与要求 ················ 151

第6章 Web3D 三维网页制作 ······ 152

6.1 三维网页制作基础知识 ········ 152
6.1.1 三维网页的概念 ············ 152
6.1.2 三维网页的特征 ············ 152
6.1.3 Web3D 技术 ··············· 153
6.2 常用 Web3D 技术介绍 ········· 154
6.3 WebGL 三维网页制作 ········· 156
6.3.1 WebGL 基础 ··············· 156
6.3.2 WebGL 开发环境搭建 ······ 160
6.3.3 Three.js 绘制三维物体 ······ 160
6.3.4 Three.js 绘制三维动画 ······ 166
6.3.5 Three.js 动画制作实例 ······ 169
6.4 实验内容与要求 ················ 173

第7章 Authorware 多媒体系统 制作 ······ 174

7.1 多媒体著作工具简介 ·········· 174
7.1.1 多媒体著作工具及其功能 ······ 174

7.1.2 典型的多媒体著作工具 ········ 175
7.1.3 多媒体作品的开发过程 ········ 175
7.2 Authorware 7.0 基础 ·········· 177
7.2.1 Authorware 7.0 概述 ········· 177
7.2.2 Authorware 7.0 操作基础 ····· 179
7.2.3 变量和函数 ················ 186
7.2.4 ActiveX 控件 ··············· 189
7.2.5 程序调试与打包 ············ 192
7.3 综合制作实例 ················· 196
7.3.1 作品的总体规划 ············ 196
7.3.2 主程序的制作 ·············· 197
7.3.3 基础理论模块的制作 ········ 200
7.3.4 作品展示模块的制作 ········ 203
7.3.5 单元自测模块的制作 ········ 207
7.3.6 虚拟实验模块的制作 ········ 211
7.3.7 作品的打包和发布 ·········· 214
7.4 实验内容与要求 ················ 214

第8章 SMIL 同步流媒体制作 ······ 215

8.1 SMIL 简介 ···················· 215
8.1.1 SMIL 的产生 ··············· 215
8.1.2 SMIL 的优点 ··············· 216
8.1.3 SMIL 的前景 ··············· 216
8.1.4 SMIL 开发准备 ············· 217
8.2 SMIL 语法基础 ··············· 217
8.2.1 SMIL 文档结构 ············· 217
8.2.2 SMIL 语法规范 ············· 217
8.3 SMIL 详细解析 ··············· 218
8.3.1 多媒体关联 ················ 218
8.3.2 多媒体片段组织 ············ 218
8.3.3 时间控制 ·················· 220
8.3.4 布局设计 ·················· 222
8.3.5 链接制作 ·················· 224
8.3.6 转场制作 ·················· 226
8.3.7 控制元素 ·················· 227
8.3.8 动画效果 ·················· 228
8.3.9 SMIL 制作实例 ············· 229
8.4 实验内容与要求 ················ 234

第一部分　多媒体素材编辑

第1章
音频数据制作

1.1　音频基础知识

　　人类能够听到的所有声音统称为音频。在多媒体技术领域，音频文件是指由各种声源产生的声音文件的统称。随着多媒体技术的发展，计算机处理音频已经进入到了一个成熟的阶段，为了更好地掌握音频处理软件的使用，了解一些关于音频的基础知识是十分必要的。

1.1.1　声音信号的形式

1. 声音的定义与形式

　　任何声音都是由物体振动而产生的，当物体受到敲打或激发就能产生振动，振动的物体是声音的声源，声源的振动在介质中以波的方式进行传播称为声波。当一定频率范围的声波到达人的耳膜时，人耳会感觉到这种压力的变化，或者感觉到振动，这就是声音。在物理上，声音可用一条连续的曲线来表示，这条曲线不论多复杂，都可以看成是一系列正弦曲线的线性叠加。图 1-1 所示为女声"你好"的实际波形。

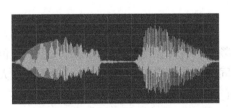

图 1-1　女声"你好"的实际波形

　　在多媒体系统中，音频（Audio）信号主要指 20Hz～20kHz 频率范围内的声音，属于听觉类媒体，是人耳能识别的声音。音频信号可分为两类：语音信号和非语音信号。语音是人说话的声音，是语言符号系统的物质载体，是人类进行交流特有的信息形式，它包含了丰富的语言内涵。非语音信号不具备复杂的语义和语法含义，信息量低，识别简单。非语音信号包括自然声、音乐、噪声以及各种人工合成的声音等。自然声指自然界中发生的有特殊效果的声音，例如：汽车声、鼓掌声、打雷声、风雨声、流水声、鸟鸣声等；音乐是指有旋律的乐曲；噪声即噪音；合成声音是由计算机通过一种专门定义的语言来驱动一些预制的语言或音乐合成器产生的声音，如 MIDI 声音。

2. 声音的基本特征

（1）物理特征

声音的 3 个指标是振幅、频率和周期，如图 1-2 所示。

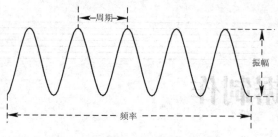

图 1-2　声音的振幅、频率和周期

振幅：是指振动物体离开平衡位置的最大距离。通常是指音量，也就是声波波形的高低幅度，表示声音的强弱程度。

频率：就是声源振动的频率，即每秒钟声波振动的次数，用符号 f 表示，通常以赫兹（Hz）为单位，简称赫。声波的频率对人耳的听觉感受影响很明显。按照声波的频率不同，声音可以分为次声波、超声波、人耳可听声 3 种。人耳可感知的声音是介于 20～20 000Hz；频率范围低于 20Hz 的声波称为次声；高于 20 000Hz 的声波称为超声。次声和超声人耳都听不见。

周期：两个相邻声波波峰或波谷之间的时间长度，即重复出现的最短时间间隔，用符号 T 表示，通常以秒（s）为单位，周期与频率互为倒数关系。

声音的频率体现音调的高低，声音振幅的大小体现声音的强弱。这两个基本参数决定了声音信号特性。

（2）声音的三要素

音调：代表了声音的高低。音调与频率有关，频率越高，音调越高。人类发声通常女性音调要高于男性，女高音歌唱家能达到非常高的音调。

响度：人耳对声音强弱的主观感觉称为响度。响度跟声源的振幅以及人距离声源的远近有关，振幅越大，响度越大；距声源越远，听到的声音越小。通常在家电和多媒体计算机中所指的音量即为响度。

音色：具有特色的声音。音色是人们区别具有同样响度、同样音调的两个声音之所以不同的特性，或者说是人耳对各种频率、各种强度的声波的综合反应。音色主要与发声体的材料、结构和发声方式等因素有关。不同的发声体发出的声音音色一般不同。人们能够分辨出各种不同乐器的声音，就是由于它们的音色不同。

1.1.2　模拟音频与数字音频

1. 模拟音频与数字音频

自然界的声音信号是典型的连续信号，它不仅在时间上是连续的，而且在幅度上也是连续的，是一种随时间连续变化的物理量，可用一条连续的曲线表示，所以是一种模拟的信号。

所谓模拟音频是指用电信号（电压、电流）来模仿声音物理量的变化。因为声音是在时间和幅度上都连续变化的信号，所以模拟电信号在时间和幅度上也是连续变化的，故称之为模拟音频信号。

模拟音频信号有很多弊端，如抗干扰能力差，容易受机械振动、模拟电路的影响产生失真，远距离传输受环境影响较大等。

在多媒体技术中，计算机是主要的处理工具。要想在计算机中处理和存储就必须将模拟音频信号进行数字化处理，转换成数字音频信号。

数字音频信号在时间上是不连续的、离散的，是一个由二进制代码组成的数据序列。

数字音频信号的优点主要有：精度高、灵活性高、可靠性强、保真度好、动态范围大，易于大规模集成以及便于计算机处理、存储和交换等。

2. 数字音频的获得

将模拟音频信号转换为数字音频信号的过程称为声音信号的数字化，简称模-数（A/D）转换。模拟音频数字化的方法很多，但不管采用哪种方法，这一过程普遍要经过采样、量化和编码 3 个阶段，具体的由模拟音频转换为数字音频的过程如图 1-3 所示。

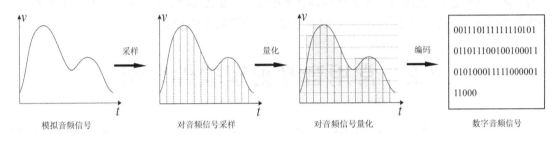

图 1-3　模拟音频信号的数字化过程

（1）采样

采样的过程是每隔一个时间间隔在声音的模拟信号波形上取一个幅度值，把时间上的连续信号变成时间上的离散信号。采样使时间连续的信号变成离散点集。

（2）量化

采样所得到的数据是一定的离散值，将这些离散值用若干二进制的位来表示，这一过程称为量化。量化是将采样所得到的信号振幅值用一组二进制脉冲序列来表示。

（3）编码

采样、量化后的信号还不是数字信号，需要把它转换成数字编码脉冲，这一过程称为编码。

3. 数字音频的参数

在将模拟音频信号转换成数字音频信号的过程中，有 3 个因素对转换后的数字音频质量有着重要的影响，它们是采样频率、采样精度和声道数。

（1）采样频率

采样频率是指计算机每秒钟采集多少个声音样本。采样频率越高，即采样的间隔时间越短，则在单位时间内计算机得到的声音样本数据就越多，对声音波形的表示也越精确，声音的保真度越高、质量越好，但同时所得到的数据量也就越大。

采样频率的选择与声音信号本身的频率有关，根据奈奎斯特（Nyquist）理论，只有采样频率高于声音信号最高频率的两倍时，才能把数字信号所表示的声音较好地还原为原来的声音。

在数字音频领域，最常用的采样频率有如下几种。

- 8kHz：电话所用采样频率，用于记录语音信号。
- 11.025kHz：品质较差，数据量较小的一种频率选择，可用于对品质要求不高的多媒体场合。
- 22.05kHz：无线电广播所用采样频率，品质较高，可用于多媒体音乐、音效和语音。

- 44.1kHz：CD 唱片所使用的采样频率，也是 MPEG-1 音频（VCD、SVCD、MP3）所用采样频率，效果较好，但易使多媒体作品数据量过大，故多媒体作品较少使用大于 44.1kHz 的采样频率。
- 48kHz：miniDV、数字电视、DVD、DAT、电影和专业音频所用的数字声音使用的采样频率。

（2）采样精度

采样精度也叫量化位数，是记录每次采样所用的二进制的数据位数。经常采用的有 8 位、12 位和 16 位。采样精度越低对声音描述越粗糙，声音的品质越差，数据量就越小；采样精度越高对声音的描述越精确，声音品质越高，数据量就越大。

（3）声道数

声道数是指声音通道的个数。单声道一次采样一个声音波形，双声道俗称"立体声"，一次采样两个声音波形，数据量是单声道的两倍。单声道声音效果与多声道相比，单声道声音效果比较平直、缺乏现场感、数据量小。随着多媒体技术的进一步发展又产生了如 4.1、5.1、7.1 等多声道的媒体和设备，声道数目越多，声音的效果也越好，当然数据量也倍增。

1.2　常用音频处理软件介绍

常用的音频处理软件有 GoldWave、Adobe Soundbooth、Sound Forge、Cake Walk、Adobe Audition 等，用户可以根据自己的需求选择相应的软件进行音频的处理。

1. GoldWave

GoldWave 是一款优秀的数字音乐编辑器，小巧玲珑但功能强大，是不需要安装的绿色软件，它可以对音乐进行录制、播放、编辑及转换格式等处理，支持多种音频文件格式，包括 WAV、MP3、XAC、AIFF、IFF、VOC、OGG、AU、SND、SDS、SMP、VOX、MAT、AVI、APE、FLAC、WMA 等。GoldWave 内含丰富的音频处理特效，从一般特效如多普勒、回声、混响、降噪到高级的公式计算。内含 Lame MP3 编码插件，可直接制作高品质、多种压缩比率、采样精确的 MP3 文件。启动 GoldWave 后其工作界面如图 1-4 所示。

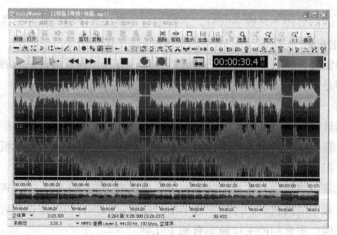

图 1-4　GoldWave 的工作界面

GoldWave 的特性：

- 直观、可定制的用户界面，使操作更简便；

- 多文档界面可以同时打开多个文件，简化了文件之间的操作；
- 编辑较长音乐时，GoldWave 会自动使用硬盘，而编辑较短音乐时，GoldWave 则会在速度较快的内存中编辑；
- 支持多种声音效果，如倒转、回声、音调、镶边、动态、时间弯曲和压缩等；
- 精密的滤波器功能（如降噪器和爆破音/嘀嗒声）帮助修复声音文件；
- 批处理命令可以把一组声音文件转换为不同的格式和类型，如可以转换立体声为单声道，转换 8 位声音到 16 位声音，或者是文件类型支持的任意属性的组合；
- CD 音乐提取工具可以将 CD 音乐拷贝为一个声音文件，为了缩小尺寸，也可以把 CD 音乐直接提取出来并存为 MP3 格式；
- 表达式求值计算器在理论上可以制造任意声音，支持从简单的声调到复杂的过滤器，内置的表达式有电话拨号音的声调、波形和效果等。

2. Adobe Soundbooth

Adobe Soundbooth 软件可为网页设计人员、视讯编辑人员和其他创意专业人员提供多种工具，以建立与润饰声音信号、自订音乐和音效等。如图 1-5 所示为 Adobe Soundbooth CS5 的工作界面。Adobe Soundbooth 的设计目标是为网页及影像工作流程提供高品质的声音信号，能快速录制、编辑及创作音信。该软件能与 Adobe Flash 及 Adobe Premiere Pro 完美结合。使用 Adobe Soundbooth 能轻松地移除录音杂音，可以修饰配音，为作品编排最适合的配乐。在其最新版本中也开始支持多轨录音。

图 1-5　Adobe Soundbooth CS5 的工作界面

同为 Adobe 公司的成员，Audition 和 Soundbooth 在表面上看不出区别。实际上，Audition 偏重的是纯音频的专业化处理；Soundbooth 则将重点放在了与视频的结合上，更像视频后期的配音平台。Soundbooth 可以引入视频文件，进行声画对位的声音编配、自动配乐、另存为（转换）其他视频格式，这些都是 Audition 所不擅长的。

3. Sound Forge

Sound Forge 是 Sonic Foundry 公司开发的一款数字音频处理软件，现在已经归于 Sony 名下，具有强大的专业化数字音频处理和特效制作功能，用来进行音频的编辑、录制、效果处理以及完成编码。

它内置支持视频及 CD 的刻录，并且可以保存为多种的声音及视频的格式，包括 WAV、WMA、RM、AVI 和 MP3 等。除了音效编辑软件都有的功能外，还可以处理大量的音效转换的工作。它不仅能够对单独的声音文件进行编辑操作，还可以对 AVI、MPG、MOV、WMV 等格式的视频文件中的声音进行处理,以达到视频部分和音频部分的完美配合,能满足从最普通到最专业所有用户的各种要求,其简单而又熟悉的 Windows 界面使音频编辑变得轻而易举,所以一直是多媒体开发人员首选的音频处理软件之一。Sound Forge 升级到 10 之后,改名为 Sound Forge Pro 10.0,图 1-6 所示为其工作界面。

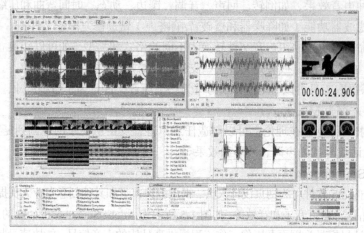

图 1-6　Sound Forge Pro 10.0 的工作界面

4. Cakewalk

Cakewalk 是人们熟悉的一款图形化音序器软件,它具有比原来的合成器更方便和高效的编辑方法,如五线谱窗和钢琴卷帘窗等,使用该软件可以制作单声部或多声部音乐,并可以在制作的音乐中使用多种音色,用户可以方便地制作出规范的 MIDI 文件。它的出现很大程度上决定了硬件音序器的淘汰。从最初的 Cakewalk 2.0 到 Cakewalk Pro 9.0,一直都是 MIDI 音乐制作中功能最强、最受欢迎的软件之一。

音乐工作站的未来发展方向是 MIDI、音频、音源(合成器)一体化制作。在 2000 年以后,随着计算机技术的进步,Cakewalk 也向着更加强大的音乐制作工作站方向发展,并将 Cakewalk 更名为 Sonar。Sonar 不仅可以很好地编辑和处理 MIDI 文件,在音频录制、编辑、缩混方面也得到了长足的发展,达到甚至部分超过了同档次音频制作软件的水平。截至 2012 年,最新的版本 Sonar X2 已经完全成为一个功能强大的超级音乐制作工作站,其工作界面如图 1-7 所示,它可以完成音乐制作中从前期 MIDI 制作到后期音频录音、缩混、烧刻的全部功能,同时还可以处理视频文件。Cakewalk Sonar 现在已经成为世界上最著名的音乐制作工作站软件之一。

图 1-7　Cakewalk Sonar X2 的工作界面

5. Adobe Audition

Cool Edit 是美国 Syntrillium 公司开发的音频文件处理软件，被 Adobe 收购后更名为 Adobe Audition。Adobe Audition 是一款专业的一体化音频制作软件，专为在影音工作室、广播设备和后期制作设备方面工作的音频和视频专业人员设计，可提供先进的音频混合、编辑、控制和效果处理功能。最多混合 128 个声道，可编辑多个音频文件，创建回路并具有 45 种以上的数字信号处理效果。Audition 是一个完善的多声道录音室，可提供灵活的工作流程并且使用简便，无论是要录制音乐、无线电广播，还是为录像配音，Audition 都可以轻松胜任。目前，该软件的最新版本为 Adobe Audition CS6。

Adobe Audition CS6 的新特点包括：

更快更精确的音频编辑，可以短时间内完成更多的编辑、音效设计、处理与混合，优化影片、视频和广播工作流。高效、跨平台软件通过文件预览、素材定位、声音美化、工程共享等改进特征加速了制作的流水化。

实时无损伸缩素材，预览改变和设置，并呈现更高质量的结果，新的变速模式同时调节速度和音高。

具有强大的音高修正功能，可自动或手动修正音高，通过频谱音高显示视图可直观地进行音高的调节。

通过 Pitch Bender、Generate Noise、Tone Generator、Graphic Phase Shifter 和 Doppler Shifter 等更多新效果进行音效设计。

高效的项目管理工具，易于预览和导入的新媒体浏览器、文件面板的快速搜索栏、可定制的项目模板等使操作更高效。

CS6 还完善各种音频编码格式接口，比如已经支持 FLAC 和 APE 无损音频格式的导入和导出以及相关工程文件的渲染；CS6 加入对 VST3 格式插件的支持，可以更好地分类管理效果器插件类型以及统一的 VST 路径；CS6 的其他新特性，比如更高效的工作面板、参数自动化、自动音高识别、简化元数据和标记板，支持直接导入高清视频播放、改进的批处理功能、可调节节拍器等。

1.3　Adobe Audition CS6 音频制作实例

1.3.1　Adobe Audition CS6 工作界面

熟悉和掌握 Audition CS6 工作界面的组成和功能，并能灵活切换，才能为进一步的操作和编辑音频文件打下基础。下面我们详细介绍界面功能及其使用方法。启动 Adobe Audition CS6 后，可以看到如图 1-8 所示的工作界面。

Adobe Audition CS6 基本界面主要由标题栏、菜单栏、工具栏、工程模式控制按钮栏、声音文件编辑区、文件操作窗、资源管理窗、控制操作区和状态栏组成。

标题栏左侧显示的是软件的图标和名称，单击图标处会弹出快捷菜单，标题栏右侧显示最小化、最大化/还原、关闭按钮。

菜单栏中包含文件、编辑、多轨合成、素材、效果、收藏夹、视图、窗口等菜单名称，单击这些菜单名称时将弹出相应的下拉菜单，这样提供了实现各种不同功能的命令。

菜单栏
工程模式控制按钮栏
文件操作窗
资源管理窗
标题栏
工具栏
声音文件编辑区
波形缩放按钮
状态栏

走带控制按钮　　音量电平表　　时间显示区　　选区/视图窗口

图 1-8　Adobe Audition CS6 工作界面

工具栏提供了用于快速访问的一些常用菜单命令，如：➕为移动工具按钮，◆为切割选中素材的工具，↔为滑动工具，Ｉ则是选区/时间工具。

工程模式控制按钮栏实现了两种工作模式的选择，单击 ▦ 波形编辑 进入单轨编辑模式，选择 ▦ 多轨合成 则进入多轨合成模式，在多轨合成模式下，可以对多个单轨进行整体的编辑、宏观调整。

声音文件编辑区以波形的方式显示了待加工的各种音频波形。

文件操作窗可以实现对音频文件的各种具体操作，包括对音频文件的新建🗋、打开📂、导入📥和关闭已选中的文件🗙、插入多轨合成中🗎以及搜索、播放等操作。

资源管理窗包括媒体浏览器、效果架、标记以及属性，可以方便用户浏览媒体资源、编辑效果、管理标记和查看属性。

控制操作区集合了多种其他功能的工具和显示区域，如走带控制按钮、波形缩放按钮、时间显示区、选区/视图窗口及音量电平表等。如图 1-9 所示，走带控制按钮实现了播放、快进、倒放、移动时间指示器到前/后一个、暂停、停止、录音以及循环播放等，如果不想使用鼠标控制声音的播放和停止，可以按空格键来完成，声音停止时，按空格键则开始播放，再次按空格键则停止播放；图 1-10 所示为波形缩放按钮，它可以实现波形振幅（水平）或时间（垂直）的放大或缩小、入点和出点的放大以及选区的缩放，以便更好地观察和编辑音频；选区/视图窗口如图 1-11 所示，通过设置开始时间、结束时间或持续时间长度可以实现对一小段音频的精确选择；如图 1-12 所示，时间显示区可显示播放头所处的时间位置；音量电平表具有刻度，如图 1-13 所示，它可以快速、准确地指示当前轨道音频播放或录音时音量电平的高低和数值大小。

图 1-9　走带控制按钮

图 1-10　波形缩放按钮

图 1-11　选区/视图窗口

图 1-12　时间显示区

图 1-13　音量电平表

状态栏则会显示一些关于工程的状态信息，如音频文件的采样类型、大小、持续时间等。

声音文件编辑区是工作界面的主体，在这里可以显示和编辑音频波形。在单轨编辑模式和多轨合成模式两种不同的工作模式下，音频波形的编辑区也有两种：单轨编辑区和多轨编辑区。

如果在某一音轨波形上双击鼠标左键或单击波形编辑按钮，就进入该音轨的单轨编辑区，在该模式下可以独立编辑音频，即可以对单声道波形进行编辑，如图 1-14 所示；也可以对立体声波形进行处理，如图 1-15 所示。运用资源管理窗中的效果架或使用菜单栏中"效果"菜单的相关命令可以很方便地对音频波形进行加工处理。

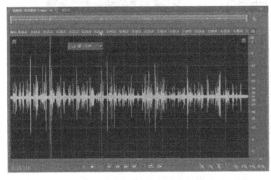

图 1-14　单声道单轨编辑区

图 1-15　立体声单轨编辑区

单击多轨合成按钮，则进入多轨编辑区，如图 1-16 所示，这时每个轨道的左侧都有一个音轨控制台，如图 1-17 所示，可用来对这一音轨的输入/输出█、效果█、发送█和均衡█等进行设置。分别选择上方的操作选项，音轨控制台将呈现相应的设置界面。

在图 1-17 中，选择输入/输出█时，在音轨控制台会出现音量控制按钮█、立体声声相控制按钮█、输入方式选择列表█和输出方式选择列表█。

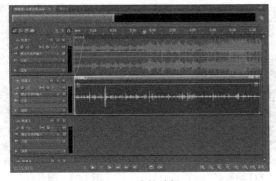

图 1-16　多轨编辑区

图 1-17　音轨控制台

我们可以双击音量控制按钮和立体声声相控制按钮右侧，在文本框中直接输入相应数值来改变音量大小及左右声道的参数，这样就可以调整音量和立体声平衡；也可以将鼠标放置在旋钮图标⊙上，当鼠标出现手型样式时，按住鼠标左键左右拖移来改变音量和声相效果。

对输入方式选择列表和输出方式选择列表可以单击右侧三角▶来选择相应输入设备和输出设备是单声道、立体声还是重新设置音频硬件。

控制台上的按钮（M、S 和 R）分别对应静音、独奏和录制准备的操作按钮。静音是该轨道音频不播放，其他轨道正常播放；按下独奏按钮时该轨道音频进行播放，其他轨道则不播放；录制准备按钮用于在多轨录音前录制功能的激活，配合录制按钮实现多轨录音；如果在录音过程中需要监听，则可以按下 ⅰ监视输入按钮。

选择效果 fx 时，则进入效果器面板，如图 1-18 所示，除了会出现音量控制按钮、立体声声相控制按钮以及 M、S 和 R 按钮外，还可以针对该轨道进行各种效果设置和处理，单击右侧▶按钮则可以打开效果器列表，如图 1-19 所示，可以直接选择振幅与压限、滤波与均衡、延迟与回声等具体的效果，这些效果将出现在效果器列表栏中，如图 1-20 所示。

图 1-18　效果器面板

图 1-19　效果器列表

图 1-20　添加效果器到列表栏

选择发送 ⊩ 时，如图 1-21 所示，则进入发送控制器界面。在 Adobe Audition CS6 中有一种轨道叫总音轨，它们并不转载任何音频波形，但是可以接收其他轨道发来的音频信号，并将其发送入总线输出。利用发送控制器可以将需要进行处理的音频信号发送到总音轨，并在该轨道上添加效果器，达到为音乐添加效果的目的。这样使用一组效果器就可以为多个轨道进行效果处理。

选择均衡 ⅲ 时，进入该轨道的 EQ 均衡器界面，如图 1-22 所示，可以对音频各频率段进行增益或衰减，达到音频美化和修饰的目的。

事实上，设置每个轨道的各种参数也可以在"调音台"窗口中进行，如图 1-23 所示。

图 1-21　发送控制器

图 1-22　EQ 均衡器

图 1-23　调音台

在多轨合成模式下，插入声音文件的方法有两种：一是在某一轨道空白处单击鼠标右键，在弹出的列表中选择"插入"|"文件"命令导入相应的音频文件，如图 1-24（a）所示；二是通过多轨合成菜单中的"插入文件"命令进行导入，如图 1-24（b）所示。

（a）方法一　　　　　　　　　　　　　　　　　　（b）方法二

图 1-24　多轨合成模式下插入音频文件

1.3.2　录制一首卡拉 OK 歌曲

选择一首自己喜欢的歌曲的伴奏，跟随伴奏录制自己的演唱，并与伴奏缩混生成自己的歌唱作品。

① 确定将麦克风插入到计算机声卡的麦克风插口。双击托盘区的"音量（喇叭）"图标，单击"选项"|"属性"，在"混音器"下拉列表中选择带有"Input（输入）"字样的选项，不同声卡设置不尽相同。勾选下面的"麦克风音量"，如图 1-25 所示。

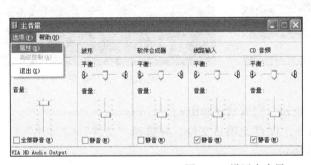

图 1-25　设置麦克风

② 启动 Audition CS6，单击"文件"|"新建"|"多轨合成项目"，在弹出的"新建多轨项目"对话框中设置"项目名称"为"录制卡拉 OK 歌曲"，并设置保存路径以及采样率为 44100Hz 和位深度为 32 位，如图 1-26 所示。

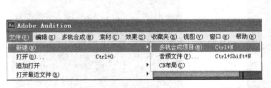
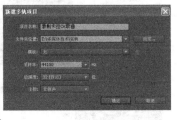

图 1-26　新建多轨项目

③ 单击"确定"按钮进入多轨编辑状态。

④ 选择"多轨合成"|"插入文件"命令，将"素材/伴奏.mp3"文件插入轨道 1 中，如图 1-27 所示。

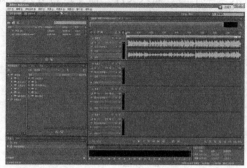

图 1-27　插入文件

⑤ 设置轨道 2 的输入设备为"[01S] VIA HD Audio Input 1"选项，如图 1-28 所示。

⑥ 单击轨道 2 上的 R 录制准备按钮。

⑦ 插入点设置在轨道 2 中，单击走带面板中的"录制"按钮，并观察电平指示，根据电平指示调节演唱的声音大小，如图 1-29 所示。

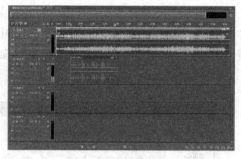

图 1-28　设置输入设备　　　　　　　　图 1-29　进行录音

⑧ 录制完成后，单击"录制"按钮，完成录音操作。

⑨ 选择"文件"|"保存"命令，保存此项目文件。并选择"文件"|"导出"|"多轨缩混"|"整个项目"命令，如图 1-30 所示。

⑩ 在弹出的"导出多轨缩混"对话框中设置保存路径以及文件格式为 mp3 和位深度为 32 位；并设置"文件名"为"录制卡拉 OK 歌曲"，则文件保存为"录制卡拉 OK 歌曲.mp3"，如图 1-31 所示。

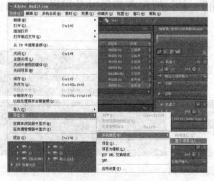

图 1-30　导出项目　　　　　　　　　　图 1-31　保存文件

1.3.3　录制影视作品中的声音

有时候，对刚刚播出的电视剧或影片，其片头曲、片尾曲、插曲或片中对白都非常经典或好听，短时间又找不到现成的，此时可以通过录音的方法录制这段声音。

下面录制动画片《蜡笔小新》的片头曲，保存为 mp3 格式。

① 打开"音量"对话框，单击"选项"|"属性"，在"混音器"下拉列表中选择带有"Input（输入）"字样的选项，不同声卡设置不尽相同，设置"录音选项"的来源为"立体声混音"。

② 启动 Audition CS6，在波形编辑器界面新建文件。

③ 选择"编辑"|"首选项"|"音频硬件"命令，如图 1-32 所示，将"默认输入"设置为"VIA HD Audio Input"，如图 1-33 所示。

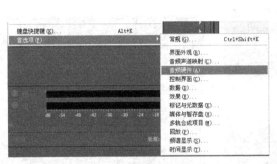
图 1-32　"音频硬件"命令

图 1-33　设置"默认输入"

④ 在 PPS 影音中找到相应的动画片《蜡笔小新》进行播放，如图 1-34 所示，同时在 Audition 中按下"录音"按钮进行录音。

图 1-34　影片播放

⑤ 片头曲播放完毕，单击"停止"按钮，完成录制。

⑥ 利用时间/选区工具选中开始空白波形和多余的波形，单击鼠标右键选择"删除"命令，对录制音频进行修剪，如图 1-35 所示。

⑦ 如果声音音量有些小，可以用音量控制按钮调节音量，如图 1-36 所示。

⑧ 选择"文件"|"另存为"，将音频文件保存为"《蜡笔小新》片头曲.wav"，如图 1-37 所示。

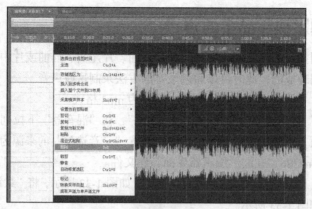

图 1-35　删除空白波形

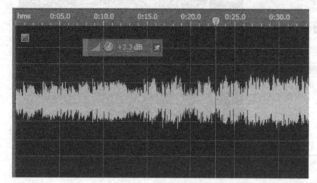

图 1-36　调节音量

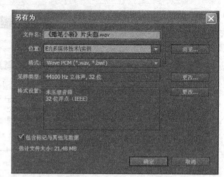

图 1-37　文件"另存为"

1.3.4　制作老旧收音机效果

① 启动 Audition CS6，在波形编辑器界面打开文件"男声.mp3"。

② 选择音频噪声部分，如图 1-38 所示，单击"效果"|"降噪/修复"|"采集噪声样本"，如图 1-39 所示，出现"采集噪声样本"对话框，如图 1-40 所示，单击"确定"按钮。

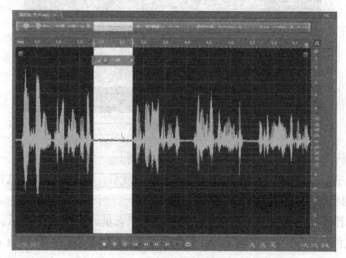

图 1-38　选择音频噪声

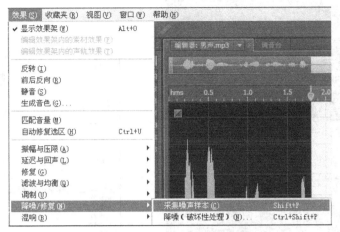

图 1-39 "降噪/修复" | "采集噪声样本"命令

图 1-40 "采集噪声样本"命令对话框

③ 选择全部波形,执行"效果" | "降噪/修复" | "降噪"命令,如图 1-41 所示,在弹出的"效果-降噪"对话框中单击"应用",如图 1-42 所示,可按照同样的方法多次降噪,达到理想的效果。

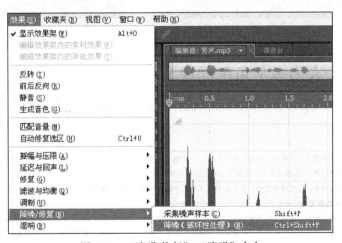

图 1-41 "降噪/修复" | "降噪"命令

④ 执行"效果" | "滤波与均衡" | "参数均衡"命令,如图 1-43 所示,弹出"效果-参数均衡器"命令对话框,如图 1-44 所示,在"预设"下拉列表中选择"Old Time Radio",单击"应用"按钮。

⑤ 选择"文件" | "另存为",将音频文件保存为"老旧收音机效果.mp3",如图 1-45所示。

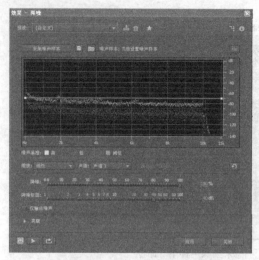

图1-42　"效果-降噪"命令对话框

图1-43　"滤波与均衡"|"参数均衡"命令

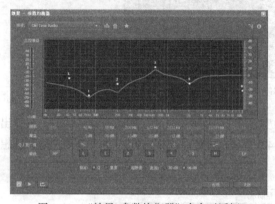

图1-44　"效果-参数均衡器"命令对话框

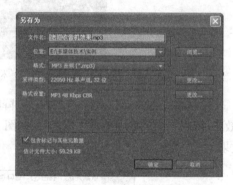

图1-45　文件"另存为"

1.3.5　一个人为多个角色配音

准备一段女生的配音内容，如图1-46所示，通过效果处理，完成一个人为多个不同角色配音的工作。

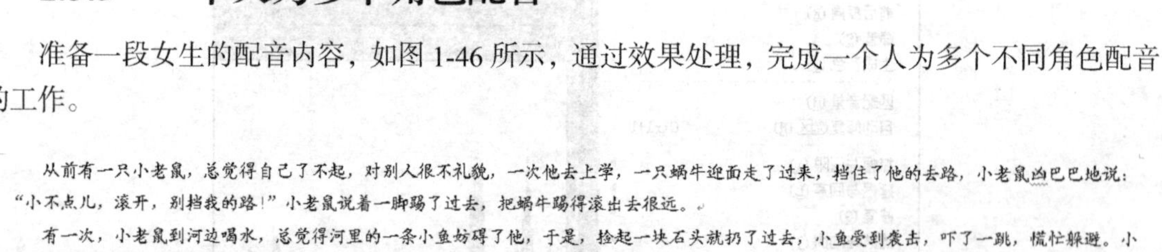

从前有一只小老鼠，总觉得自己了不起，对别人很不礼貌，一次他去上学，一只蜗牛迎面走了过来，挡住了他的去路，小老鼠凶巴巴地说："小不点儿，滚开，别挡我的路！"小老鼠说着一脚踢了过去，把蜗牛踢得滚出去很远。

有一次，小老鼠到河边喝水，总觉得河里的一条小鱼妨碍了他，于是，捡起一块石头就扔了过去，小鱼受到袭击，吓了一跳，慌忙躲避。小老鼠哈哈大笑："知道我的厉害了吧！"

一天晚上，小老鼠在回家的路上看见一只小猪躺在路边，就趾高气扬地说："谁给你这么大的胆子，竟敢挡我的路！"说着，一脚踢了过去。

"嘭"的一声，小老鼠正好踢到小猪的脚上，小猪倒没什么事，小老鼠却"哎呦，哎呦"地叫了起来，原来他的脚肿起了一个大包。

小猪站起来对小老鼠说："你对别人傲慢无礼，不懂得尊重人，今天尝到苦头了吧！只有尊重别人，才能获得别人的尊重。"小老鼠看着受伤的脚，羞愧地低下了头。

图1-46　配音内容

① 采用与1.3.2小节步骤①相同的方法，设置录音设备为麦克风。

② 启动Audition CS6，在波形编辑器界面新建文件，然后单击"录音"按钮，开始用女生录制配音内容，录音完成单击"停止"按钮。

③ 调整音量，在波形上双击全选波形，执行"效果"|"振幅与压限"|"标准化"命令，如

图 1-47 所示，在弹出"标准化"命令对话框后单击"确定"按钮，如图 1-48 所示，将音量调整到合适状态。

图 1-47　"振幅与压限"|"标准化"命令　　　　图 1-48　"标准化"命令对话框

④ 降噪，选择一小段噪音波形，执行"效果"|"降噪/修复"|"采集噪声样本"命令，然后双击选择全部波形，执行"效果"|"降噪/修复"|"降噪"命令，在弹出的"效果-降噪"对话框中单击"应用"，则实现了对录制声音的降噪处理。

⑤ 变调，将小老鼠的对白内容处理成儿童的声音效果，小猪的对白内容处理成男孩的声音效果，旁白部分不做改变。

选择小老鼠的对白内容，执行"效果"|"时间与变调"|"伸缩与变调"命令，如图 1-49 所示，弹出"效果-伸缩与变调"对话框，在"预设"下拉菜单中选择"Raise Pitch"，单击"确定"按钮，如图 1-50 所示。按照上述方法处理其他小老鼠的对白内容。

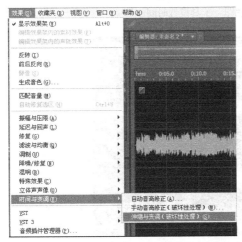 

图 1-49　"时间与变调"|"伸缩与变调"命令　　　图 1-50　"效果-伸缩与变调"对话框

选择小猪的对白内容，执行"效果"|"时间与变调"|"伸缩与变调"命令，弹出"效果-伸缩与变调"对话框，在"预设"下拉菜单中选择"Lower Pitch"，单击"确定"按钮。

⑥ 选择"文件"|"另存为"，将文件保存为"角色配音.mp3"。

1.3.6 歌曲串烧文件制作

将三首歌曲"江南.mp3"、"一千年以后.mp3"、"小酒窝.mp3"制作成一首独特的串烧文件。

① 启动 Audition CS6，单击"文件"|"导入"|"文件"，如图 1-51 所示，选择要导入的文件，如图 1-52 所示，单击"打开"按钮。

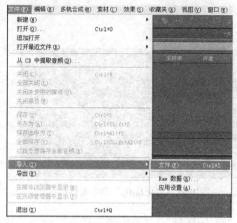

图 1-51 "导入"|"文件"命令   图 1-52 选择导入文件

② 打开歌曲"江南.mp3"，使用"选区/视图"工具，如图 1-53 所示，设置开始时间为 0:02.500，结束时间为 1:58.000，选中部分波形，如图 1-54 所示，单击"复制"命令或按 Ctrl+C 组合键。

图 1-53 利用"选区/视图"工具设置时间

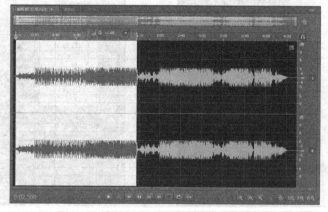

图 1-54 利用"选区/视图"工具选中的波形

③ 选择"文件"|"新建"|"音频文件"，如图 1-55 所示，设置文件名为"歌曲串烧"，如图 1-56 所示。

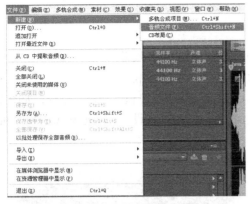

图 1-55　"新建"|"音频文件"命令

图 1-56　设置新建音频文件名

④ 双击"歌曲串烧"文件，选择"编辑"|"混合式粘贴"，如图 1-57 所示，在弹出的对话框中选择"淡化"，同时设置时间为 3000ms，如图 1-58 所示，单击"确定"按钮，可以看到歌曲的开始和结尾具有了淡入和淡出的效果。

图 1-57　"编辑"|"混合式粘贴"命令

图 1-58　"混合式粘贴"对话框

⑤ 打开歌曲"一千年以后.mp3"，使用"选区/时间"工具，开始时间为 0:00.000，结束时间为 0:50.000，选中部分波形，单击"复制"命令或按 Ctrl+C 组合键。

⑥ 双击"歌曲串烧"文件，移动播放点位置到最末端，选择"编辑"|"混合式粘贴"，在弹出的对话框中选择"淡化"，同时设置时间为 3000ms，单击"确定"按钮，执行后的波形如图 1-59 所示。

⑦ 重复⑤~⑥步，使用同样的方法对"小酒窝.mp3"进行处理。

⑧ 选择"文件"|"另存为"，将音频文件保存为"歌曲串烧.mp3"，如图 1-60 所示。

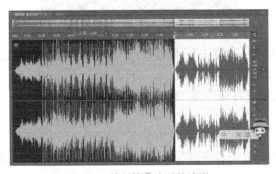

图 1-59　执行第⑥步后的波形

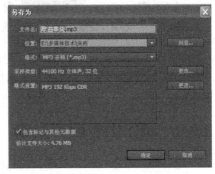

图 1-60　音频文件保存对话框

1.3.7　模拟电话声音

对一段普通的二人对话语音进行处理，制作成打电话的声音效果。

① 启动 Audition CS6，在波形编辑器界面打开文件"对话.mp3"。

② 选择某一人的声音波形，单击"效果"|"滤波与均衡"|"FFT 滤波"命令，如图 1-61 所示，弹出"效果-FFT 滤波"命令对话框，如图 1-62 所示，在"预设"下拉列表中选择"Telephone Receiver"，单击"应用"按钮。

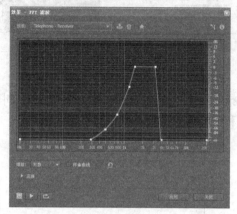

图 1-61　"滤波与均衡"|"FFT 滤波"命令　　　　图 1-62　"效果-FFT 滤波"命令对话框

③ 如果被选择的波形振幅明显变小，执行"效果"|"振幅与压限"|"标准化"命令，如图 1-63 所示，弹出"标准化"命令对话框，如图 1-64 所示，单击"确定"，将音量调整到合适状态。

图 1-63　"振幅与压限"|"标准化"命令　　　　图 1-64　"标准化"命令对话框

④ 将播放头设置在波形的开始处，进行监听，这样二人对话声音便可形成逼真的电话声音效果，其中一人为现场声音，另一人为电话接收器发出的声音。

⑤ 执行"文件"|"另存为"命令，将音频文件保存为"电话声音.mp3"。

1.3.8　制作山谷回声效果

对一段普通人声进行效果处理，使其声音具有山谷回声效果，增加声音的立体感同时制作出山谷空旷的感觉。

① 启动 Audition CS6，在波形编辑器界面打开文件"人声.mp3"。

② 双击音频波形，选择全部波形；单击"效果"|"延迟与回声"|"延迟"，如图 1-65 所示，弹出"效果–延迟"对话框，如图 1-66 所示，设置左、右声道的延迟时间和混合参数，单击"应用"按钮。

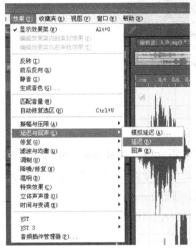
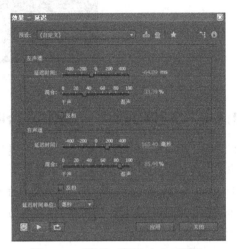

图 1-65 "延迟与回声"|"延迟"命令 　　图 1-66 "效果–延迟"命令对话框

③ 单击"效果"|"混响"|"完全混响"，如图 1-67 所示，弹出"效果–完整混响"对话框，如图 1-68 所示，设置混响参数，混响的"房间大小""宽广度"、"输出电平"等参数，单击"应用"按钮。

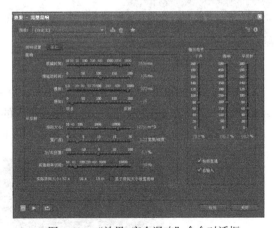

图 1-67 "混响"|"完全混响"命令 　　图 1-68 "效果–完整混响"命令对话框

④ 将播放头设置在波形的开始处，进行监听，对混响参数进行调整，这样模拟的山谷效果就出现了。

⑤ 选择"文件"|"另存为"命令，将音频文件保存为"山谷人声.mp3"，如图 1-69 所示。

图 1-69　文件"另存为"

1.3.9　将独唱的声音制作成合唱

有时候，为了增加声音的厚度，常常希望声音的层次多一些。Audition CS6 提供的和声效果可以非常方便地对人声进行润色，可以将一个人的独唱处理成好像好多人在一起合唱的效果。

① 启动 Audition CS6，在波形编辑器界面打开文件"独唱.mp3"。

② 使用时间选区工具，将音乐的后半段波形选中，如图 1-70 所示，单击"效果"|"调制"|"和声"，如图 1-71 所示。

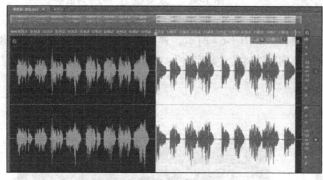

图 1-70　选择音频波形

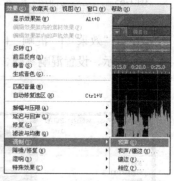

图 1-71　"调制"|"和声"命令

③ 弹出"效果–和声"命令对话框，如图 1-72 所示，设置"延迟时间"、"延迟率"、"回授"等参数，设置"声音"选项为"6"，即制作 6 个人的合唱效果，并勾选"平均左右声道输入"，单击"应用"按钮，此时可以看到音频的处理过程，如图 1-73 所示。

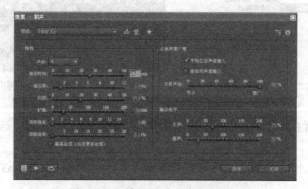

图 1-72　"效果–和声"命令对话框

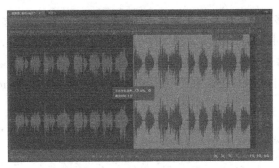

图 1-73　和声的处理过程

④ 将播放头设置在波形的恰当位置，进行监听，对和声参数进行调整，这样就可以将独唱部分制作成多人合唱的声音效果。

⑤ 选择"文件" | "另存为"，将音频文件保存为"合唱.mp3"。

1.3.10　制作幽默手机铃声

日常生活中，大家往往被别人个性独特的铃声所吸引，现在使用 Adobe Audition CS6 就可以轻松地将一个简单的音乐处理成有趣、幽默的手机铃声。

① 启动 Audition CS6，单击"文件" | "新建" | "多轨合成项目"命令，如图 1-74 所示，在弹出的"新建多轨项目"命令对话框中设置"项目名称"为"幽默手机铃声"，如图 1-75 所示，单击"确定"按钮进入多轨编辑状态。

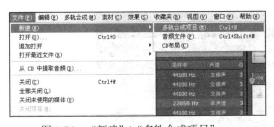

图 1-74　"新建" | "多轨合成项目"

图 1-75　"新建多轨项目"命令对话框

② 单击"文件" | "导入"命令，将"新年旺旺.mp3"和"小鸡进行曲.mp3"文件导入，如图 1-76 所示。

③ 将"新年旺旺.mp3"拖入轨道 1 中，监听整个音乐，选择自己喜欢的波形，使用快捷键 Alt+T，将波形裁剪出来，如图 1-77 所示。

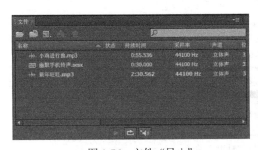

图 1-76　文件"导入"

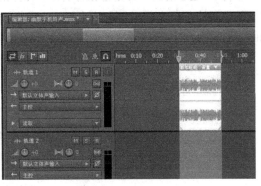

图 1-77　波形裁剪

④ 在工具栏单击移动工具按钮，在鼠标转换为移动模式后将波形移动至轨道 1 的开始处。

⑤ 将"小鸡进行曲.mp3"拖入轨道 2 中，在轨道 2 的设置面板中单击"S"独奏按钮，监听该轨道的整个音乐，利用工具栏中的时间选区工具，选择自己喜欢的波形，将鼠标移到选中波形左侧，单击鼠标右键，在下拉菜单中选择"修剪到时间选区"命令，如图 1-78 所示。

⑥ 轨道 1 的音频块向右移动，在轨道 1 的左上角找到"淡入"标志，向右拖曳鼠标，使轨道 1 和轨道 2 重叠的部分增加淡入效果，如图 1-79 所示。

图 1-78 "修剪到时间选区"命令　　　　　　　　图 1-79 增加"淡入"效果

⑦ 如图 1-80 所示，用同样的方法为轨道 1 结尾部分添加"淡出"效果。

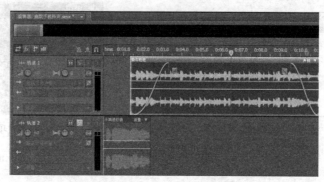

图 1-80 增加"淡出"效果

⑧ 在轨道 2 的波形处单击鼠标右键，在弹出的快捷菜单中单击"复制"命令，将鼠标移至轨道 1 的中间处，在轨道 2 上设置插入点，单击鼠标右键在弹出的快捷菜单中单击"粘贴"命令，如图 1-81 所示，执行后的波形如图 1-82 所示。

图 1-81 "复制"与"粘贴"命令

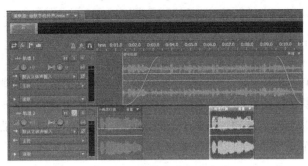

图 1-82　执行完第⑧步的波形

⑨ 抬起轨道 2 的设置面板中"S"独奏按钮，从头监听整个文件效果，如果不理想可以继续调整。

⑩ 如果已经满意，选择"文件"|"保存"命令，保存此项目文件。并选择"文件"|"导出"|"多轨缩混"|"整个项目"命令，如图 1-83 所示，在弹出的"导出多轨缩混"对话框中设置"文件名"为"幽默手机铃声"，如图 1-84 所示，则文件保存为"幽默手机铃声.mp3"。

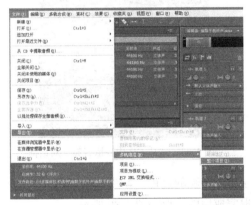

图 1-83　"导出"|"多轨缩混"|"整个项目"命令

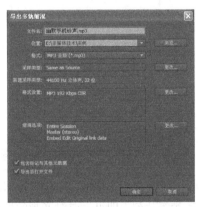

图 1-84　"导出多轨缩混"对话框

制作好的 MP3 音频文件如图 1-85 所示，这样将音频文件复制到手机就可以作为铃声使用了。

图 1-85　制作好的 MP3 音频文件

1.3.11　提取 CD 音乐

Adobe Audition CS6 能够将 CD 中的音轨提取出来，并将音轨中的音频转换为波形格式，然后就可以像处理一般的波形文件一样对它们进行编辑操作了。这种操作在行业中常常被称为爬音轨。

① 启动 Audition CS6，将需要提取的 CD 放进计算机的光驱中。

② 单击"文件"|"从 CD 中提取音频"命令，如图 1-86 所示。

③ 弹出"从 CD 中提取音频"对话框，如图 1-87 所示，选择需要提取的音频轨道。在"驱动器"下拉列表中选择 CD 所在的光驱盘符，"速度"下拉列表中选择提取时的读取倍速。单击音轨前面的右三角，可以试听该音轨，再次单击停止试听。勾选你要提取的音轨，如果要选中全部的音轨或取消全部音轨的选择，可以通过单击"全部切换"按钮实现。

图 1-86　"从 CD 中提取音频"命令

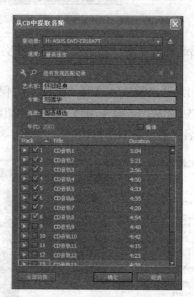

图 1-87　"从 CD 中提取音频"对话框

④ 选择完成后，单击"确定"按钮，会显示提取音频的过程，如图 1-88 所示。

⑤ 稍等片刻，即可完成对音频的提取，提取完成后的波形如图 1-89 所示。

图 1-88　音频提取的过程

图 1-89　完成音频提取

⑥ 当全部的音频提取完毕后，就可以对其进行编辑、保存等操作。

1.3.12　提取合成音轨中的单个音频

Adobe Audition CS6 处理完成的项目文件格式为 sesx。在项目文件中，是将不同的音频素材放置在不同的轨道中，而通过 Audition CS6 则可以将项目中某一个单独的音轨提取出来，下面介绍这种提取的方法。

① 启动 Audition CS6。

② 单击"文件"|"打开"命令，如图 1-90 所示，将"多媒体技术\实例\合成音轨.sesx"文件打开。

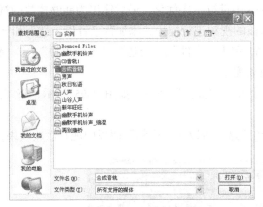

图 1-90　"打开"命令对话框

③ 单击需要提取音频的"轨道 2"，选择音频波形，如图 1-91 所示。

④ 在波形上单击鼠标右键，在弹出的快捷菜单中选择"转换为唯一拷贝"命令，如图 1-92 所示。

图 1-91　选择音频波形　　　　　　　　　　图 1-92　"转换为唯一拷贝"命令

⑤ 此时可以看到在"文件"操作窗中多了一个文件，如图 1-93 所示。

⑥ 双击该文件，将它在波形编辑器中打开，将文件另存为，如图 1-94 所示。这样即可完成音频的提取。

图 1-93　"转换为唯一拷贝"命令执行后的文件操作窗　　　　图 1-94　文件"另存为"

1.3.13　为视频配乐

Audition CS6 支持视频的导入，使用该软件可以为导入的视频添加背景音乐和音效，然后再将视频和音频输入 Premiere 中进行二次优化，最后输出为能够播放的视频格式。

下面将为一段打鼓男孩的视频进行配乐，添加背景音乐、鼓声和笑声。

① 启动 Audition CS6，单击"文件"|"新建"|"多轨项目"，在"新建多轨项目"对话框中，设置"项目名称"为"视频配乐"。

② 执行"文件"|"导入"|"文件"命令，如图 1-95 所示，将"素材\小鼓手.mp4"文件导入并拖入轨道 1 中。

③ 按空格键播放视频，这样可以在"视频"面板中观看播放效果，如图 1-96 所示。

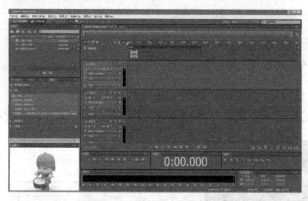

图 1-95　"导入"|"文件"命令

图 1-96　"视频"面板

④ 继续选择导入命令，将音频文件"笑声.mp3"、"欢快的背景音乐.wav"、"鼓声.wav"文件导入。

⑤ 在多轨模式下，将"欢快的背景音乐.wav"拖入轨道 1，如图 1-97 所示。

图 1-97　音频文件拖入轨道 1

⑥ 移动播放头到视频的结尾处，在音频波形上单击鼠标右键，选择"拆分"命令，如图 1-98 所示，将音频拆分为两部分，选择第二部分，按 Delete 键进行删除，这样背景音乐的长短与视频的长短正好相同，如图 1-99 所示。

⑦ 将"笑声.mp3"拖入轨道 2，"鼓声.wav"拖入轨道 3，分别对两个音频文件进行试听，采用拆分命令截取两段笑声和两段鼓声。根据视频的播放调整笑声和鼓声到恰当的时间位置上，如图 1-100 所示。

⑧ 选择背景音乐轨道，找到笑声和鼓声的位置，分别在背景音乐音量包络线上单击增加节点，向下拖动节点，调整音量，如图 1-101 所示。按空格键试听，以达到有笑声和鼓声时，背景音乐声音降低的目的。

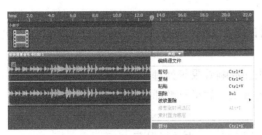

图 1-98　"拆分"命令

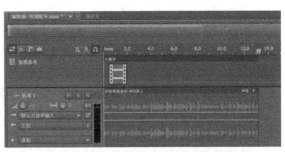

图 1-99　"拆分"和"删除"命令执行后的波形

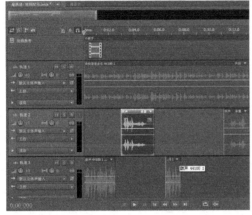

图 1-100　执行完第⑦步后的波形

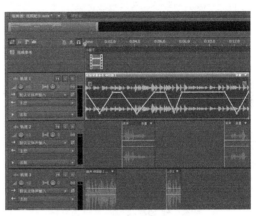

图 1-101　音量包络曲线编辑

⑨ 单击"文件"|"保存"命令，将项目保存。选择"多轨合成"|"导出到 Adobe Premiere Pro"命令，如图 1-102 所示，在弹出的对话框中，单击"导出"，则可生成 1 个 xml 文件和 3 个轨道文件，并且可以在 Premiere 中导入项目。

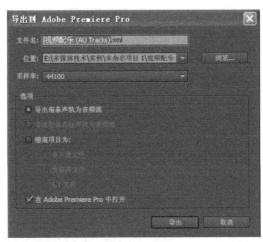

图 1-102　"导出到 Adobe Premiere Pro"命令

1.4 实验内容与要求

创作一段个人配乐朗读音频。具体要求如下。

1. 录制一段个人朗读语音文件,主题自定,可以是一首诗、一个故事,也可以是一首你喜欢的歌曲。

2. 对你所录制的音频进行剪辑、降低噪声、添加混响效果等处理。

3. 在另一音轨导入一段适合你朗读内容的背景音乐,如果是歌曲,则导入对应的歌曲旋律。并添加淡入、淡出效果。

4. 将处理好的语音和背景音乐进行混合,最后以 MP3 格式进行保存。

5. 时间不少于 2min。

第2章
图像数据制作

2.1　图像基础知识

图像通常是指人类视觉系统所感知的信息形式或人们心目中的有形想象，是图与像的总称，这里的图是指用描绘或摄影等方法得到的外在景物的相似物，而像则是指直接或间接的视觉印象。事实上，文字、图形、动态图像等多种媒体形式最终都是以图像的形式出现的。点阵图像便是最基本的一种图像形式。图像用数字任意描述像素点、强度和颜色。描述信息文件存储量较大，所描述对象在缩放过程中会损失细节或产生锯齿。在显示方面它是将对象以一定的分辨率分辨以后将每个点的色彩信息以数字化方式呈现，可直接快速在屏幕上显示。分辨率和灰度是影响显示的主要参数。图像适用于表现含有大量细节（如明暗变化、场景复杂、轮廓色彩丰富）的对象，如照片、绘图等，通过图像软件可进行复杂图像的处理以得到更清晰的图像或产生特殊效果。

一般图像软件应具备图像处理、图像格式的转换、图像的编辑、图形的绘制等基本功能。图像处理是对图像进行分析、加工和处理，使其满足视觉、心理以及其他要求的技术。大多数的图像是以数字形式存储的，因而图像处理很多情况下指数字图像处理。常用的图像处理技术有：亮度、对比度、色饱和度处理，噪声滤除处理，边缘增强、浮雕效应及平滑处理，画面特殊效果处理（如运动模糊、透过玻璃的效果、马赛克效果等），纹理效果处理等。常用的图像编辑技术有：图像的旋转、平移、缩放等几何变换，图像的切割、拷贝与粘贴，图像中的文字处理等。常用的图像软件都有下列绘制功能：提供绘制各种形状（如直线、曲线等各种几何图形）的工具；提供橡皮、填充、刷子等基本的辅助工具；提供各种画笔，如油画笔、水笔、毛笔、蜡笔、喷枪等，有时还允许用户自己构造所需笔的特性，提供一些模拟的绘画手段，如滴水、吹气等；提供不同纸张的纹理效果与吸水性能等特性；提供选取颜色的功能，如选取画面上任一点的颜色。除了用专门的图像格式转换软件，一般图像编辑软件都能读写十几种甚至数十种文件格式。图像识别也称模式识别，就是对图像进行特征抽取，如抽取图像边缘、线和轮廓，进行区域分割等，然后根据图的几何及纹理特征，利用模式匹配、判别函数、决定树、图匹配等识别理论对图像进行分类，并对整个图像作结构上的分析。

多媒体计算机通过各种形式得到的图形与图像都以文件的形式存放在计算机的存储器中。存储的文件格式依据产生或获取图像的工具不同而不同。比较常见的图像格式有 BMP、GIF、JPG、TIFF、TGA、PCX 和 PCD 等。BMP（Bitmap）格式是 Windows 中的标准图像文件格式，其文件扩展名为 .BMP。它以独立于设备的方法描述位图，采用一种位映射的存储形式，可用非压缩格式存储图像数据，其解码速度快，支持多种图像的存储，常见的各种图形图像软件都能对其进行处理。GIF（Graphics Interchange Format）格式是由 CompuServe 公司在 1987 年为了制定彩色图像传输协议而开发的，文件扩展名为.GIF。它支持 256 色到 16M 种颜色的调色板、单个文件的多重图像、按行扫描的迅速解码、有效的压缩以及硬件无关性。它是目前唯一使用 LZW 压缩算法的图像文件格式。JPG/JPEG（Joint Photographic Experts Group）格式是 24 位的图像文件格式，文件扩展名为.JPG。它原本是 Apple Mac 机器上使用的一种图像格式，采用 JPEG 国际标准对图像进行压缩存储，近年来在 PC 上也十分流行。这种格式的最大特点是文件非常小，而且可以调整压缩比。.JPG 文件的显示比较慢，仔细观察图像的边缘可以看出不太明显的失真。因为.JPG 文件的压缩比很高，因此非常适用于处理大量图像的场合。

2.2　常用图像处理软件介绍

目前比较流行的常用的图形处理软件有 CorelDRAW、Illustrator、Freehand、Photoshop 等；常用的图形处理软件还包括 AutoCAD、GHCAD、Pro/E、UG、CATIA、MDT、CAXA 电子图版等。

1. CorelDRAW

CorelDRAW 是一款由世界顶尖软件公司之一的加拿大的 Corel 公司开发的图形图像软件。其非凡的设计能力广泛地应用于商标设计、标志制作、模型绘制、插图描画、排版及分色输出等诸多领域。其被喜爱的程度可用事实说明，用于商业设计和美术设计的 PC 上几乎都安装了CorelDRAW。CorelDRAW 软件是 Corel 公司出品的矢量图形制作工具软件，这个图形工具给设计师提供了矢量动画、页面设计、网站制作、位图编辑和网页动画等多种功能。

2. Illustrator

Illustrator 是全球最大的图像编辑软件供应商 Adobe 公司的拳头产品之一，Adobe Illustrator 是一种应用于出版、多媒体和在线图像的工业标准矢量插画的软件，作为一款非常好的图片处理工具，Adobe Illustrator 广泛应用于印刷出版、专业插画、多媒体图像处理和互联网页面的制作等，也可以为线稿提供较高的精度和控制，适合生产任何小型设计到大型的复杂项目。Adobe Illustrator 作为全球最著名的矢量图形软件，以其强大的功能和体贴用户的界面，已经占据了全球矢量编辑软件中的大部分份额。据不完全统计，全球有 37%的设计师在使用 Adobe Illustrator 进行艺术设计。尤其基于 Adobe 公司专利的 PostScript 技术的运用，Illustrator 已经完全占领专业的印刷出版领域。无论是线稿的设计者、专业插画家、生产多媒体图像的艺术家，还是互联网页或在线内容的制作者，使用过 Illustrator 后都会发现，其强大的功能和简洁的界面设计风格只有 Freehand 能比。

3. Freehand

Freehand 是全球最大的图像编辑软件供应商 Adobe 公司的另一拳头产品，是一个功能强大的平面矢量图形设计软件，无论要做广告创意、制作书籍海报、机械制图，还是要绘制建筑蓝图，Freehand 都是一件强大、实用而又灵活的利器。Freehand 可以将用户的设计能力发挥到极限。Freehand 能在一个流畅的图形环境中替用户从概念顺畅地转移到设计、制作和进行最终部署提供所需的一切工具，而且整个过程都在一个档案中进行。Freehand 缩减用户的创作时间，轻易地制作出可重复用于 Internet 的内容、建立新的 Macromedia Flash 内容以及其他格式。

4. Photoshop

Photoshop 是全球最大的图像编辑软件供应商 Adobe 公司的主要产品，Photoshop 是由美国Adobe 公司推出的彩色图像处理软件，它提供了强大的图像编辑和绘图功能，不仅可以直接绘制艺术图形，还可以将各种方式获取的图像文件进行修改、修复，通过调整色彩、亮度，增加特殊效果，使图像更为逼真，甚至可以创造出现实世界里无法拍摄到的图像效果。Photoshop 提供了强大的图像选择工具，用于选择图像中某个规则或不规则的区域，用户可以选择不同的底纹图案，定义画笔的特性，利用绘图工具进行图形设计。Photoshop 提供了一整套对色彩的明暗、浓度、色调、透明度等的操作控制工具。用户不仅能对选定的图像进行移动、复制等编辑操作，而且还可以对图像进行旋转、拉伸、波浪等变形操作。在 Photoshop 中还引入了滤镜技术，可以使图像产生浮雕、风吹、模糊、扭曲、纹理、素描、艺术效果等 100 多种处理，从而创造出梦幻般的视觉效果。

2.3　Adobe Photoshop CS6 图像制作实例

2.3.1　Adobe Photoshop CS6 快速入门

1. 安装与启动

① 安装：Adobe Photoshop CS6 的安装与其他软件相似，其安装方法比较标准。在光驱中放入安装光盘，按照自动安装程序的自动指示操作即可，或在安装光盘中找到并双击 Setup.exe 文件启动 Adobe Photoshop CS6 安装程序。安装程序运行时需要用户填入序列号以及确定安装位置。

② 启动：Adobe Photoshop CS6 安装成功后，选择【开始】|【所有程序】|【Adobe Photoshop CS6】命令启动 Adobe Photoshop CS6，或在桌面上双击 Adobe Photoshop CS6 图标启动 Adobe Photoshop CS6。

2. 工作界面介绍

Adobe Photoshop CS6 的工作界面由菜单栏、工具属性栏、工具箱、视图窗、状态栏及各种功能的浮动面板组成，如图 2-1 所示。

图 2-1　Adobe Photoshop CS6 的工作界面

① 菜单栏：和所有的工具软件一样，Adobe Photoshop CS6 也有收集了许多相关命令的菜单形成了菜单栏，分别是"文件"、"编辑"、"图像"、"图层"、"文字"、"选择"、"滤镜"、"视图"、"窗口"、"帮助"。Adobe Photoshop CS6 的所有操作都可以通过这 10 个菜单和其下的子菜单项来完成。

② 工具属性栏：工具属性栏位于菜单栏的下方，在图像处理过程中，在工具箱中选择某个工具后，工具属性栏里就会显示出一个对应当前工具的属性和参数，用户可以通过设置参数来调整当前选中工具的属性。

③ 工具箱：工具箱位于 Adobe Photoshop CS6 的工作界面左侧，使用工具箱中的工具可以绘制、选择、修改、移动图像。要使用工具箱中的工具，只需单击相应的工具图标就可以激活该工具。

④ 图像编辑窗口：图像编辑窗口是显示、编辑和处理图像的区域。在图像编辑窗口可以实现 Adobe Photoshop CS6 中的所有功能，对所处理的图形进行各种操作，如改变图像的大小、颜色，选取合适的区域等。用户还可以对编辑窗口进行大小和位置的改变、按比例缩放等。图像编辑窗口的标题栏从左向右分别为图像图标、图像文件名称、图像格式、窗口显示比例、图像色彩模式、最小化、最大化以及关闭按钮。

⑤ 状态栏：状态栏位于视图窗的底部，状态栏最左边的数字用于显示当前视图窗的显示比例，双击数字则出现一个文本框，在文本框中输入一个数值，然后按 Enter 键，即可改变当前视图窗的显示比例。状态栏的中间部分用于显示图像的文件信息，包括文档大小、文档配置文件、文档尺寸等。单击文件信息旁的右侧三角按钮▶，即可弹出文件信息菜单，可以从中选择不同选项。

⑥ 浮动面板区：Adobe Photoshop CS6 为用户提供了 25 种功能控制面板，它们可以通过"窗口"菜单中的相应命令勾选，并在浮动面板区中显示，这些浮动面板提供了大量的在图像处理工作中必须用到的辅助工具和操作命令，用户除了可以直接对面板窗口中的参数进行预设外，还可以通过单击面板右上角的小三角形，在弹出的菜单中做进一步的设置和处理。

3．工具箱

Adobe Photoshop CS6 的工具箱中包含了许多常用的工具组，如选框工具组、套索工具组等，通过这些工具组用户可以方便地绘制、选择、修改、移动图像或文字。在默认设置下，工具箱位于 Adobe Photoshop CS6 的工作界面左侧。

① 要使用工具箱中的工具，只需单击相应的工具图标就可以激活该工具。当鼠标停留在工具图标上时，鼠标下方会显示该工具的名称。

② 在一些工具图标的右下角有一个很小的黑色三角形，这说明它还有子菜单，点按该工具图标片刻后，就会弹出隐藏的工具。

③ 单击工具箱左上方的白色双箭头可以使工具箱中的工具在单排显示和双排显示两种状态间转换。

④ 如果工作界面上没有工具箱，可以在菜单栏中选择【窗口】|【工具】命令在工作界面显示工具箱。

⑤ 在工具箱的底部有三组控制工具，即"颜色控制"、"工作模式控制"和"屏幕显示模式控制"工具，用户运用这些工具可以方便地进行前景色/背景色的设置以及工作模式（标准/快速蒙版）和屏幕显示模式（标准/带菜单栏的全屏/全屏）的切换。

4．浮动面板

Adobe Photoshop CS6 为用户提供了 25 种功能控制面板，这些浮动面板集合了图像编辑中常用的功能或选项，通过面板可以完成工具参数的设置完成图像的各种编辑工作，如颜色的选择、信息的显示、路径的制作、图层的编辑等。在"窗口"菜单下有所有的面板名称，它们可以通过"窗口"菜单中的相应命令勾选，并在浮动面板区中显示。浮动面板区位于工作界面的左侧，浮动面板区中的面板可以根据用户的喜好任意地拆分与组合，一般浮动面板总是浮动在活动窗口的最上方。

2.3.2　选区

1．图像的相关操作

（1）打开图像

① 在菜单栏中选择【文件】|【打开】命令或者按【Ctrl+O】组合键打开一个已有的图像。

② 如果需要同时打开多个连续图像，可以在"打开"对话框中先选中第一个图像，然后按住Shift键单击最后一个图像，选中多个连续图像后单击"打开"按钮即可。如果需要同时打开多个有间隔不连续的图像，可以在"打开"对话框中先选中第一个图像，之后按住Ctrl键的同时单击需要被选中的图像，这样就可以选中间断的多个图像，然后单击"打开"按钮即可。

③ 同时打开多个图像时，可以在图像编辑窗口中有多种排列方式：全部垂直拼贴、全部水平拼贴、双联水平、双联垂直、三联水平、三联垂直、三联堆积、四联、六联、将所有内容合并到选项卡中、层叠、平铺、在窗口中浮动等。默认情况下，多个图像打开时都被合并到一个选项卡中显示。如果需要修改排列方式，在菜单栏中选择【窗口】|【排列】命令，在菜单中单击选择相应的排列方式就可以改变图像编辑窗口中图像的排列方式。

（2）缩放图像

图像在图像编辑窗口显示大小不合适时，就需要调整图像的显示，使其放大或缩小。

① 使用状态栏缩放图像：状态栏最左边的数字用于显示当前图像的显示比例，双击数字则出现一个文本框，在文本框中输入一个数值，然后按Enter键，即可改变当前图像的显示比例。

② 使用缩放工具缩放图像：在工具箱中选择缩放工具 来对当前窗口的图像进行放大或缩小。选择了缩放工具后鼠标在窗口变为放大镜标志，鼠标在窗口中每单击一次，图像将放大或缩小一倍。在工具属性栏中可以选择放大镜 或缩小镜 。

③ 使用导航器面板缩放图像：移动"导航器"面板上的滑动块即可放大或缩小红色框，随着红色框的放大或缩小，图像将在图像编辑窗口放大或缩小。

④ 使用菜单栏命令缩放图像：在菜单栏中选择【图像】|【图像大小】命令，在弹出的"图像大小"对话框中修改图像的宽度和高度；也可以在菜单栏中选择【视图】|【放大】命令，或在菜单栏中选择【视图】|【缩小】命令缩放图像。

（3）平移图像

在工具箱中选择抓手工具 ，鼠标在图像编辑窗口变为手形标志，按住鼠标左键在图像编辑窗口内拖曳，就可以将图像在图像编辑窗口内移动。或是拖动图像编辑窗口下方或右侧的滚动条来平移图像。

（4）缩放画布

画布与图像是两个不同的概念。画布指整个文档的工作区域，相当于现实中的画板。图像是画板上一张张画纸。对图像的编辑修改不会影响画布，但如果对画布编辑修改则一定会影响图像。在菜单栏中选择【图像】|【画布大小】命令，在弹出的"画布大小"对话框中修改画布的宽度和高度。

（5）旋转图像

在菜单栏中选择【图像】|【图像旋转】命令，在菜单中单击选择相应的旋转方式：180 度、90 度（顺时针）、90 度（逆时针）、任意角度。选择"任意角度"时，在弹出的"旋转画布"对话框中添加要旋转的角度，并且选定旋转的方向（顺时针或逆时针）即可对图像进行按指定角度和旋转方向旋转。

（6）翻转图像

在菜单栏中选择【图像】|【图像旋转】命令，在菜单中单击选择相应的翻转方式：水平翻转画布、垂直翻转画布。

（7）关闭图像

在菜单栏中选择【文件】|【关闭】命令或者按【Ctrl+W】组合键关闭一个正在编辑的图像，或在图像编辑窗口上单击右上角的"关闭"按钮。

2. 选区的相关操作

（1）选区概念

处理图像之前必须要先指定一个有效的编辑区域，只有在编辑区域内才可以对图像进行各种操作，这个编辑区域就是选区。选区就是对图像局部进行处理的区域，选区一旦设定，在选区外有一圈滚动的蚁形线。如果没有选区，则编辑操作则对整个图像产生影响。

（2）用选框工具组创建选区

① 矩形选框工具：在工具箱中选择矩形选框工具，在图像编辑窗口内将鼠标指针移动到选定目标合适位置上，按住鼠标左键拖曳鼠标指针直到绘制的矩形符合选定内容大小，松开鼠标左键即可在图像编辑窗口内绘出一个矩形选区。在绘制矩形选区时，按住 Shift 键可以画出正方形选区。

② 椭圆选框工具：在工具箱中选择椭圆选框工具，在图像编辑窗口内将鼠标指针移动到选定目标合适位置上，按住鼠标左键拖曳鼠标指针直到绘制的椭圆符合选定内容大小，松开鼠标左键即可在图像编辑窗口内绘出一个椭圆选区。在绘制椭圆选区时，按住 Shift 键可以画出正圆选区。

③ 单行选框工具：在工具箱中选择单行选框工具，在图像编辑窗口内将鼠标指针移动到选定目标合适位置上，按住鼠标左键拖曳鼠标指针直到目标位置，松开鼠标左键即可在图像编辑窗口内绘出一个只有一个像素高度的选区。

④ 单列选框工具：在工具箱中选择单列选框工具，在图像编辑窗口内将鼠标指针移动到选定目标合适位置上，按住鼠标左键拖曳鼠标指针直到目标位置，松开鼠标左键即可在图像编辑窗口内绘出一个只有一个像素宽度的选区。

（3）用套索工具组创建选区

① 套索工具：用选框工具组创建的都是规则形的选区，如果需要创建不规则选区就需要使用套索工具组中的工具。在工具箱中选择套索工具，在图像编辑窗口内将鼠标指针移动到选定目标图像合适位置上，按住鼠标左键沿目标图像移动直到鼠标回到选取的起点位置时松开鼠标，就会沿选定目标图像形成一圈滚动的蚁形线。如果选取选区时终点没有回到起点位置，选取的起点和终点将会自动连成一条直线，从而形成一个封闭的选区。套索工具形成的选区构成的线都是曲线。

② 多边形套索工具：在工具箱中选择多边形套索工具，在图像编辑窗口内将鼠标指针移动到选定目标图像合适位置上，按住鼠标左键沿目标图像移动，鼠标在图像的每个转折点单击，

沿目标图像移动单击直到鼠标回到选取的起点位置时松开鼠标，就会沿选定目标图像形成一圈滚动的蚁形线。如果选取选区时终点没有回到起点位置，选取的起点和终点将会自动连成一条直线，从而形成一个封闭的选区。多边形套索工具形成的选区构成的线都是直线。

③ 磁性套索工具 ：当需要选取的图像的颜色和周围颜色反差较大时，可以使用磁性套索工具创建选区。在工具箱中选择磁性套索工具，在图像的每个图像颜色反差较大的地方单击，沿目标图像移动软件会自动捕捉图像中对比度较大的颜色边界并产生定位点，单击定位点，直到鼠标回到选取的起点位置时松开鼠标，就会沿选定目标图像形成一圈滚动的蚁形线。如果选取选区时终点没有回到起点位置，选取的起点和终点将会自动沿着颜色反差连成一条曲线，从而形成一个封闭的选区。

（4）用快速选择工具组创建选区

① 快速选择工具 ：快速选择工具可以根据图像中的强烈颜色反差来选定选区。使用快速选择工具可以方便地选择背景，或选择一个有相近颜色的图形。在工具箱中选择快速选择工具，单击选择区域按住鼠标左键拖动区域直到合适为止。

② 魔棒工具 ：魔棒工具可以根据图像中的相近或相同颜色来创建选区。在工具箱中选择魔棒工具，单击选择区域按住 Shift 键和鼠标左键添加选区区域直到合适为止，从而形成一个封闭的选区。

（5）用"色彩范围"命令创建选区

用"色彩范围"命令创建选区与使用魔棒工具相似，都是根据图像中的相近或相同颜色来创建选区，但是"色彩范围"命令可以指定颜色。在菜单栏中选择【选择】|【色彩范围】命令，在弹出的"色彩范围"对话框中，选择吸管工具在预览区内单击，调整颜色容差的大小改变预览区内的白色部分大小，预览区内的白色部分就是单击确定后可以得到的选区。

（6）反选选区

当选区不太好选取时可以先选中非选择区域，在菜单栏中选择【选择】|【反向】命令或按【Shift+Ctrl+I】组合键或在选区上单击鼠标右键在弹出的菜单中选择"选择反向"命令将选区反向选择。

（7）移动选区

用选区工具创建选区后，按住鼠标左键拖曳即可将已有选区的蚁形线移动到合适的位置，得到一个和原有选区同样形状的区域。但是在用选区工具创建选区后，在工具箱中选择移动工具 时，按住鼠标左键拖动的是选区的蚁形线和选区内的内容，这样就可以将选区内的内容移到新的位置，相当于执行了一个剪切操作。

（8）取消选区

用选区工具创建选区后，需要取消选区时在菜单栏中选择【选择】|【取消选择】命令或按【Ctrl+D】组合键或在选区上单击鼠标右键在弹出的菜单中选择"取消选择"命令将选区取消，选区成功取消后围绕选区周围的蚁形线消失。

（9）羽化选区

用选区工具创建选区后，图像周围边缘很生硬，为了处理图像周围硬边缘，就需要用羽化。羽化可以在边缘附近形成过渡带，使图像周围变软，更容易和周围背景融合。在菜单栏中选择【选择】|【修改】|【羽化】命令，在弹出的"羽化选区"对话框中设置羽化半径，就可以设置羽化的效果。羽化半径是过渡边缘的宽度，单位为像素。

（10）变换选区

用选区工具创建选区后，需要对选区的蚁形线的大小进行调整时，在菜单栏中选择【选择】|【变换选区】命令，执行命令后选区周围会出现一个带八个控制点和一个旋转中心点的变形框，将

鼠标移动到控制点处按住鼠标左键拖动即可实现选区蚁形线的放大、缩小和旋转等。变换选区只是改变选区蚁形线的大小和角度，但是如果需要改变图像的大小或旋转时，在菜单栏中选择【编辑】|【自由变换】命令，执行命令后图像周围会出现一个带八个控制点和一个旋转中心点的变形框，将鼠标移动到控制点处按住鼠标左键拖动即可实现图像的放大、缩小和旋转等。

（11）描边选区

如果需要对选区的边界用指定颜色进行描粗处理时，用选区工具创建选区后，在菜单栏中选择【编辑】|【描边】命令，在弹出的"描边"对话框中设置描边宽度，宽度值越大边越粗，还可以设置描边的颜色，这样就可以设置指定颜色和指定粗度的描边效果。

（12）存储与载入选区

如果需要对选区进行存储，在菜单栏中选择【选择】|【存储选区】命令，在弹出的"存储选区"对话框中输入选区的名称。如果需要对已经存储的选区重新载入，在菜单栏中选择【选择】|【载入选区】命令，在弹出的"载入选区"对话框中选择载入选区的名称，将选区重新载入。

例 2-1　青蛙爱荷花制作。

制作过程介绍如下。

① 启动 Adobe Photoshop CS6，在菜单栏中选择【文件】|【打开】命令，在"打开"对话框中选中"荷花.jpg"和"青蛙.jpg"，单击"打开"按钮后在图像编辑窗口中打开两张原图。在菜单栏中选择【窗口】|【排列】命令，在菜单中单击选择"双联垂直"，将两张图在窗口双联垂直排列，如图 2-2 所示。

② 单击"青蛙.jpg"图像为当前工作窗口，在工具箱中选择"魔棒"工具，将鼠标移动到青蛙的左眼处单击，之后按住 Shift 键和鼠标左键添加选区区域直到蚁形线围绕青蛙形成一个封闭的选区，如图 2-3 所示。

③ 在青蛙被选中后，在工具箱中选择"移动工具"，按住鼠标左键拖动青蛙到"荷花.jpg"荷花叶上。单击"荷花.jpg"图像为当前工作窗口，在菜单栏中选择【编辑】|【自由变换】命令，将鼠标移动到控制点处按住鼠标左键拖动将青蛙缩小到合适大小，并按住鼠标左键移动到荷叶的合适位置上，切换工具在弹出的对话框中单击"应用"按钮，将青蛙处理好，如图 2-4 所示。

图 2-2　双联垂直　　　　图 2-3　青蛙选区　　　　图 2-4　效果图

④ 在菜单栏中选择【文件】|【存储】命令，将加上青蛙的"荷花.jpg"图像保存。

2.3.3　图像绘制与编辑

1. 绘图工具

（1）画笔工具

使用画笔工具 ✐ 可以绘制出比较柔和的线条，线条的效果类似于用毛笔绘制。通过设置画笔大小、硬度和笔尖形状等相关属性参数来选择预设画笔或设计自定义画笔。在工具箱中选择画笔工具，在画笔工具的工具属性栏中可以设置画笔、模式、不透明度、流量、喷枪等。

① 画笔：单击"画笔"下拉列表 ，可以打开"画笔"下拉面板，在"画笔"下拉面板中设置画笔的大小、硬度和画笔笔尖形状。可以通过拉动滑块或输入数字来对画笔的大小、硬度进行调整。在"画笔笔尖形状"列表中可以选择已经预设好的画笔笔尖形状。单击画笔下拉面板中的"创建新的预设"按钮 ，在弹出的"画笔名称"对话框中设置画笔的名称，单击"确定"按钮后可以将当前画笔保存为新的画笔预设。单击画笔下拉面板中的"设置菜单"按钮 ，在弹出的菜单中可以进行新建画笔预设、重命名画笔、删除画笔、复位画笔、载入画笔、存储画笔、替换画笔等相关操作。

② 切换画笔面板 ：单击工具属性栏的"切换画笔面板"按钮就可以激活"画笔"面板。在"画笔"面板中可以对画笔进行设置，如画笔笔尖形状列表、画笔选项、画笔描边预览等。在"画笔预设"面板中可以选择已经预设的画笔，单击某一画笔即可被选中，可以通过调整"画笔预设"面板上的拉动滑块或输入数字来对画笔的大小进行改变。

③ 模式 ：单击"画笔"下拉列表可以设置画笔颜色的混合模式，包括正常、溶解、颜色加深、颜色减淡等。

④ 不透明度 ：设置画笔颜色的透明度，其数值范围在 1%～100%，数值越小其透明度越大。

⑤ 始终对"不透明度"使用"压力" ：与"不透明度"同时使用时控制绘图的压力。

⑥ 流量 ：设置画笔颜色的浓度，其数值范围在 1%～100%，数值越小颜色越浅。

⑦ 启用喷枪样式 ：启用具有传统的喷枪功能。

⑧ 始终对"大小"使用"压力" ：在使用手绘板时利用绘图笔的压力来改变画笔大小。

（2）铅笔工具

铅笔工具 与画笔工具相同，都是使用前景色来绘制图形。铅笔工具与画笔工具不同之处在于，画笔工具可以绘制硬边效果线条和柔边效果线条，但是铅笔工具只可以绘制硬边效果线条，用铅笔工具绘制出来的线段都是硬边的。在铅笔工具的工具属性栏中可以设置画笔、模式、不透明度等，还有一个"自动抹除"复选框 。当"自动抹除"复选框被选中时，铅笔工具在与前景色颜色相同的区域内绘图时，绘图区域会自动擦除前景色而填入背景色。

（3）其他绘图工具

① 钢笔工具 ：主要是用来绘制直线或曲线组成的形状，还可以调整直线线段的角度和长度以及曲线的曲率。钢笔工具绘制的形状是贝塞尔曲线构成，贝塞尔曲线是有锚点的曲线，通过锚点上的控制手柄可以调整相邻两条曲线段的形状。在工具箱中选择钢笔工具，在钢笔工具的工具属性栏中"选择工具模式"下选择"形状"，设置钢笔的形状填充类型、形状描边类型、形状描边宽度、形状的宽度、形状的高度等属性后就可以在舞台工作区内单击鼠标左键添加锚点，直到双击才停止添加锚点，锚点相连即可绘出所要图形。

② 矩形工具 ：主要是用来绘制各种比例大小的矩形或正方形，在工具箱中选中矩形工具，在矩形工具的工具属性栏中"选择工具模式"下选择"形状"，设置矩形的形状填充类型、形状描边类型、形状描边宽度、形状的宽度、形状的高度等属性。单击"设置"按钮 ，在其中选择"方形"就可以绘出正方形。

③ 圆角矩形工具 ：主要是用来绘制各种比例大小的圆角矩形或圆角正方形，在工具箱中选中圆角矩形工具，在圆角矩形工具的工具属性栏中"选择工具模式"下选择"形状"，设置圆角矩形的形状填充类型、形状描边类型、形状描边宽度、形状的宽度、形状的高度等属性。单击"设置"按钮 ，在其中选择"方形"就可以绘出圆角正方形。在"半径"文本框中设置圆角半径的

大小，半径值越大圆角越大。

④ 椭圆工具 ：主要是用来绘制各种比例大小的椭圆或正圆，在工具箱中选中椭圆工具，在椭圆工具的工具属性栏中"选择工具模式"下选择"形状"，设置椭圆的形状填充类型、形状描边类型、形状描边宽度、形状的宽度、形状的高度等属性。单击"设置"按钮 ，可以在其中选择"圆"就可以绘出正圆。

⑤ 多边形工具 ：主要是用来绘制各种比例大小的多边形，在工具箱中选中多边形工具，在多边形工具的工具属性栏中"选择工具模式"下选择"形状"，设置多边形的形状填充类型、形状描边类型、形状描边宽度、形状的宽度、形状的高度等属性。单击"设置"按钮 ，设置星形就可以绘出多角星形。在"边"文本框中设置多边形或多角星形的边数。

⑥ 直线工具 ：主要是用来绘制不同粗细直线形状或为直线增加单向或双向的箭头。在工具箱中选中直线工具，在直线工具的工具属性栏中"选择工具模式"下选择"形状"，设置直线的形状填充类型、形状描边类型、形状描边宽度、形状的宽度、形状的高度等属性。单击"设置"按钮 ，可以选中"起点"复选框，则会绘制出带有单向箭头的直线，箭头在直线的起点；可以选中"终点"复选框，则会绘制出带有单向箭头的直线，箭头在直线的终点；如果"起点"复选框和"终点"复选框都被选中，则会绘制出带有双向箭头的直线。"凹度"用来设置箭头的尖锐度。

⑦ 自定形状工具 ：主要是用来绘制系统自带设置的各种形状，或是由用户自己创建的形状。在工具箱中选中自定形状工具，在自定形状工具的工具属性栏中"选择工具模式"下选择"形状"，设置直线的形状填充类型、形状描边类型、形状描边宽度、形状的宽度、形状的高度等属性。单击"形状"下拉列表中选择系统自带的形状。用各种绘图工具绘制用户自定义的形状，选中用户自定义的形状，在菜单栏中选择【编辑】|【定义自定形状】命令，在弹出的"形状名称"对话框中输入新定义的形状的名称，用户新定义的形状将保存到自定义形状库中。

以上形状绘制工具设置完毕属性后就可以将鼠标指针移动到要绘制的形状的合适位置上，按住鼠标左键拖曳鼠标指针直到绘制的形状符合大小，松开鼠标左键即可画出形状。

例 2-2 添加心形制作

制作过程介绍如下。

① 启动 Adobe Photoshop CS6，在菜单栏中选择【文件】|【打开】命令，在"打开"对话框中选中"情人节.jpg"，单击"打开"按钮后在图像编辑窗口中打开原图，如图 2-5 所示。

② 在工具箱中选择"画笔工具"，在画笔工具的工具属性栏中单击"画笔"下拉列表，在"画笔"下拉面板中"画笔笔尖形状"列表中选择画笔库中"散布枫叶"，通过拉动滑块或输入数字来修改画笔的大小为 9 像素。在工具箱中单击"设置前景色"，在拾色器中设置前景色为# ffffff，也就是画笔当前的颜色。

③ 单击"情人节.jpg"图像为当前工作窗口，单击鼠标沿着图像中的一个心中绘制出一个白色散布枫叶心形图案。之后再剩下的另一个心中再绘制出一个白色散布枫叶心形图案。如图 2-6 所示。

图 2-5 打开原图

图 2-6 效果图

④ 在菜单栏中选择【文件】|【存储】命令，将加上两个白色散布枫叶心形图案的"情人节.jpg"图像保存。

2. 颜色填充工具

① 渐变工具▣：渐变工具可以使多种颜色逐渐混合，在选区中填充具有多种颜色过渡的混合色。使用时，先选中渐变类型和渐变颜色，之后在背景中或指定选区中在起点单击，按住鼠标左键拖到终点就将颜色填充到指定区域。渐变工具共有五种渐变类型：线性渐变▣、径向渐变▣、角度渐变▣、对称渐变▣和菱形渐变▣。在渐变工具的工具属性栏中可以选择渐变类型，填充出相应的渐变效果。渐变颜色可以在"渐变颜色"下拉表▣▣▣▣▣▣中选择系统已有的渐变颜色块。如果需要定义一个新的渐变颜色块，则需在"渐变颜色"下拉表上单击，在弹出的"渐变编辑器"对话框中进行单击"新建"按钮，创建一个新的渐变颜色块，之后单击渐变颜色调整条下方的每个颜色色标进行修改颜色。当颜色色标被选中时，颜色色标上面的三角变为黑色。单击渐变颜色调整条上方的每个透明色标进行透明度的修改。如果需要在渐变颜色调整条上添加颜色色标或透明色标，只需要用鼠标单击渐变颜色调整条下方或上方就可以添加一个颜色色标或透明色标。如果需要调整色块的位置，选中色块按住鼠标左键就可以拖动色块调整到合适的位置。

② 油漆桶工具▣：在指定区域内填充颜色或图案。在使用油漆桶工具时需要先期设定前景色。在油漆桶工具的工具属性栏的"设置填充区域的源"中选择填充方式：前景或图案。

例 2-3　信纸的制作。

制作过程介绍如下。

① 启动 Adobe Photoshop CS6，在菜单栏中选择【文件】|【打开】命令，在"打开"对话框中选中"梨.jpg"，单击"打开"按钮后在图像编辑窗口中打开原图。

② 在工具箱中选择磁性套索工具，单击梨的左上方，沿梨的周边直到鼠标回到选取的起点位置时松开鼠标，就会沿梨形成一圈滚动的蚁形线，从而选中整个梨。

③ 在菜单栏中选择【文件】|【新建】命令，在弹出的"新建"对话框中输入文件名"背景梨"，宽度设为 300 像素，高度设为 400 像素，颜色模式为"RGB 颜色"，单击"确定"按钮。

④ 在工具箱中选择渐变工具，单击"渐变颜色"下拉表，在弹出的"渐变编辑器"对话框中单击"新建"按钮，创建一个新的渐变颜色块，之后单击渐变颜色调整条下方的 3 个颜色色标修改颜色值分别为#0000ff、#00ffff、#00ff00，单击渐变颜色调整条上方的两个透明色标修改透明度值分别为 100%、27%，单击"确定"新建一个渐变色同，如图 2-7

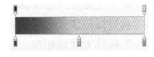

图 2-7　渐变颜色调整条

所示。在渐变工具的工具属性栏中选择渐变类型为菱形渐变，填充出相应的渐变效果。在背景左上角单击，按住鼠标左键拖到背景右下角，将新设的渐变色填入到背景中。

⑤ 单击"梨.jpg"图像为当前工作窗口，在工具箱中选择"移动工具"，按住鼠标左键拖动梨到"背景梨"窗口中。在菜单栏中选择【编辑】|【自由变换】命令，将鼠标移动到控制点处按住鼠标左键拖动将梨缩小到合适大小，并按住鼠标左键移动到合适位置上，切换工具在弹出的对话框中单击"应用"按钮，将梨处理好，如图 2-8 所示。

⑥ 在菜单栏中选择【视图】|【显示】|【网格】命令，在窗口上打开网格，在工具箱中选择直线工具，在直线工具的工具属性栏中"选择工具模式"下选择"形状"，设置直线的形状填充颜色为#06b52f，"粗细"为 2 像素，在窗口中每隔两行画一条直线。

⑦ 再次在菜单栏中选择【视图】|【显示】|【网格】命令，将网格前面的勾选项取消，将网格取消，如图 2-9 所示。

图 2-8　渐变背景

图 2-9　信纸制作

⑧ 在菜单栏中选择【文件】|【存储】命令，将"背景梨"图像保存。

3. 修复工具

① 污点修复画笔工具：使用污点修复画笔工具可以快速修复图像中的小型斑点或小块区域。在污点修复画笔工具的工具属性栏中可以设置画笔的大小、硬度和间距。污点修复画笔工具中有三种类型选择：近似匹配、创建纹理和内容识别。"近似匹配"是将画笔选中的区域周围的纹理近似覆盖到画笔选中的区域内；"创建纹理"是将画笔选中的区域内部的纹理复制覆盖到画笔选中的区域内；"内容识别"是在画笔选中的区域周围寻找相似纹理将其自动填充到画笔选中的区域内，并自动与周围融合，是一个比较新的填充类型。设置好属性后使用鼠标在画面上单击就可清除图像中的小型斑点或小型区域。

② 修复画笔工具：污点修复画笔工具不需要取样就可以修复图像中的小型斑点或小型区域。与污点修复画笔工具不同，修复画笔工具需要取样。在修复画笔工具的工具属性栏中选择源有两种：取样和图案。一般选择"取样"，按住 Alt 键单击取样，之后在需要修改的区域单击就可将取样区填充到画笔选中的区域内，并自动与周围融合，从而实现修复功能。如果选择"图案"，则将选中的图案填充到选区内。

③ 修补工具：修补工具与修复画笔工具修复原理一样，需要取样。与修复画笔工具不同，修补工具可以设置选区，之后利用选区中的内容来修补。在修补工具的工具属性栏中选择修补方式有两种：从目标修补源　源 和从源修补目标　目标。如果选择修补方式为"从目标修补源"，按住鼠标左键在图像中源位置处设定修补选区，按住鼠标左键将选区移至目标位置处，松开鼠标，即可将目标位置处选区选定的内容复制到源位置处的选区内，并自动与周围融合。而"从源修补目标"修补方式则相反，是将源位置处选区选定的内容复制到目标位置处的选区内，并自动与周围融合。修补模式有两种：正常和内容识别 修补：正常 ，"内容识别"比"正常"能得到更好的修补效果。

④ 内容感知移动工具：内容感知移动工具与修补工具一样，需要先期选取一个选区。在内容感知移动工具的工具属性栏中选择修补方式有两种：移动和扩展 模式：移动 。"移动"是将选区的内容原样移动到目标位置，原位置上的选区内容消失。"扩展"是将选区的内容原样复制到目标位置，原位置上的选区内容依然还在。在工具属性栏中"适应" 适应：非常严格 选项中可以设置内容感知移动工具修补区域与周围的融合度。选"非常严格"则选区区域外的融合度不高，界限分明；选"非常松散"则选区区域外的融合度高，界限模糊。

⑤ 红眼工具：在使用闪光灯进行拍摄的时候，由于在外界光线很暗的条件下，人或动物的瞳孔会相应变大，当闪光灯的闪光透过瞳孔照在眼底时，眼底的微细血管会显现出鲜艳的红色，在眼睛部分就会出现"红眼"现象，在 Photoshop 中可以使用红眼工具消除"红眼"。选择红眼工具，在红眼的地方单击即可将红眼恢复为黑眼。在红眼工具的工具属性栏中可以设置瞳孔大小

瞳孔大小: 50% ▼ 和变暗量 变暗量: 50% ▼ 。瞳孔大小的值越大修复后瞳孔越大，瞳孔大小的值越小修复后瞳孔越小。变暗量越大修复后眼睛越黑，变暗量越小修复后眼睛越灰。

例 2-4　美女修图的制作。

制作过程介绍如下。

① 启动 Adobe Photoshop CS6，在菜单栏中选择【文件】|【打开】命令，在"打开"对话框中选中"美女.jpg"，单击"打开"按钮后在图像编辑窗口中打开原图，如图 2-10 所示。

② 单击"美女.jpg"图像为当前工作窗口，在工具箱中选择红眼工具，在红眼工具的工具属性栏中设置瞳孔大小为 50% 和变暗量为 50%，在红眼的地方单击即可将红眼恢复为黑眼，如图 2-11 所示。

图 2-10　原图　　　　　　　图 2-11　消除红眼

③ 在工具箱中选择污点修复画笔工具，在污点修复画笔工具的工具属性栏中设置画笔的大小为 20 像素、硬度为 9% 和间距 25%，设置污点修复画笔类型为"内容识别"。在"美女.jpg"图像的额头和鼻子附近处斑点上单击，将斑点清除掉，如图 2-12 所示。

④ 在工具箱中选择修补工具，在修补工具的工具属性栏中选择修补方式"从源修补目标"。单击鼠标在左脸部分皮肤比较白皙的部分设置选区，之后移动选区中的内容到眼下部分来修补，如图 2-13 所示。之后重复修补工具操作，选取好的皮肤块去修复不太好的皮肤部分，直到整张脸的皮肤发白并且没有斑点，如图 2-14 所示。

图 2-12　消除斑点　　　　　图 2-13　修补工具　　　　　图 2-14　修补效果

⑤ 在状态栏的最左边双击数字则出现一个文本框，在文本框中输入 200，然后按 Enter 键放大图像。在工具箱中选择抓手工具，鼠标在图像编辑窗口变为手形标志，按住鼠标左键在图像编辑窗口内拖曳，将嘴部部分平移到图像编辑窗口显示位置，如图 2-15 所示。

⑥ 在工具箱中选择修复画笔工具，在工具属性栏中设置画笔的大小为 6 像素、硬度为 4% 和间距 25%，设置修复画笔选择源为"取样"。将鼠标移至嘴角左边比较亮的部分按住 Alt 键取样，之后在嘴角皱纹处连续单击就可将取样区内的内容填充到画笔选中的区域内，并自动与周围融合，从而实现消除嘴角皱纹的效果，如图 2-16 所示。同理使用修复工具，将嘴角右边的皱纹和双眼的眼袋消除，如图 2-17 所示。

⑦ 在菜单栏中选择【图像】|【图像大小】命令，在弹出的"图像大小"对话框中将宽度和高度改为 450 像素和 550 像素。在菜单栏中选择【图像】|【图像旋转】|【水平翻转画布】命令，

将人物图像翻转，如图 2-18 所示。

图 2-15　嘴部放大　　　图 2-16　嘴部处理后　　　图 2-17　修复后的效果　　　图 2-18　图像翻转

⑧ 在菜单栏中选择【文件】|【存储】命令，将图像保存。

4. 图章工具

① 仿制图章工具 ：仿制图章工具与修复画笔工具类似，仿制图章工具需要取样。按住 Alt 键单击取样，之后在需要修改区域单击就可将取样区内的内容填充到画笔选中的区域内，从而实现图像修饰功能。但仿制图章工具与修复画笔工具不同之处在于，修复画笔工具修复后选区内容会自动与周围融合，而使用仿制图章工具仿制操作后的区域不会自动与周围融合，选区边界线比较分明。

② 图案图章工具 ：图案图章工具与仿制图章工具类似，将选定的图案填充到图像中，图案在"图案拾色器" 中选择。在图案图章工具的工具属性栏中选中"对齐" 复选框，则填充图案合并时形成连续的紧密结合的图案。还可以选中"印象派效果" 复选框，通过调整画笔的大小来对填充的图案进行模糊的设置，画笔越大图案越模糊。

例 2-5　跳跃的西红柿制作。

制作过程介绍如下。

① 启动 Adobe Photoshop CS6，在菜单栏中选择【文件】|【打开】命令，在"打开"对话框中选中"背景.jpg"，单击"打开"按钮后在图像编辑窗口中打开原图，如图 2-19 所示。在状态栏的最左边双击数字则出现一个文本框，在文本框中输入 50，然后按 Enter 键放大图像。

② 在工具箱中选择仿制图章工具，在工具属性栏中设置画笔的大小为 30 像素，按住 Alt 键在奶酪上方的西红柿上单击取样，之后在目标西红柿的左方按住鼠标左键连续移动绘出一个与取样相同的西红柿。

③ 按住 Alt 键在奶酪上方的新绘西红柿上单击取样，之后在目标西红柿的左上方按住鼠标左键连续移动绘出一个与取样相同的西红柿。按住 Alt 键在奶酪左上方的新绘西红柿上单击取样，之后在目标西红柿的左上方按住鼠标左键连续移动绘出一个与取样相同的西红柿，使两个西红柿之间有一定的间距。这样就在原图上仿制出跳跃有间距的三个西红柿，如图 2-20 所示。

图 2-19　原图　　　　　　　图 2-20　效果图

④ 在菜单栏中选择【文件】|【存储】命令，将添加西红柿后的"背景"图像保存。

5. 橡皮擦工具

① 橡皮擦工具 ：橡皮擦工具主要用来擦除图像中不需要的部分，一般情况下以背景色的

颜色填充擦除范围。在橡皮擦工具的工具属性栏中可以选择橡皮擦的抹除模式 模式：画笔 ：画笔、铅笔和块。选择"画笔"模式，就可以选择画笔的大小以及样式等，擦除的边缘比较柔和；选择"铅笔"模式，擦除的边缘有硬边，不如"画笔"模式柔和；选择"块"模式，擦除时使用的是规则的正方块作为填充擦除区域。

② 背景橡皮擦工具 ：背景橡皮擦工具用于快速将图像后面的背景色去除，形成透明色。在背景橡皮擦工具的工具属性栏中选择"限制"中的连续 限制：连续 ，用于处理图像的边缘清晰分明时，这样背景橡皮擦工具在遇到图像边缘处时，系统会自动识别哪里是图像边缘，从而擦除背景色。选择"取样：连续" ，用于处理图像中有渐变颜色时，这样鼠标移动时系统将自动取出鼠标中心点位置的颜色，进行相关点位置颜色的擦除。选择"取样：一次" ，用于处理图像中颜色比较单一，并且没有渐变颜色或阴影的情况。选择"取样：背景色板" ，用于处理图像中颜色比较单一，并且图像和背景色之间颜色差异比较大的情况。

③ 魔术橡皮擦工具 ：魔术橡皮擦工具类似于魔棒工具，魔术橡皮擦工具可以根据图像中的相近或相同颜色来擦除相应区域。在魔术橡皮擦工具的工具属性栏中设置"容差" 容差：32 ，容差主要是设置擦除的色彩之间的差异，容差越小，选取的颜色范围越接近，擦除的范围越小。选中"消除锯齿" 消除锯齿 复选框，则擦除区域的边缘线条比较柔和。选中"连续" 连续 复选框，则擦除沿图像边缘进行，不会擦除图像内部与擦除同色的区域部分。

例 2-6　当甜甜圈遇上咖啡的制作。

制作过程介绍如下。

① 启动 Adobe Photoshop CS6，在菜单栏中选择【文件】|【打开】命令，在"打开"对话框中选中"咖啡杯.jpg"，单击"打开"按钮后在图像编辑窗口中打开原图，如图 2-21 所示。

② 在工具箱中选择橡皮擦工具，在工具属性栏中选择橡皮擦的抹除模式为"画笔"，设置画笔笔尖形状为"柔边圆"，画笔的大小为 63 像素和硬度为 0%。在工具箱中单击"设置背景色"，在拾色器中设置背景色为# 000000，按住鼠标左键将咖啡杯外的字符擦除。再次调整画笔的大小为 11 像素，按住鼠标左键将咖啡杯外的剩下的字符擦除。最后在工具箱中单击"设置背景色"，在拾色器中使用拾色器从咖啡杯上吸取杯色，设置背景色为# d4dacc，设置画笔笔尖形状为"柔边圆压力大小"，调整画笔的大小为 36 像素，按住鼠标左键将咖啡杯上的字符擦除，如图 2-22 所示。

图 2-21　咖啡杯原图　　　　　图 2-22　擦除后效果

③ 在工具箱中选择背景橡皮擦工具，在工具属性栏中选择"取样：背景色板"，设置选择"限制"为"连续"，勾选"保护前景色"，按住鼠标左键将咖啡杯的背景色全部擦除，如图 2-23 所示。

④ 在菜单栏中选择【文件】|【打开】命令，在"打开"对话框中选中"背景.jpg"，单击"打开"按钮后在图像编辑窗口中打开原图。在工具箱中选择"移动工具"，按住鼠标左键拖动咖啡杯到"背景"窗口树叶下，如图 2-24 所示。

⑤ 在菜单栏中选择【文件】|【打开】命令，在"打开"对话框中选中"甜甜圈.jpg"，单击"打开"按钮后在图像编辑窗口中打开原图。

图 2-23　擦除背景

图 2-24　组合咖啡杯

⑥　在工具箱中选择磁性套索工具，单击第一个甜甜圈的左上方，沿第一个甜甜圈的周边直到鼠标回到选取的起点位置时松开鼠标，就会沿第一个甜甜圈形成一圈滚动的蚁形线，从而选中整个第一个甜甜圈，如图 2-25 所示。在工具箱中选择"移动工具"，按住鼠标左键拖动第一个甜甜圈到"背景"窗口树叶中。之后使用磁性套索工具分别选中其他甜甜圈，将其依次移动到背景图各个位置处，如图 2-26 所示。

图 2-25　选取甜甜圈

图 2-26　效果图

⑦　在菜单栏中选择【文件】|【存储】命令，将添加甜甜圈后的"背景"图像保存。

6. 图像修饰工具

①　模糊工具：模糊工具可以将图像指定部分模糊化，降低图像相邻像素之间颜色的对比度，使图像变得模糊，模糊工具常用于修饰图像的细节处。在模糊工具的工具属性栏中可以设置"强度" 强度：100%，强度越大改变力度越大。

②　锐化工具：与模糊工具相反，锐化工具可以将图像指定部分清晰化，提高图像相邻像素之间颜色的对比度，使图像变得清晰，锐化工具不适宜过度使用，过度使用会使图像严重失真。在锐化工具的工具属性栏中选中"保护细节" 保护细节 复选框，则进行锐化处理时可以防止出现彩色噪点，尽最大的可能保护细节，使图像不失真。

③　涂抹工具：涂抹工具的作用类似于用手指在一幅颜料未干的图像上进行涂抹，使起始位置的颜色与鼠标移动方向位置的颜色相互混合扩散而形成一种混合颜色模糊的效果。在涂抹工具的工具属性栏中选中"手指绘画" 手指绘画 复选框，则相当于手指蘸着"前景色"的颜色在图像上绘画。选中"手指绘画"复选框并且设置强度 强度：50% 为 50%，则会出现在起笔的位置处有前景色的颜色，后面的部分都是涂抹的模糊效果。

④　历史记录画笔工具：历史记录画笔工具要配合历史记录面板使用。历史记录面板中记录着用户对图像进行处理的各个步骤，在历史记录面板中单击单个步骤前的"设置历史记录画笔的源" ，将其设置为 ，就可以以画笔的形式按照指定的历史记录恢复图像。

⑤　历史记录艺术画笔工具：历史记录艺术画笔工具与历史记录画笔工具功能相似，要与历史记录面板配合使用。在历史记录艺术画笔工具的工具属性栏中可以选择历史记录艺术画笔的"样式" 样式：绷紧短 ：绷紧短、绷紧中、绷紧长、松散中等、松散长、轻涂、绷紧卷曲、绷紧卷曲长、松散卷曲、松散卷曲长。不同的画笔样式画出的样式不同。设置"区域" 区域：50像素 可以改变画笔填充的大小，区域值越大填充范围越大。

例 2-7　吊坠系列的制作。

制作过程介绍如下。

① 在菜单栏中选择【文件】|【新建】命令，在弹出的"新建"对话框中输入文件名"背景"，宽度设为 500 像素，高度设为 400 像素，颜色模式为"RGB 颜色"，单击"确定"按钮。

② 在工具箱中选择渐变工具，单击"渐变颜色"下拉表，在弹出的"渐变编辑器"对话框中单击"新建"按钮，创建一个新的渐变颜色块，之后单击渐变颜色调整条下方的七个颜色色标分别为#0af763、#0cb004、# 029731、#058b21、#07cb48、# 34f759、# 07f734，单击渐变颜色调整条上方的六个透明色标分别为 10%、80%、100%、99%、100%、10%，单击"确定"新建一个渐变色，如图 2-27 所示。在渐变工具的工具属性栏中选择渐变类型为线性渐变，填充出相应的渐变效果。在背景左上角单击，按住鼠标左键拖到背景右下角，将新设的渐变色填入背景中。

③ 在工具箱中选择涂抹工具，在工具属性栏中选中"手指绘画"复选框并且设置强度为 50%，在工具箱中单击"设置前景色"，在拾色器中设置前景色为# f1f40e，按住鼠标左键从背景右下角涂抹一道痕迹到背景左上角。

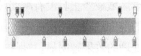

图 2-27　渐变颜色调整条

④ 在工具箱中选择"画笔工具"，在画笔工具的工具属性栏中单击"画笔"下拉列表，在"画笔"下拉面板"画笔笔尖形状"列表中选择画笔库中的"散布叶片"，通过拉动滑块或输入数字来修改画笔的大小为 25 像素。在工具箱中单击"设置前景色"，在拾色器中设置前景色为#0ef40e，也就是画笔当前的颜色。单击工具属性栏的"切换画笔面板"按钮激活画笔面板，在画笔面板修改间距为 27%。单击鼠标在背景上方绘制出一片浅绿色散布叶片图案，如图 2-28 所示。

⑤ 在菜单栏中选择【文件】|【打开】命令，在"打开"对话框中选中"吊坠 1.jpg"，单击"打开"按钮后在图像编辑窗口中打开原图。

⑥ 在工具箱中选择磁性套索工具，单击吊坠 1 的左上方，沿吊坠 1 的周边直到鼠标回到选取的起点位置时松开鼠标，就会沿吊坠 1 形成一圈滚动的蚁形线，从而选中整个吊坠 1。在画笔工具的工具属性栏中单击"从选区减去"按钮，选中吊坠 1 中间空白两部分，如图 2-29 所示。

图 2-28　背景制作　　　　　图 2-29　吊坠选取

⑦ 在工具箱中选择"移动工具"，按住鼠标左键拖动吊坠 1 到"背景"窗口中。在菜单栏中选择【编辑】|【自由变换】命令，将鼠标移动到控制点处按住鼠标左键拖动将吊坠 1 缩小到合适大小，并按住鼠标左键移动旋转到合适位置上，切换工具在弹出的对话框中单击"应用"按钮，将吊坠 1 处理好。

⑧ 与吊坠 1 的作法相同，将吊坠 2 选中并移动到背景的合适位置上。在工具箱中选择"模糊工具"，在工具属性栏中单击"画笔"下拉列表，在"画笔"下拉面板中设置画笔笔尖形状为"柔边圆"，画笔的大小为 76 像素和硬度为 0%。设置完毕后在吊坠 2 上单击一次，将吊坠 2 模糊化。

⑨ 与吊坠 1 的作法相同，将吊坠 3 选中并移动到背景的合适位置上。在工具箱中选择"模糊工具"，在工具属性栏中单击"画笔"下拉列表，在"画笔"下拉面板中设置画笔笔尖形状为"柔

边圆"，画笔的大小为 76 像素和硬度为 0%。设置完毕后在吊坠 3 上单击两次，将吊坠 3 模糊化。

⑩ 与吊坠 1 的作法相同，将吊坠 4 选中并移动到背景的合适位置上。在工具箱中选择"模糊工具"，在工具属性栏中单击"画笔"下拉列表，在"画笔"下拉面板中设置画笔笔尖形状为"柔边圆"，画笔的大小为 76 像素和硬度为 0%。设置完毕后在吊坠 4 上单击三次，将吊坠 4 模糊化，如图 2-30 所示。

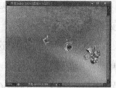

⑪ 在菜单栏中选择【文件】|【存储】命令，将添加吊坠后的"背景"图像保存。

图 2-30 效果图

7. 颜色修饰工具

① 减淡工具：减淡工具可以对图像的颜色进行减淡处理。在减淡工具的工具属性栏中可以选择"范围" 范围：中间调 ：阴影、中间调和高光。"阴影"处理的范围只能是图像中的阴影区域，非阴影区域减淡工具没有减淡效果；"中间调"是默认值，是指介于阴影和高光之间的区域；"高光"处理的范围只能是图像中亮度比较高的区域。"曝光度" 曝光度：45% 用来设置处理的效果是否明显，值越大处理的效果越明显。"保护色调" 保护色调 的设置可以保护淡化区域内的颜色平和过渡到最终颜色。

② 加深工具：与减淡工具相反，加深工具可以对图像的颜色进行加深处理。加深工具的属性设置与减淡工具相同。

③ 海绵工具：海绵工具主要用来提高或降低图像的饱和度，产生一种使用海绵将画布上的水吸收的效果，使画面上的颜色更鲜艳或更灰暗一些。如果需要使图像局部区域的颜色更为鲜艳一些，则需要在工具属性栏中选择"模式" 模式：饱和 中的"饱和"，来提高图像的饱和度。在"模式"下选择"降低饱和度"，则会使图像局部区域的颜色更为灰暗一些。勾选"自然饱和度" 自然饱和度 复选框，会使图像局部区域的颜色饱和度的提高或降低与周围颜色更加自然过渡，减少不自然感。

④ 颜色替换工具：颜色替换工具是用指定的颜色来替换当前图像的颜色。按住 Alt 键吸取替换的颜色并且修改前景色为当前吸取的颜色，按住鼠标左键即可在图像上替换颜色。在工具属性栏中选择所需要的"模式" 模式：颜色 ：色相、饱和度、颜色和明度。"色相"模式下只替换颜色的色相，饱和度和明度不变；"饱和度"模式下只替换颜色的饱和度，色相和明度不变；"颜色"是默认值，同时替换颜色的色相、饱和度和明度；"明度"模式下只替换颜色的明度，色相和饱和度不变。

⑤ 混合器画笔工具：与涂抹工具功能相似，相当于使用一个已经有了画笔颜色的画笔在图像上进行涂抹操作。在工具属性栏中设置画笔的大小和样式，还可以在"载入模式" 中选择：载入画笔、清理画笔和只载入纯色。"载入画笔"将载入带有颜色等属性的画笔；"清理画笔"清除画笔上的颜色等属性；"只载入纯色"使画笔的颜色更加均匀。"混合" 混合：100% 是用来调整当前载入的画笔的颜色和涂抹位置区域的颜色的混合程度，当混合值为 0% 时，涂抹最终颜色为当前载入的画笔的颜色；当混合值为 100% 时，涂抹最终颜色为涂抹位置区域的颜色；当混合值为 1%~99% 中任一数值时，是两种颜色按比例的混合。

例 2-8 水果系列的制作。

制作过程介绍如下。

① 在菜单栏中选择【文件】|【新建】命令，在弹出的"新建"对话框中输入文件名"背景"，宽度设为 800 像素，高度设为 600 像素，颜色模式为"RGB 颜色"，单击"确定"按钮。

② 在菜单栏中选择【文件】|【打开】命令，在"打开"对话框中选中"水纹.jpg"，单击"打开"按钮后在图像编辑窗口中打开原图。在工具箱中选择"移动工具"，按住鼠标左键拖动水纹到背景中。

③ 在菜单栏中选择【文件】|【打开】命令，在"打开"对话框中选中"草莓 1.jpg"，在工具箱中选择减淡工具，在工具属性栏中选择"范围"为阴影，"曝光度"为 80%，勾选"保护色调"复选框。按住鼠标左键将草莓 1 的阴影尽量淡化。

④ 在工具箱中选择背景橡皮擦工具，在工具属性栏中选择"取样：背景色板"，设置选择"限制"为"连续"，勾选"保护前景色"，按住鼠标左键将草莓 1 的背景色全部擦除，如图 2-31 所示。在工具箱中选择"移动工具"，按住鼠标左键拖动草莓 1 到"背景"窗口中。在菜单栏中选择【编辑】|【自由变换】命令，将鼠标移动到控制点处按住鼠标左键拖动将草莓 1 缩小到合适大小，并按住鼠标左键移动旋转到合适位置上，切换工具在弹出的对话框中单击"应用"按钮，将草莓 1 处理好，如图 2-32 所示。

⑤ 同理打开"苹果.jpg"，利用减淡工具、背景橡皮擦工具、移动工具和自由变换命令将"苹果"加入背景合适位置处。单击"图层"面板将"苹果"不透明度调整为 56%。与"苹果"做法相同，分别将"草莓"、"柠檬"、"梨"、"青苹果"加入背景合适位置处，并且将"草莓"不透明度调整为 87%，"柠檬"不透明度调整为 75%，"梨"不透明度调整为 79%，"青苹果"不透明度调整为 75%，如图 2-33 所示。

　　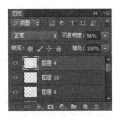

图 2-31　草莓选取　　　　图 2-32　水果添加　　　　图 2-33　图层面板

⑥ 在菜单栏中选择【文件】|【打开】命令，在"打开"对话框中选中"樱桃.jpg"，在工具箱中选择磁性套索工具，单击樱桃的左上方，沿樱桃的周边直到鼠标回到选取的起点位置时松开鼠标，就会沿樱桃形成一圈滚动的蚁形线，从而选中整个樱桃。在工具箱中选择"移动工具"，按住鼠标左键拖动樱桃到"背景"窗口中。在菜单栏中选择【编辑】|【自由变换】命令，将鼠标移动到控制点处按住鼠标左键拖动将樱桃缩小到合适大小，并按住鼠标左键移动旋转到合适位置上，切换工具在弹出的对话框中单击"应用"按钮，将"左樱桃"加入背景中，将"左樱桃"不透明度调整为 67%。用矩形选框工具选中"左樱桃"，按【Ctrl+C】组合键复制"左樱桃"，按【Ctrl+V】组合键粘贴出"右樱桃"。用矩形选框工具选中"右樱桃"，在菜单栏中选择【编辑】|【变换】|【水平翻转】命令，水平翻转图案。在菜单栏中选择【编辑】|【自由变换】命令，将鼠标移动到控制点处按住鼠标左键拖动将右樱桃缩小到合适大小，并按住鼠标左键移动旋转到合适位置上，最后将"右樱桃"不透明度调整为 73%，如图 2-34 所示。

图 2-34　效果图

⑦ 在菜单栏中选择【文件】|【存储】命令，将添加水果后的"背景"图像保存。

2.3.4　文字处理

1. 文字的输入

（1）创建普通文字

① 横排文字工具 T：用于输入水平方向的文字，在工具属性栏中可以使用"设置字体系列"

宋体 ▼ 设置字体，使用"设置字体大小" 72 点 ▼ 设置字体大小，使用"设置文本颜色" □ 设置字体颜色。

② 直排文字工具 T：用于输入垂直方向的文字。其文字属性设置同横排文字工具。

（2）创建文字选区

① 横排文字蒙版工具 ：用于输入水平方向的文字，并将文字转换为文字形状的蒙版选区。其文字属性设置同横排文字工具。

② 直排文字蒙版工具 ：用于输入垂直方向的文字，并将文字转换为文字形状的蒙版选区。其文字属性设置同横排文字工具。

例 2-9 月色朦胧的制作。

制作过程介绍如下。

① 启动 Adobe Photoshop CS6，在菜单栏中选择【文件】|【打开】命令，在"打开"对话框中选中"背景.jpg"，单击"打开"按钮后在图像编辑窗口中打开原图。在状态栏的最左边双击数字则出现一个文本框，在文本框中输入 45，然后按 Enter 键缩小图像。

② 在菜单栏中选择【图像】|【图像旋转】|【水平翻转画布】命令，将背景翻转。

③ 在工具箱中选择横排文字工具，在工具属性栏中设置"设置字体系列"为华文行楷，双击"设置字体大小"文本框输入 120 点，设置"设置文本颜色"为# ddf704。按住鼠标左键在窗口合适位置处拉出文本输入框，在文本输入框中输入"月色朦胧"，按【Ctrl+Enter】组合键完成文字的输入。

④ 在工具箱中选择直排文字工具，在工具属性栏中设置"设置字体系列"为方正姚体，双击"设置字体大小"文本框输入 48 点，设置"设置文本颜色"为#ffffff。按住鼠标左键在窗口合适位置处拉出文本输入框，在文本输入框中输入"爱月惜月怜月喜月"，按【Ctrl+Enter】组合键完成文字的输入，如图 2-35 所示。

⑤ 在菜单栏中选择【文件】|【存储】命令，将添加文字的"背景.jpg"图像保存。

图 2-35 效果图

2．文字格式的设置

① 设置字符格式："字符"面板集合了所有的有关字符控制参数，通过修改这些字符控制参数可以对文字的颜色、样式、大小等进行修改。在工具属性栏中单击"切换字符和段落面板"按钮 或在菜单栏中选择【窗口】|【字符】命令，就可弹出"字符"面板。

② 设置段落格式："段落"面板可以设置所有有关段落的格式，包括对齐方式、缩进方式等。在工具属性栏中单击"切换字符和段落面板"按钮 或在菜单栏中选择【窗口】|【段落】命令，就可弹出"段落"面板。

3．文字的编辑

（1）文字的旋转

① 选中要转换方向的文字，在工具属性栏中单击"切换文本取向"按钮 T，可以将文字在水平方向排列和垂直方向排列之间转换。

② 选中要转换方向的文字，在出现的文本框外鼠标出现旋转双向箭头标志时，按住鼠标左键调整文字的旋转方向。

（2）文字的变形

选中要变形的文字，在工具属性栏中单击"创建文字变形"按钮 ，在弹出的"变形文字"

对话框中单击"样式"下拉框选择变形的样式，选择单击"水平"或"垂直"单选按钮调整变形的方向，还可以调整变形的弯曲率。

例 2-10　健康早餐海报的制作。

制作过程介绍如下。

① 启动 Adobe Photoshop CS6，在菜单栏中选择【文件】|【打开】命令，在"打开"对话框中选中"牛奶.jpg"，单击"打开"按钮后在图像编辑窗口中打开原图。

② 在工具箱中选择快速选择工具，单击牛奶杯按住鼠标左键拖动区域直到牛奶杯、鸡蛋和小麦被选中为止。在工具箱中选择磁性套索工具，单击牛奶杯的杯把内左上方，沿牛奶杯的杯把内部形成一圈滚动的蚁形线，形成一个整体选区，如图 2-36 所示。

③ 在菜单栏中选择【文件】|【打开】命令，在"打开"对话框中选中"小麦.jpg"，单击"打开"按钮后在图像编辑窗口中打开原图。

④ 在工具箱中选择"移动工具"，按住鼠标左键拖动牛奶杯鸡蛋到"小麦.jpg"窗口中。在菜单栏中选择【编辑】|【自由变换】命令，将鼠标移动到控制点处按住鼠标左键拖动将牛奶杯鸡蛋缩小到合适大小，切换工具在弹出的对话框中单击"应用"按钮，将牛奶杯鸡蛋处理好。在菜单栏中选择【编辑】|【变换】|【水平翻转】命令，将牛奶杯鸡蛋水平翻转，如图 2-37 所示。

图 2-36　选取图像　　　　图 2-37　合成图像

⑤ 在工具箱中选择横排文字工具，在工具属性栏中设置"设置字体系列"为华文行楷，双击"设置字体大小"文本框输入 72 点，设置"设置文本颜色"为# fe654c。按住鼠标左键在窗口合适位置处拉出文本输入框，在文本输入框中输入"健康从早餐开始"，按【Ctrl+Enter】组合键完成文字的输入。

⑥ 选中"健康从早餐开始"文字，在工具属性栏中单击"创建文字变形"按钮，在弹出的"变形文字"对话框中单击"样式"下拉框选择"增加"，选择单击"水平"单选按钮调整变形的方向，调整变形的弯曲率为+50%，单击"确定"按钮使文字变形。

⑦ 在工具箱中选择"移动工具"，按住鼠标左键拖动变形后的文字到图像上方。单击"图层"面板将不透明度调整为 90%，如图 2-38 所示。

⑧ 在工具箱中选择直排文字工具，在工具属性栏中设置"设置字体系列"为华文行楷，双击"设置字体大小"文本框输入 48 点，设置"设置文本颜色"为#29f214。按住鼠标左键在窗口右下角位置处拉出文本输入框，在文本输入框中输入四列文字"天然的小麦　纯净的牛奶　自然的奉献　人生的享受"，按【Ctrl+Enter】组合键完成文字的输入。

⑨ 选中"天然的小麦　纯净的牛奶　自然的奉献　人生的享受"文字，在工具属性栏中单击"切换字符和段落面板"按钮，在弹出"字符"面板中设置行距为 33 点。

⑩ 选中"天然的小麦"文字，在工具属性栏中单击"切换字符和段落面板"按钮，在弹出"段落"面板中设置段落左缩进的缩进量为 24 点。选中"自然的奉献"文字，在工具属性栏中单击"切换字符和段落面板"按钮，在弹出"段落"面板中设置段落左缩进的缩进量为 24 点，如图 2-39 所示。

图 2-38　变形文字

图 2-39　效果图

⑪ 在菜单栏中选择【文件】|【存储】命令，将"小麦.jpg"图像保存。

2.3.5　路径

1. 路径的新建

路径的主要作用是可以方便绘制各种线条或形状，路径是由一个或多个直线或曲线组成，并可以对绘制出的线条或形状进行填充或描边。因为路径是矢量对象，所以放大或缩小都不会影响路径的分辨率和平滑度。路径是由锚点和锚点之间所确定的曲线或直线组成。曲线相对于直线而言锚点有控制杆，控制杆处于锚点两侧，按住控制杆可以方便地调整曲线的曲率。

（1）钢笔工具

主要是用来绘制直线或曲线组成的路径，还可以调整直线的线段的角度和长度以及曲线的曲率。在工具箱中选择钢笔工具，在钢笔工具的工具属性栏中"选择工具模式"下选择"路径"，单击鼠标左键添加锚点，直到双击才停止添加锚点，锚点相连即可绘出所要路径。

（2）其他绘制路径工具

不同于钢笔工具可以绘制各种不规则的路径，而矩形工具、圆角矩形工具、椭圆工具、多边形工具、直线工具、自定形状工具这些其他绘制路径的工具主要用来绘制各种规则形状的路径。还有就是从规则形状的路径进行锚点的添加，并且结合控制杆的使用可以以规则形状的路径为基础进行其他形状路径的设计。

（3）路径的运算

在工具箱中选中任一路径绘制工具，在工具属性栏中单击"路径操作"按钮，在弹出的菜单中可以选择路径的运算模式：合并形状、减去顶层形状、与形状区域相交、排除重叠形状。

① 合并形状：将选中的多个形状合并为一个形状。

② 减去顶层形状：将顶层的形状从形状合并中减去。

③ 与形状区域相交：只留下形状相交的区域，其他的区域减去。

④ 排除重叠形状：路径的形状与合并形状相同，但是填充路径之后就可以看到形状相交的区域被减去。

（4）路径的对齐方式

在工具箱中选中任一路径绘制工具，在工具属性栏中单击"路径对齐方式"按钮，在弹出的菜单中可以选择路径的对齐方式：左边、水平居中、右边、顶边、垂直居中、底边、按宽度均匀分布、按高度均匀分布、对齐到选区、对齐到画布。

（5）路径的排列方式

在工具箱中选中任一路径绘制工具，在工具属性栏中单击"路径排列方式"按钮，在弹出的菜单中可以选择路径的排列方式：将形状置为顶层、将形状前移一层、将形状后移一层、将形状置为底层。

2．路径的编辑

（1）选择路径和锚点

① 选择路径：在编辑路径之前要首先选中路径，选择路径有两个工具：路径选择工具和直接选择工具。"路径选择工具"可以选中整个路径，路径上的各个锚点用实心方块显示。"直接选择工具"选中整个路径后，路径上的各个锚点用空心方块显示，并且有控制杆可以调整路径。

② 选择锚点：用"直接选择工具"在要选中的锚点上单击，就可以选中指定的锚点，锚点被选中后由空白方块变为实心方块，并且在实心锚点两侧出现调整控制杆。

（2）增加和删除锚点

① 增加锚点：在工具箱中选择"添加锚点工具"，在路径的指定位置上单击就可以添加一个锚点。

② 删除锚点：在工具箱中选择"删除锚点工具"，在路径的要删除的锚点上单击就可以删除一个锚点。

（3）转换锚点属性

在工具箱中选择"转换点工具"，在锚点上单击可以使锚点在角点和平滑点之间转换。在角点处无曲率变化，在平滑点处可以设置曲线的曲率变化。

（4）复制和删除路径

① 复制路径：选中路径后按住 Alt 键就可以复制出一条新路径。或者在菜单栏中选择【窗口】|【路径】命令打开"路径"面板，在"路径"面板中选中要复制的路径，按住鼠标左键将其直接拖移到"路径"面板底部的"创建新路径"按钮，则在原复制的路径下端就复制出一个新的路径。

② 删除路径：在"路径"面板中选中要删除的路径，按住鼠标左键将其直接拖移到"路径"面板底部的"删除当前路径"按钮，就可以删除路径。或在"路径"面板中选中要删除的路径，单击"删除当前路径"按钮，在弹出的对话框中单击"是"按钮就可以删除路径。

（5）显示和隐藏路径

在菜单栏中选择【视图】|【显示】|【目标路径】命令或按下【Shift+Ctrl+H】组合键就可以使路径在显示状态和隐藏状态之间转换。

（6）保存和重命名路径

① 保存路径：如果"路径"面板中没有路径，则新绘制的路径会自动存放在"工作路径"中，双击"工作路径"名称，在弹出的"存储路径"对话框中输入路径名称，单击"确定"按钮就可以将"工作路径"保存为新的路径。

② 重命名路径：在"路径"面板中选中要重命名的路径，在路径名称上双击，在文本框中输入路径名即可。

3．路径与选区的转换

（1）将路径转换为选区

选中路径，单击"路径"面板底部的"将路径作为选区载入"按钮，将路径转换为选区。

（2）将选区转换为路径

选中选区，单击"路径"面板底部的"从选区生成工作路径"按钮，将选区转换为路径。

4．路径的填充和描边

（1）路径的填充

选中路径，单击"路径"面板底部的"用前景色填充路径"按钮，将路径内部用前景色填充。

（2）路径的描边

选中路径，单击"路径"面板底部的"用画笔描边路径"按钮，将路径描边处理。

例 2-11 苹果的制作。

制作过程介绍如下。

① 启动 Adobe Photoshop CS6，在菜单栏中选择【文件】|【新建】命令，在弹出的"新建"对话框中输入文件名"苹果"，宽度设为 600 像素，高度设为 400 像素，颜色模式为"RGB 颜色"，背景内容为"背景色"，单击"确定"按钮，创建一个黑色的背景窗口。

② 在工具箱中选择钢笔工具，在钢笔工具的工具属性栏中"选择工具模式"下选择"路径"，单击鼠标左键添加锚点，绘出直线组成的苹果的基本外形，如图 2-40 所示。

③ 在工具箱中选择"转换点工具"，在锚点上单击，使锚点从角点转换为平滑点。调整锚点两侧的控制杆，将直线边变为曲线，调整各条直线为曲线使其成为平滑苹果的基本外形，如图 2-41 所示。

④ 在工具箱中选择椭圆工具，在钢笔工具的工具属性栏中"选择工具模式"下选择"路径"，绘出两个椭圆交叠出合适的苹果叶形状，在工具属性栏中单击"路径操作"按钮，在弹出的菜单中选择"与形状区域相交"，之后再单击"路径操作"按钮，在弹出的菜单中选择"合并形状组件"绘出苹果叶的基本外形，如图 2-42 所示。

图 2-40　锚点添加　　　　图 2-41　锚点调整　　　　图 2-42　苹果绘制

⑤ 在菜单栏中选择【编辑】|【自由变换路径】命令或按下【Ctrl+T】组合键，在苹果路径外出现变形框，将苹果路径调小并移动到中心位置。

⑥ 在工具箱中选择路径选择工具，先选中苹果路径，之后按住 Shift 键，再同时选中苹果叶子的路径，在"路径"面板底部的"将路径作为选区载入"按钮，将组合的苹果和苹果叶子路径转换为选区。

⑦ 在工具箱中选择渐变工具，单击"渐变颜色"下拉表，选择"前景色到透明渐变"，在渐变工具的工具属性栏中选择渐变类型为"线性渐变"，按住鼠标左键从上到下在苹果选区中填充出相应的渐变效果。

⑧ 在工具箱中选择横排文字工具，在工具属性栏中设置"设置字体系列"为 Trebuchet MS，双击"设置字体大小"文本框输入 48 点，设置"设置文本颜色"为# ffffff。按住鼠标左键在窗口合适位置处拉出文本输入框，在文本输入框中输入"It's apple"，按【Ctrl+Enter】组合键完成文字的输入，如图 2-43 所示。

图 2-43　效果图

⑨ 在菜单栏中选择【文件】|【存储】命令，将添加了文字的"苹果"保存。

2.3.6　图层与蒙版

1. 图层与图层面板

（1）图层

图层在许多图形编辑软件中都会出现，图层给图像的处理带来极大的方便性和灵活性。用户在图层上可以创建和编辑所有的图像或文字对象。图层在图像编辑窗口上一层层叠加，图层是透明的，当上面的图层上没有任何图像对象时，可以透过上面的图层看到下面图层的内容。当图层在图像编辑窗口上相互叠加时，相同位置处位于上方的图层中的图像对象会遮挡住位于下方的图层中的图像对象。图层之间是相互独立的，在某一图层上创建和编辑图像对象时不会影响其他图层上的图像对象。所以对于 Photoshop 来说，一个完整的图像是由从上而下层层叠加的图层以及图层上承载的图像或文字对象组合而成的。

（2）图层面板

主要用于组织和管理图层，各个图层相互独立，每一图层上都可以绘制和编辑各自的图像或文字对象。图层的排列有一定的顺序性，图层靠上，该图层上图像或文字对象显示在前面。在同一位置处，前面图层的图像或文字对象会挡住后面图层的图像或文字对象。在"图层"面板中可以创建新图层、删除图层、显示和隐藏图层、调整图层的排列顺序、锁定图层和解除锁定、创建图层组等。

2. 图层的基本操作

（1）图层的新建与选择

① 图层的新建：在菜单栏中选择【图层】|【新建】|【图层】命令，在弹出的"新建图层"对话框中设置图层的名称、颜色、模式和不透明度。或在菜单栏中选择【窗口】|【图层】命令，打开"图层"面板，在"图层"面板的下方单击"创建新图层"按钮 ▣。

② 图层的选择：当需要选择某一图层时，只要在"图层"面板上单击需要选择的图层即可，当图层被选中后图层的颜色显示为蓝色。当需要选择一些连续的多个图层时，可以先选中开始位置的单个图层，之后按住 Shift 键的同时单击结束位置的单个图层，这样就可以选中一片连续的多个图层。当需要选择一些有间隔不连续的多个图层时，可以先选中开始位置的单个图层，之后按住 Ctrl 键的同时单击需要被选中的单个图层，这样就可以选中有间隔不连续的多个图层。

（2）图层的复制与移动

① 图层的复制：选中要复制的图层，单击鼠标右键在弹出的快捷菜单中选择"复制图层"命令，或可以在菜单栏中选择【图层】|【复制图层】命令，在弹出的"复制图层"对话框中设置复制图层的名称。或选中要复制的图层按住鼠标左键将其拖到"图层"面板的下方"创建新图层"按钮处，就可以创建一个选中图层的副本，在图层名称上双击，在文本框中输入复制图层名称。

② 图层的移动：选中需要移动的单个图层或多个图层，按住鼠标左键将其单个或整体拖动到目标位置上即可。

（3）图层的链接与合并

① 图层的链接：图层的链接将多个图层组合在一起，使多个图层同时实现移动或变换等操作。选中要链接的图层，单击鼠标右键在弹出的快捷菜单中选择"链接图层"命令，或可以在菜单栏中选择【图层】|【链接图层】命令，或单击"图层"面板的下方"链接图层"按钮 ⇔。在图层名称旁出现 ⇔ 标记，表示该图层被链接。如果需要解除链接，先选中要解除链接的图层，再次单击"图层"面板的下方"链接图层"按钮 ⇔，图层名称旁的 ⇔ 标记消失表示该图层被解除链接。

② 图层的合并：选中要合并的图层，单击鼠标右键在弹出的快捷菜单中选择"向下合并"命令，将当前图层和下一图层合并为一个图层；选择"合并可见图层"命令，将所有可见图层合并为一个图层；选择"拼合图像"命令，将所有可见图层合并到背景图层中。

（4）图层的显示与隐藏

① 图层的隐藏：在设计过程中有时需要暂时隐藏图层上的内容，而不是彻底删除图层上的内

容时，就需要隐藏图层。选中需要隐藏的单个图层，单击"图层"面板上的"指示图层可见性"按钮 ◎，将其变成隐藏图层标记 ，或在菜单栏中选择【图层】|【隐藏图层】命令，图层被隐藏。

② 图层的显示：选中需要显示的单个图层，单击"图层"面板上的隐藏图层标记 ，将其变成"指示图层可见性"按钮 ◎，或在菜单栏中选择【图层】|【显示图层】命令，图层被显示。

（5）图层的锁定与删除

① 图层的锁定：在设计过程中有时需要暂时锁定图层上的内容，使用户不可编辑图层上的内容时，就需要锁定图层。选中需要锁定的单个图层，单击"图层"面板上的"锁定"按钮 ，在图层名称旁出现 标记，表示该图层被锁定。如果需要解除锁定，只需要再次单击"锁定"按钮，图层名称旁的 标记消失，表示该图层解除锁定。

② 图层的删除：选中需要删除的单个图层或多个图层，单击鼠标右键在弹出的快捷菜单中选择"删除图层"命令，或可以在菜单栏中选择【图层】|【删除】|【图层】命令，或在图层面板按"删除"按钮 。

（6）图层不透明度的调整

当需要对图层不透明度进行调整时，在"图层"面板上单击"不透明度" 不透明度: 100% ▾ 下拉列表，拖动滑块调整不透明度数值；或双击文本框，在文本框中输入不透明数值。

3. 图层样式的添加

图层样式添加效果如表 2-1 所示。

表 2-1　　　　　　　　　　　　　　　　　图层样式添加效果

样式名称	样式说明	样式举例
斜面与浮雕样式	使编辑的图像成为立体浮雕效果，可以有内斜面、外斜面、浮雕、枕状浮雕和描边浮雕五种样式选择	
描边样式	沿编辑的图像的边缘使用颜色、渐变、图案进行描边处理	
内阴影样式	为编辑的图像内部加入阴影，产生光源照射图像后产生的阴影效果，使图像产生立体感	
内发光样式	对编辑的图像加入发光效果，从边缘向内部照明，发光效果作用于图像内部	
光泽样式	对编辑的图像加入波浪形光照效果	
颜色叠加样式	对编辑的图像加入一个新的颜色，使编辑的图像改变颜色	
渐变叠加样式	对编辑的图像加入一个新的渐变颜色，使编辑的图像改变颜色	
图案叠加样式	对编辑的图像加入一个新的填充图案，使编辑的图像改变填充	
外发光样式	对编辑的图像加入发光效果，从边缘向外部照明，发光效果作用于图像外部	
投影样式	为编辑的图像外部加入阴影，产生光源照射图像后产生的阴影效果，使图像产生立体感	

4. 蒙版的基本操作

（1）蒙版

图层蒙版的作用相当于在要蒙住的图层上方蒙上了一个新的画布，利用绘图工具在新的画布上进行形状的绘制。绘图工具只能选择黑、白、灰三色。在图层蒙版上黑色区域将变为透明区域，此时就可以通过黑色区域看到下面的图层上的内容。在图层蒙版上白色区域将变为不透明区域，此时通过白色区域看不到下面的图层上的内容。在图层蒙版上灰色区域将变为半透明区域，此时下面的图层上的内容在灰色区域为半透明状态。灰色越暗透明度越高，灰色越亮透明度越低。

（2）蒙版的创建

在"图层"面板上选中要蒙住的下方图层，单击"添加矢量蒙版"按钮 ，即可创建图层蒙版，并在要蒙住的下方图层缩略图 右侧出现图层蒙版缩略图的标记。

（3）蒙版的显示与隐藏

在"图层"面板上选中图层蒙版，按住 Alt 键在图层蒙版缩略图上单击，就可以在图像编辑窗口上显示图层蒙版上内容。如果需要在图像编辑窗口上隐藏蒙版，在"图层"面板上选中图层蒙版，按住 Alt 键在图层蒙版缩略图上再次单击即可。

（4）蒙版的停用与启用

在"图层"面板上选中图层蒙版，按住 Shift 键在图层蒙版缩略图上单击，或在图层蒙版缩略图单击鼠标右键在弹出的快捷菜单中选择"停用图层蒙版"命令，就可以将蒙版效果消除，即停用蒙版。在"图层"面板上选中图层蒙版，按住 Shift 键在图层蒙版缩略图上再次单击，或在图层蒙版缩略图单击鼠标右键，在弹出的快捷菜单中选择"启用图层蒙版"命令，就可以看到蒙版效果，即启用蒙版。

（5）蒙版的删除

在"图层"面板上选中图层蒙版，按住鼠标左键将其拖到"图层"面板的下方"删除"按钮 处，或在图层蒙版缩略图单击鼠标右键，在弹出的快捷菜单中选择"删除图层蒙版"命令，将图层蒙版删除。

例 2-12　艺术字的制作。

制作过程介绍如下。

① 启动 Adobe Photoshop CS6，在菜单栏中选择【文件】|【打开】命令，在"打开"对话框中选中"背景.jpg"，单击"打开"按钮后在图像编辑窗口中打开原图。

② 在工具箱中选择横排文字工具，在工具属性栏中设置"设置字体系列"为华文新魏，双击"设置字体大小"文本框输入 200 点，设置"设置文本颜色"为# 10f616。按住鼠标左键在窗口合适位置处拉出文本输入框，在文本输入框中输入"荷"，按【Ctrl+Enter】组合键完成文字的输入。

③ 在菜单栏中选择【窗口】|【图层】命令，打开"图层"面板，在"图层"面板上选中"荷"图层，单击"图层"面板的下方"添加图层样式"按钮，在弹出的菜单中选择"外发光样式"，在弹出的"图层样式"对话框中"设置发光颜色"为#f6fca6，大小设置为 20 像素，单击"确定"按钮，给"荷"字加上外发光效果。

④ 在菜单栏中选择【窗口】|【图层】命令，打开"图层"面板，在"图层"面板上选中"荷"图层，单击"图层"面板的下方"添加图层样式"按钮，在弹出的菜单中选择"斜面与浮雕样式"，单击"确定"按钮，给"荷"字加上斜面与浮雕效果。

⑤ 在菜单栏中选择【窗口】|【图层】命令，打开"图层"面板，在"图层"面板上选中"荷"图层，单击"图层"面板的下方"添加图层样式"按钮，在弹出的菜单中选择"光泽样式"，在弹出的"图层样式"对话框中"设置效果颜色"为# f317b2，单击"确定"按钮，给"荷"字加上光泽效果，如图 2-44 所示。

图 2-44　效果图

⑥ 在菜单栏中选择【文件】|【存储】命令，将添加艺术字后的"背景"图像保存。

2.3.7　滤镜

1. 滤镜

（1）滤镜

Photoshop 最具有特色的功能之一是滤镜，滤镜产生的图像处理效果是模拟实现现实世界中摄影师想要得到的一些特殊的摄影效果，在镜头前安置特殊的滤光镜用以改变拍摄模式。滤镜是一种特殊的图像效果处理技术，通过滤镜改变组成位图的像素的位置或颜色来生成所需要的图像效果。Photoshop 中的滤镜可以分为两种类型：内置滤镜和外挂滤镜。

（2）滤镜类别

① 内置滤镜：内置滤镜是 Photoshop 自带的滤镜，指 Photoshop 默认安装时，Photoshop 安装程序自动安装到 Plug-ins 子目录下的滤镜。

② 外挂滤镜：外挂滤镜不是 Photoshop 自带的滤镜，是由第三方厂商为 Photoshop 所生产的滤镜，需要安装后才能使用，如 KPT、PhotoTools、Eye Candy 等。外挂滤镜不仅种类齐全、品种繁多，而且功能强大，同时版本与种类也在不断升级与更新。

2. 滤镜库

（1）"风格化"滤镜

"风格化"滤镜效果如表 2-2 所示。

① "照亮边缘"滤镜："照亮边缘"滤镜可以勾绘颜色变化强烈的边缘并强化其过渡像素，产生类似添加霓虹灯的光亮。

② "查找边缘"滤镜："查找边缘"滤镜一般处理那些具有颜色对比度强烈反差边界的图像，使图像的效果类似速写和铅笔画。

③ "等高线"滤镜："等高线"滤镜沿图像亮度高的部分和亮度暗的部分之间的边界勾绘处细线条。

④ "风"滤镜："风"滤镜用于在图像中创建细小的水平线用以模拟刮风时风吹过的效果。

⑤ "浮雕效果"滤镜："浮雕效果"滤镜通过将图像的填充色转换为灰色，并用原填充色描画边缘，使图像显得凸起或下陷，使图像的效果类似在水泥板上创建浮雕的效果。

⑥ "扩散"滤镜："扩散"滤镜将图像中的像素按规定的方式随即移动，使图像显得不十分聚焦，使图像的效果类似于透过磨砂玻璃看图像的分离模糊效果。

⑦ "拼贴"滤镜："拼贴"滤镜将图像分解为一系列拼贴并使每个方块上都含有部分图像，使图像的效果类似于瓷砖方块拼贴效果。

⑧ "曝光过度"滤镜："曝光过度"滤镜将图像的正片和负片混合效果，使图像的效果类似于增强光线强度产生曝光过度效果。

⑨ "凸出"滤镜："凸出"滤镜将图像转化为三维立方体或锥体，使图像的效果类似于生成特

殊的三维背景效果。

表 2-2   "风格化"滤镜效果

滤镜名称	滤镜效果	滤镜名称	滤镜效果
"照亮边缘"滤镜		"查找边缘"滤镜	
"等高线"滤镜		"风"滤镜	
"浮雕效果"滤镜		"扩散"滤镜	
"拼贴"滤镜		"曝光过度"滤镜	
"凸出"滤镜			

（2）"画笔描边"滤镜

"画笔描边"滤镜效果如表 2-3 所示。

① 成角的线条：可以产生斜笔画风格的图像，类似于使用画笔按某一角度在画布上用油画颜

料所涂画出的斜线，线条修长、笔触锋利，效果比较好看。

②墨水轮廓：可以产生使用墨水笔勾画图像轮廓线的效果，使图像具有比较明显的轮廓。

③喷溅：可以产生如同在图像上喷洒水后形成的效果，或使图像有一种被雨水打湿的视觉效果。

④喷色描边：可以产生一种按一定方向喷洒水花的效果，图像看起来犹如被雨水冲涮过一样。

⑤强化的边缘：使图像有一个比较明显的边界线，类似于使用彩色笔来勾画图像边界而形成的效果。

⑥深色线条：通过用短而密的线条来绘制图像中的深色区域，用长而白的线条来绘制图像中颜色较浅的区域，从而产生一种很强的黑色阴影效果。

⑦烟灰墨：通过对图像中的像素分布进行计算，对图像进行概括性的勾绘，产生用饱含黑色墨水的画笔在宣纸上进行绘画的效果。

⑧阴影线：产生具有十字交叉线网格风格的图像，就如同在粗糙的画布上使用笔刷画出十字交叉线作画时所产生的效果一样。

表 2-3　　　　　　　　　　　　　　　"画笔描边"滤镜效果

滤镜名称	滤镜效果	滤镜名称	滤镜效果
成角的线条		墨水轮廓	
喷溅		喷色描边	
强化的边缘		深色线条	
烟灰墨		阴影线	

（3）"扭曲"滤镜

"扭曲"滤镜效果如表 2-4 所示。

① 玻璃：使图像产生类似于透过磨砂玻璃看图像的模糊效果。

② 海洋波纹：通过改变图像中像素分布排列方式使图像形成海洋波纹效果。

③ 扩散亮光：使图像看似有一种柔和漫射光效果，从选区的中心向外渐隐亮光。

表 2-4　　　　　　　　　　　　　　　　　　　"扭曲"滤镜效果

滤镜名称	滤镜效果	滤镜名称	滤镜效果	滤镜名称	滤镜效果
玻璃		海洋波纹		扩散亮光	

（4）"素描"滤镜

"素描"滤镜效果如表 2-5 所示。

① 半调图案：使图像模拟使用前景色和背景色在图像上产生半色调图案。

② 便条纸：使图像模拟产生灰白色浮雕压印图案。

③ 粉笔和炭笔：使图像模拟用粉笔和炭笔绘制出图像效果，炭笔为前景色，粉笔为背景色。

④ 铬黄渐变：使图像模拟产生被磨光的铬黄表面或液态金属的效果。

⑤ 绘图笔：使图像模拟铅笔素描效果，通过用短而密的线条来绘制图像中的浅色区域。

⑥ 基底凸现：使图像模拟浮雕效果。

⑦ 水彩画纸：使图像模拟在潮湿的画布上用水彩涂抹出的效果。

⑧ 图章：使图像模拟用木质图像盖章的效果。

⑨ 网状：使图像模拟胶片感光颗粒化处理的效果。

⑩ 影印：使图像模拟影印图像效果。

表 2-5　　　　　　　　　　　　　　　　　　　"素描"滤镜效果

滤镜名称	滤镜效果	滤镜名称	滤镜效果
半调图案		便条纸	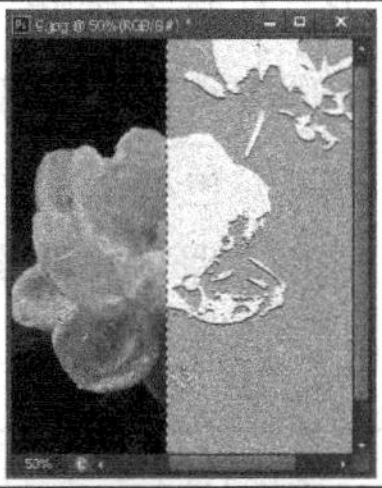
粉笔和炭笔		铬黄渐变	

续表

滤镜名称	滤镜效果	滤镜名称	滤镜效果
绘图笔		基底凸显	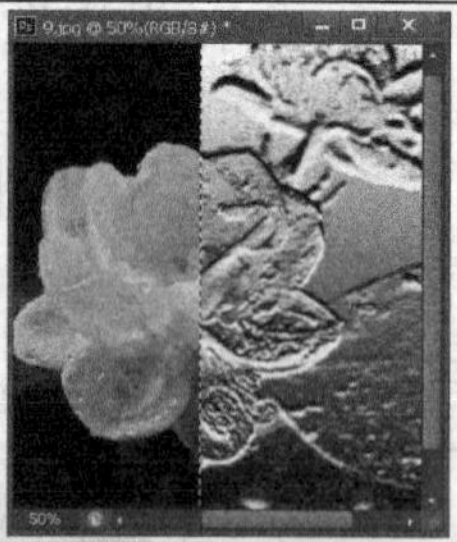
水彩画纸		图章	
网状		影印	

（5）"纹理"滤镜

"纹理"滤镜效果如表 2-6 所示。

① 龟裂缝：使图像模拟产生凹凸不平的裂纹效果。

② 颗粒：使图像模拟产生不同种类的颗粒，并在图像上组合使其产生一种纹理效果。

③ 马赛克拼贴：使图像模拟产生由小的形状不规则碎片或拼贴组成的马赛克拼贴效果。

④ 拼缀图：使图像模拟产生建筑上拼贴瓷片的效果。

⑤ 染色玻璃：使图像模拟产生不规则分离的彩色玻璃格子拼贴效果。

⑥ 纹理化：使图像模拟产生添加一种有机外观纹理效果。

表 2-6　　　　　　　　　　　　　　　"纹理"滤镜效果

滤镜名称	滤镜效果	滤镜名称	滤镜效果
龟裂缝		颗粒	

续表

滤镜名称	滤镜效果	滤镜名称	滤镜效果
马赛克拼贴		拼缀图	
染色玻璃		纹理化	

（6）"艺术效果"滤镜

"艺术效果"滤镜效果如表 2-7 所示。

① 壁画：使图像模拟产生类似古壁画的效果，通过改变图像的对比度，使暗调区域的图像轮廓更清晰。

② 彩色铅笔：使图像模拟产生使用彩色铅笔在纯色背景上绘制图像的效果。

③ 粗糙蜡笔：使图像模拟产生使用彩色蜡笔在带纹理的图像上描边的效果。

④ 底纹效果：使图像模拟产生选择的纹理与图像相互融合在一起的效果。

⑤ 调色刀：通过降低图像的细节并淡化图像，使图像模拟产生绘制在湿润的画布上的效果。

⑥ 干画笔：使图像模拟使用颜料快用完的毛笔进行作画，笔迹的边缘断断续续、若有若无，产生一种干枯的油画效果。

⑦ 海报边缘：使图像模拟产生用黑线勾勒图像边缘而产生镶边的效果。

⑧ 海绵：使图像模拟产生海绵吸水吸掉局部颜色的效果。

⑨ 木刻：使图像模拟产生由粗糙剪切的彩纸组成的剪纸效果。

⑩ 霓虹灯光：使图像模拟产生霓虹灯效果，使图像产生一种氛光照射的效果。

表 2-7　　　　　　　　　　　　　　　　　　"艺术效果"滤镜效果

滤镜名称	滤镜效果	滤镜名称	滤镜效果
壁画		彩色铅笔	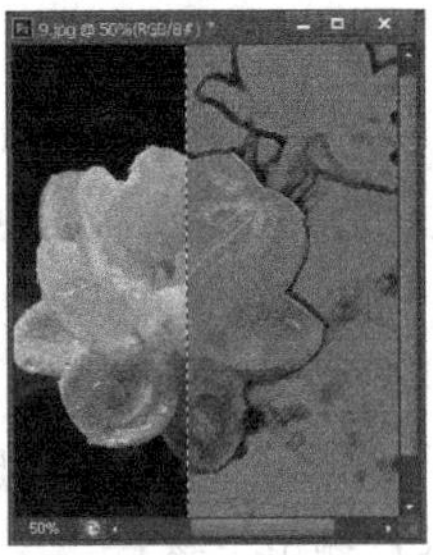

滤镜名称	滤镜效果	滤镜名称	滤镜效果
粗糙蜡笔		底纹效果	
调色刀		干画笔	
海报边缘		海绵	
木刻		霓虹灯光	

3. 常用滤镜

（1）"模糊"滤镜

"模糊"滤镜可以使图像中过于清晰或对比度过于强烈的区域产生模糊效果。它通过平衡图像中已定义的线条和遮蔽区域的清晰边缘旁边的像素，使图像不同色彩的边界淡化和柔和。Photoshop中提供 14 种"模糊"滤镜：场景模糊、光圈模糊、倾斜偏移模糊、表面模糊、动感模糊、方框模糊、高斯模糊、进一步模糊、径向模糊、镜头模糊、模糊、平均、特殊模糊、形状模糊。

（2）"锐化"滤镜

"锐化"滤镜作用效果与"模糊"滤镜相反，是通过增加相邻像素的对比度来提高图像中某一部位的清晰度或者焦距程度，使图像特定区域的色彩更加鲜明。Photoshop 中提供 5 种"锐化"滤镜：USM 锐化、进一步锐化、锐化、锐化边缘、智能锐化。

（3）"视频"滤镜

"视频"滤镜主要是用来处理与视频设备有关的图像。Photoshop 中提供 2 种"视频"滤镜：NTSC 颜色、逐行。

（4）"像素化"滤镜

"像素化"滤镜主要是用来将图像按图像像素分块，使图像由多个单元格组成。Photoshop 中提供 7 种"像素化"滤镜：彩块化、彩色半调、点状化、晶格化、马赛克、碎片、铜板雕刻。

（5）"渲染"滤镜

"渲染"滤镜可以在图像中创建云彩图案、折射图案和模拟灯光的光反射。Photoshop 中提供 4 种"渲染"滤镜：分层云彩、镜头光晕、纤维、云彩。

（6）"杂色"滤镜

"杂色"滤镜可以在图像中添加或去除杂点。Photoshop 中提供 5 种"杂色"滤镜：减少杂色、蒙尘与划痕、去斑、添加杂色、中间值。

　　例 2-13　海市蜃楼的制作。

制作过程介绍如下。

① 启动 Adobe Photoshop CS6，在菜单栏中选择【文件】|【打开】命令，在"打开"对话框中选中"城堡.jpg"，单击"打开"按钮后在图像编辑窗口中打开原图。

② 在工具箱中选择背景橡皮擦工具，在工具属性栏中选择橡皮擦的抹除模式为"画笔"，设置画笔笔尖形状为"柔边圆"，画笔的大小为 8 像素和硬度为 0%。在工具属性栏中选择"取样：背景色板"，设置选择"限制"为"连续"，勾选"保护前景色"，按住鼠标左键将城堡的背景色全部擦除，如图 2-45 所示。

③ 在菜单栏中选择【文件】|【打开】命令，在"打开"对话框中选中"海景.jpg"，单击"打开"按钮后在图像编辑窗口中打开原图。

④ 在工具箱中选择"移动工具"，按住鼠标左键拖动"城堡.jpg"图片到"海景"窗口海平面中心位置处。在菜单栏中选择【编辑】|【自由变换】命令，将鼠标移动到控制点处按住鼠标左键拖动将城堡缩小到原图的三分之一，切换工具在弹出的对话框中单击"应用"按钮，将城堡处理好，如图 2-46 所示。

图 2-45　背景擦除　　　　　　图 2-46　组合图像

⑤ 在菜单栏中选择【窗口】|【图层】命令，打开"图层"面板，在"图层"面板上可以看到两个图层，从上到下分别存放着城堡和海景，双击图层名称在文本框中从上到下分别修改图层名称为"城堡"和"海景"。

⑥ 在"图层"面板上选中"城堡"图层，按住鼠标左键将选中的"城堡"图层拖到"图层"面板的下方"创建新图层"按钮处，创建一个"城堡"图层的副本，双击"城堡 副本"图层的图层名称，在文本框中输入"城堡阴影"。

⑦ 在"图层"面板上选中"城堡阴影"图层，在菜单栏中选择【编辑】|【变换】|【垂直翻转】命令，将"城堡阴影"垂直翻转。在工具箱中选择"移动工具"，按住鼠标左键拖动"城堡阴影"对接到"城堡"下方处。

⑧ 在"图层"面板上选中"城堡"图层，在菜单栏中选择【滤镜】|【模糊】|【光圈模糊】

命令，模糊半径选为 10 像素，按 Enter 键将城堡周围模糊。在菜单栏中选择【滤镜】|【模糊】|【高斯模糊】命令，模糊半径选为 0.8 像素，单击"确定"按钮将城堡整体模糊化。将"城堡"不透明度调整为 90%。

⑨ 在"图层"面板上选中"城堡阴影"图层，在菜单栏中选择【滤镜】|【模糊】|【镜头模糊】命令，单击"确定"按钮将城堡阴影整体模糊化。在工具箱中选择"矩形选框工具"，选中"城堡阴影"，在菜单栏中选择【滤镜】|【扭曲】|【水波】命令，单击"确定"按钮将城堡阴影扭曲水波化。将"城堡阴影"不透明度调整为 80%，如图 2-47 所示。

图 2-47 阴影制作

⑩ 在"图层"面板的下方单击"创建新图层"按钮，双击新建图层的图层名称，在文本框中输入"彩虹"。在工具箱中选择椭圆工具，在钢笔工具的工具属性栏中"选择工具模式"下选择"路径"，绘出两个椭圆交叠出合适的彩虹形状，在工具属性栏中单击"路径操作"按钮，在弹出的菜单中选择"减去顶层形状"，之后再单击"路径操作"按钮，在弹出的菜单中选择"合并形状组件"绘出彩虹的基本外形。选中路径，在"路径"面板底部的"将路径作为选区载入"按钮，将路径转换为选区。

⑪ 在工具箱中选择渐变工具，单击"渐变颜色"下拉表，在弹出的"渐变编辑器"对话框中选择"透明彩虹渐变"，在渐变工具的工具属性栏中选择渐变类型为径向渐变，将彩虹选区填充出彩虹渐变效果。在"图层"面板上将"彩虹"不透明度调整为 43%。

⑫ 在"图层"面板上选中"彩虹"图层，按住鼠标左键将选中的"彩虹"图层拖到"图层"面板的下方"创建新图层"按钮处，创建一个"彩虹"图层的副本，双击"彩虹 副本"图层的图层名称，在文本框中输入"彩虹阴影"。

⑬ 在"图层"面板上选中"彩虹阴影"图层，在菜单栏中选择【编辑】|【变换】|【垂直翻转】命令，将"彩虹阴影"垂直翻转。在工具箱中选择"移动工具"，按住鼠标左键拖动"彩虹阴影"对接到"彩虹"下方处。在菜单栏中选择【滤镜】|【扭曲】|【水波】命令，单击"确定"按钮将彩虹阴影扭曲水波化。在"图层"面板上将"彩虹阴影"不透明度调整为 25%，如图 2-48 所示。

图 2-48 效果图

⑭ 在菜单栏中选择【文件】|【存储】命令，将"海景"图像保存。

2.4　实验内容与要求

制作一个能体现自己设计理念的综合性图像作品。具体要求如下：

1. 选择一个作品要表达的主题，比如为一个你喜爱的杂志设计封面，为一个你喜爱的歌手设计演唱会海报等。

2. 从网上收集你所需要的素材，并能从不同图片中提取出你所需要的内容。

3. 设计好作品的整体布局和色彩搭配等。

4. 利用文字工具、画笔工具、蒙版工具等 Photoshop 提供的各种工具来实现你所希望达到的效果。

第3章
动画数据制作

3.1　动画基础知识

人眼具有视觉暂留特性，当快速播放连续具有细微差别的图像时，就可以使原来静止的图像运动起来。动画的基本原理与电影、电视一样，都是视觉原理。动画就是利用了人的视觉暂留原理，创建一系列的有微小差别内容的帧，在极短的时间间隔内让帧依次出现，在一帧画还没有消失前播放下一帧画，就会给人造成一种流畅的视觉变化效果，形成一种连续动画效果。

按画面形成的规则和形式，动画可以分为过程动画、运动动画和变形动画。过程动画是指根据指令进行运动的动画，这些指令也称为脚本。动画中运动的主体称为角色，角色按照指定的路径进行运动。在运动动画中，物体的运动一般由其物理规律来描述。它能够真实地再现诸如物体的碰撞、抛射体的运动轨迹等，以及实验室或自然界所发生的可以根据数学公式进行描述和处理的其他现象。变形动画是近年来很流行的一种动画形式，通过连续的彩色插值和路径变换，可以将一幅画面渐变为另一幅画面。

动画按空间形式分为二维动画和三维动画。计算机制作的二维动画是对手工传统动画的一个改进。二维动画的制作是通过在一定的时间点上输入和编辑关键帧，软件根据开始关键帧和结束关键帧上的参数来计算生成中间帧的参数，再依据这些参数在中间帧之间插入画面，以获得从开始关键帧到结束关键帧过渡的效果。从开始关键帧到结束关键帧过渡的效果有形状渐变和运动渐变两种方式：形状渐变是指动画元素的外形发生明显的变化，包括形状、大小、颜色、位置等；运动渐变是指动画元素的位置或角度发生明显的变化。关键帧的画面既可以用摄像机、扫描仪、数字化仪实现数字化输入，也可以用相应的软件直接绘制。一般的动画软件都会提供相应的工具导入或制作关键帧。二维动画还具有定义和显示运动路径、交互式操作、给画面上色、产生一些特技效果、实现画面与声音的同步、控制运动系列等功能。

三维动画又称 3D 动画，是近年来随着计算机软硬件技术的发展而产生的一种新兴技术。三维动画软件在计算机中首先建立一个虚拟的世界，设计师在这个虚拟的三维世界中按照要表现的对象的形状尺寸建立模型以及场景，再根据要求设定模型的运动轨迹、虚拟摄影机的运动和其他动画参数，最后按要求为模型赋上特定的材质，并打上灯光。当这一切完成后就可以让计算机自动运算，生成最后的画面。

三维动画是采用造型动画技术实现的真正具有生命力的真实感动画。运用三维动画软件，创作者可以在计算机中方便地构造三维几何造型，为其赋予颜色和纹理，设计三维形体的运动和变形，调节灯光的强度、位置及效果，最后生成可实时播放的动画作品。造型动画又叫计算机生成动画，在动画制作的整个过程中计算机都扮演着重要的角色，其中包括物体模型的构造、行为属性的设置、算法的选择以及模型运动和摄像机运动的控制等。实现造型动画的关键技术之一是用算法来控制场景中各个对象的运动及呈现效果。常用的算法如下。

① 运动学算法：基于运动学方程，为对象设计运动轨迹和运动速度。

② 动力学算法：基于动力学规律，为对象设计运动形式，如碰撞、爆炸、重力作用、风吹效果等。

③ 关联算法：使用关联的方式通过一个对象的运动状态去控制另一个对象的运动。

④ 随机算法：按照随机运动规律去控制对象的运动。

3.2 常用动画制作软件介绍

动画发展到现在，分为二维动画和三维动画两种。目前比较流行的二维动画的制作软件有 GIF Construction Set Professional、Animator Pro、Adobe Flash CS6 等，而目前比较流行的三维动画的制作软件有 3DS MAX、SoftImage 3D、Maya、Lightwave 3D、Swift 3D 等。

1. GIF Construction Set Professional

GIF Construction Set Professional 软件是 AMC 公司出品的一款专业制作 GIF 动画的软件，该软件有动画向导引导用户在极短时间内快速、专业地制作出逼真生动的 GIF 动画，以尽量接近原动画形式展示图片。

2. Adobe Flash CS6

Adobe Flash CS6 是全球最大的图像编辑软件供应商 Adobe 公司的拳头产品之一，是用于创建数字动画和多媒体内容的强大创作平台，是一种集合动画创作与应用程序开发于一身的创作型软件。Adobe Flash CS6 为创建数字动画、交互式 Web 站点、桌面应用程序以及手机应用程序开发提供了功能全面的创作和编辑环境。Adobe Flash CS6 操作简单，通用性比较大，单人单机即可操作，通过简单的单击和拖曳操作就可以制作出具有交互效果的精美动画。

Adobe Flash CS6 有以下几个方面的特点：

① 文件数据量小：Adobe Flash CS6 制作出的动画和其他格式的动画文件相比，所生成的动画文件数据量非常小，可以将内容丰富的动画效果在网络上快速传输，使得 Flash 动画文件在所在网页上很短的时间内就可以播放。

② 采用矢量动画：因为用 Adobe Flash CS6 制作出的动画是矢量动画，与位图相比，只需少量的矢量数据就可以描述一个相当复杂的对象，数据量大大降低，只有位图的几千分之一。这样用 Adobe Flash CS6 制作出的动画就有效地解决了多媒体与大数据量之间的矛盾，成为网络上非常流行的动画制作软件。其次，由于 Adobe Flash CS6 制作出的动画是矢量动画，矢量图的一大优点就是和分辨率无关，所有的矢量对象都是由直线和曲线组成，这样在观看动画时，将动画缩放到任意大小都不会失真，不会影响图像的质量，保证了动画效果的可观赏性。

③ 采用流媒体技术：Adobe Flash CS6 制作出的动画采用流媒体技术，即流式播放形式。流媒体技术使 Flash 动画边下载边播放，即可以不必等到动画文件全部下载完成就可以播放，这样就实现了动画的快速显示，大大减少了用户的等待时间。

④ 交互性好：Adobe Flash CS6 制作出的动画具有很强的交互功能。借助 ActionScript 的强大功能，Adobe Flash CS6 能制作出复杂的交互式动画，增强了对于交互事件的动作控制，以便用户

更精确、更容易地对动画进行控制。

3. 3DS MAX

3DS MAX 是目前最流行的也是最完善的三维动画制作软件，由 Autodesk 公司出品。它具有优良的多线程运算能力，支持多处理器的并行运算，还具有丰富的建模和动画能力和出色的材质编辑系统，被广泛应用于电视广告、建筑装潢、电脑游戏、机械制造、事故分析、生物化学研究、军事技术、医学治疗、科学研究等领域。3DS MAX 由五大模块组成，即二维造型模块、三维放样模块、三维编辑模块、材质编辑模块、关键帧编辑模块。

4. Maya

Maya 软件是 Alias 公司开发的制作处理三维动画软件，应用对象是专业的影视广告、角色动画、电影特技等。Maya 功能完善，制作灵活，易学易用，制作效率极高，渲染真实感极强，是电影级别的高端制作软件。虽然 Maya 售价高昂，但是 Maya 却是三维动画制作者梦寐以求的制作工具，掌握了 Maya 会极大提高动画制作效率和品质，调节出仿真的角色动画，渲染出电影一般的真实动画效果。

3.3　Adobe Flash CS6 动画制作实例

3.3.1　Adobe Flash CS6 快速入门

1. 安装与启动

（1）安装：Adobe Flash CS6 的安装与其他软件相似，其安装方法比较标准。在光驱中放入安装光盘，按照自动安装程序的自动指示操作即可，或在安装光盘中找到并双击 Setup.exe 文件启动 Adobe Flash CS6 安装程序。安装程序运行时需要用户填入序列号，并确定安装位置。

（2）启动：Adobe Flash CS6 安装成功后，选择【开始】|【所有程序】|【Adobe Flash Professional CS6】命令启动 Adobe Flash CS6，或在桌面上双击 Adobe Flash Professional CS6 图标启动 Adobe Flash CS6。

2. 工作界面介绍

Adobe Flash CS6 的工作界面由标题栏、菜单栏、编辑栏、时间轴、舞台、工具箱、面板组等组成，如图 3-1 所示。

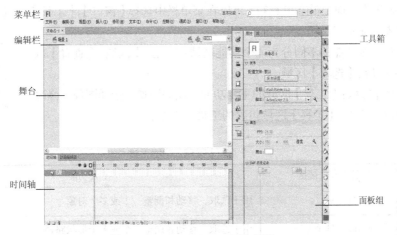

图 3-1　Adobe Flash CS6 工作界面

（1）标题栏：标题栏位于 Adobe Flash CS6 的工作界面的最顶部，显示当前应用程序名。

（2）菜单栏：和所有的工具软件一样，Adobe Flash CS6 也有收集了许多相关命令的菜单形成了菜单栏，分别是"文件"、"编辑"、"视图"、"插入"、"修改"、"文本"、"命令"、"控制"、"调试"、"窗口"、"帮助"。Adobe Flash CS6 的所有操作都可以通过这 11 个菜单和其下的子菜单项来完成。

（3）编辑栏：编辑栏位于菜单栏的下方，可以修改动画编辑区中对象的显示比例，并且可以切换和选中被编辑的场景或元件。

（4）时间轴：时间轴处于 Adobe Flash CS6 的工作界面的下方。时间轴是 Flash 最具特色的部分，因为时间轴是制作动画的关键，主要用于控制和组织图层以及各帧上的操作。时间轴由图层面板和帧面板组成。

（5）舞台：舞台是创建和编辑 Flash 动画的主要编辑区域，所有的动画元素如图形、文字或其他对象将全部在舞台中创建或编辑。舞台工作区所显示的内容是时间标尺上红色播放头所在帧上所有图层对象的综合。

（6）工具箱：工具箱位于 Adobe Flash CS6 的工作界面右侧，使用工具箱中的工具可以绘制、选择、修改图像。要使用工具箱中的工具，只需单击相应的工具图标就可以激活该工具。

（7）面板组：Adobe Flash CS6 为用户提供了丰富的面板，它们被组合在窗口右侧的浮动窗口中，包括属性面板、库面板、颜色面板、对齐面板、组件面板和参数面板等。这些面板可以对处理对象、元件、文本、颜色、场景等进行设置和处理。单击面板或面板组顶部右侧的按钮可以使面板和面板组折叠和展开。

3. 工具箱

Adobe Flash CS6 的工具箱中的绘图工具可以绘制、选择、修改图像。在默认设置下，工具箱位于 Adobe Flash CS6 的工作界面右侧。

（1）要使用工具箱中的工具，只需单击相应的工具图标就可以激活该工具。当鼠标停留在工具图标上时，鼠标下方会显示该工具的名称。

（2）在一些工具图标的右下角有一个很小的黑色三角形，这说明它还有子菜单，点按该工具图标的右下角黑色三角形后，就会弹出隐藏的工具。

（3）单击工具箱右上方的黑色双箭头可以使工具箱在"展开面板"和"折叠为图标"两种状态间转换。

（4）如果工作界面上没有工具箱，可以在菜单栏中选择【窗口】|【工具】命令在工作界面显示工具箱。

（5）工具箱按功能的不同分为 4 个功能区域：【工具】区域、【查看】区域、【颜色】区域、【选项】区域。

① 【工具】区域：【工具】区域的主要功能是绘制图像、选择图像、修改图像、给图像上色等。【工具】区域包含的工具见表 3-1。

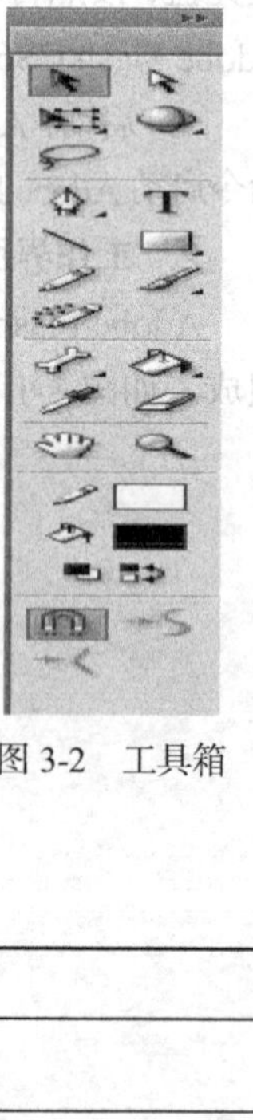

图 3-2　工具箱

表 3-1　　　　　　　　　　　　　　　　【工具】区域包含的工具

图标	名称和快捷键	主要功能
	选择工具（V）	用于选取、移动和调整一个或多个对象
	部分选取工具（A）	用于选取、移动和调整一个或多个形状路径

续表

图标	名称和快捷键	主要功能
	任意变形工具（Q）	用于拉伸、压缩、旋转、倾斜、翻转和自由变形对象
	3D 旋转工具（W）	用于沿 3D 旋转轴旋转或平移对象
	套索工具（L）	用于用户手动选定不规则的区域
	钢笔工具（P）	用于手动绘制形状路径，路径由贝塞尔曲线组成
	文本工具（T）	用于输入所需要的文字
	线条工具（N）	用于绘制直线类线条
	矩形工具（R）	用于绘制矩形或正方形
	铅笔工具（Y）	用于绘制直线、曲线以及各种形状
	刷子工具（B）	用于绘制直线、曲线以及各种形状，但线条比较粗
	Deco 工具（U）	用于将用户绘制的图形形状或对象组合成复杂的图形
	骨骼工具（M）	用于为对象添加骨骼
	颜料桶工具（K）	用于对封闭的对象进行颜色的填充
	滴管工具（I）	用于获取用户所需的颜色
	橡皮擦工具（E）	用于擦除用户需要删除的形状或对象

②【查看】区域：【查看】区域的主要功能是对编辑对象进行移动和缩放。【查看】区域包含的工具见表 3-2。

表 3-2　　　　　　　　　　　　　【查看】区域包含的工具

图标	名称和快捷键	主要功能
	手形工具（H）	调整移动工作区的位置
	缩放工具（Z）	缩小或放大选中对象

③【颜色】区域：【颜色】区域的主要功能是对当前选中工具的笔触颜色和填充颜色进行设置。【颜色】区域包含的工具见表 3-3。

表 3-3　　　　　　　　　　　　　【颜色】区域包含的工具

图标	名称和快捷键	主要功能
	笔触颜色	用于调整当前选中工具所需要的笔触颜色
	填充颜色	用于调整当前选中工具所需要的填充颜色
	黑白	将当前选中工具笔触颜色和填充颜色改为黑色和白色
	交换颜色	将当前选中工具的笔触颜色和填充颜色对换

④【选项】区域:【选项】区域的主要功能是对当前选中工具的一些特殊选项进行设置。【选项】区域包含的工具见表 3-4。

表 3-4 【选项】区域包含的工具

图标	名　称	主要功能
🧲	贴紧至对象	自动对齐选取、移动和调整对象
⤻	平滑	对形状对象的线条进行平滑处理
⤸	伸直	对形状对象的线条进行伸直处理

4．舞台

（1）舞台的设置

舞台是创建和编辑 Flash 动画的主要编辑区域,所有的动画元素如图形、文字、按钮、导入的图形或其他对象将全部在舞台中创建或编辑。

① 舞台工作区:舞台工作区是舞台中的白色矩形区域,只有在舞台工作区内放置的图形内容才能最终作为影片输出,显示相应的动画效果。创建动画的背景色就是舞台工作区的颜色,舞台工作区的默认颜色为白色。如果需要修改舞台工作区的颜色,可以在属性面板中单击"舞台"舞台:□按钮,在弹出的调色板中选择所需的颜色;或者在菜单栏中选择【修改】|【文档】命令,在弹出的"文档设置"对话框中设置舞台工作区的颜色。

② 舞台非工作区:舞台工作区四周的灰色区域虽然也可以放置图形、文字或其他对象,但在最终生成的影片动画中将不显示灰色区域中的内容。

③ 舞台工作区大小:创建动画的画面大小就是舞台工作区的大小,舞台工作区的大小默认值为550 像素×400 像素。如果需要修改舞台工作区的大小,可以在属性面板中单击 大小: 550 × 400 像素 ,来修改舞台工作区的宽度和高度;或者在菜单栏中选择【修改】|【文档】命令,在弹出的"文档设置"对话框中设置舞台工作区的宽度和高度。

④ 调整舞台工作区显示比例:舞台工作区可以按照用户需要调整显示比例。在工具箱中选择缩放工具来放大🔍或缩小🔍舞台工作区;或者在编辑栏的右边选择显示比例 100% 下拉列表框中选择显示比例来调整舞台工作区显示比例。

⑤ 标尺和辅助线:当用户在创建和编辑图形、文字或其他对象需要准确定位时,还可以在舞台工作区中添加标尺和辅助线。在菜单栏中选择【视图】|【标尺】命令可以打开标尺,按住鼠标左键从上部标尺处从上向下可以拖出水平辅助线,同样按住鼠标左键从左部标尺处从左向右可以拖出垂直辅助线。如果不需要显示辅助线,在菜单栏中选择【视图】|【辅助线】|【显示辅助线】命令取消显示辅助线勾选项即可。如果不需要标尺,在菜单栏中选择【视图】|【标尺】命令取消标尺勾选项即可。

（2）场景的设置

当创建的动画比较大时,就需要将动画效果按主题进行划分,一个动画就会被分为若干个场景。场景与电影中的分镜头相似,主要是按相同的主题需要组织有联系但不相同的内容。场景按照添加顺序在场景面板中排列,每个场景都有一个自己的时间轴,当当前场景中的播放头到达时间轴的最后一帧时,播放头将自动前进到下一个场景的时间轴的第一帧上,实现场景的连续替换播放。当动画创建完毕测试发布时,所有场景的时间轴按场景的顺序合并为一个时间轴,形成一个类似于一个场景的完整动画。

① 添加场景：当新建一个 Flash 文件时默认编辑的是场景 1。需要添加新的场景时，在菜单栏中选择【窗口】|【其他面板】|【场景】命令打开场景面板，单击场景面板左下角的"添加场景"按钮 ⬛ 添加新的场景；或者在菜单栏中选择【插入】|【场景】命令添加新的场景。

② 编辑场景：在编辑栏中单击"编辑场景"按钮 ⬛，在场景顺序下拉列表中单击要编辑的场景名称就可以打开该场景下的舞台工作区编辑窗口。

③ 调整场景顺序：在打开场景面板中选中场景名称，按住鼠标左键拖动场景名称就可以调整场景顺序。

④ 删除场景：在打开场景面板中选中场景名称，在场景面板右下角单击"删除场景"按钮 ⬛ 就可以删除选中场景。

⑤ 场景的重命名：在打开场景面板中双击场景名称就可以修改，但修改的场景名称要有一定的意义，最好符合场景的主题。

5．常用面板

（1）属性面板

属性面板是 Flash 软件所有面板中最常用最重要的面板，使用属性面板可以方便地设置当前被选择对象的相关属性参数。属性面板显示内容会根据当前被选择对象的不同而不同。根据当前被选择对象属性面板可以显示和设置当前文档、文本、元件、形状、位图、视频、组、帧和工具的信息。当选中了两个或多个不同类型的对象时，属性面板会显示选中对象的总数。

（2）库面板

用 Flash 软件创建动画有时需要导入一些已有的素材，包括位图图形、声音、视频等。这些导入的素材就存储于库中。库中也可以存储在 Flash 中创建的各种类型的元件。库面板的另一功能是组织元件和导入文件，按类型对库中的对象进行排序。在库中可以新建文件夹，将相同类型的对象分类存放在同一文件夹下。

（3）颜色面板

使用颜色面板可以设置笔触颜色和填充颜色。在颜色面板中可以使用 RGB 模式或 HSB 模式选用需要的颜色，还可以通过指定 Alpha 值来设置颜色的透明度。在为对象填充颜色时，可以填充纯色，也可以填充渐变色。在需要编辑渐变色时，在颜色面板中设置颜色的类型线性渐变或径向渐变。线性渐变是颜色从左到右平滑过渡渐变为一种新的渐变色。径向渐变与线性渐变不同之处在于渐变方向是由内到外。当渐变色需要多个颜色组成时，可以在色彩滑动区上单击鼠标一下就可以添加一个色标，一个色标代表一种颜色。被选中的色标上方的三角部分就会变成黑色，单击黑色三角就会弹出调色板，可以设置被选中的色标的颜色。如果不需要某个色标，则选中该色标用鼠标拖曳出色彩滑动区范围之外就可以了。

（4）对齐面板

使用对齐面板可以将选定的对象精确对齐或调整对象间的间距和匹配大小。垂直对齐按钮可以将选定的对象沿垂直轴左对齐 ⬛、水平中齐 ⬛ 和右对齐 ⬛。水平对齐按钮可以将选定的对象沿水平轴顶对齐 ⬛、垂直中齐 ⬛ 和底对齐 ⬛。水平等距分布按钮可以将选定的对象沿水平方向顶部分布 ⬛、垂直居中分布 ⬛ 和底部分布 ⬛ 等距离排列。垂直等距分布按钮可以将选定的对象沿垂直方向左侧分布 ⬛、水平居中分布 ⬛ 和右侧分布 ⬛ 等距离排列。匹配宽度按钮 ⬛ 可以调整选定对象的宽度使其与所选对象中的最大宽度相同。匹配高度按钮 ⬛ 可以调整选定对象的高度使其与所选对象中的最大高度相同。匹配宽和高按钮 ⬛ 可以调整选定对象的宽度和高度使其与所选对象中的最大对象相同。垂直平均间隔按钮 ⬛ 可以调整选定对象使其垂直间隔相等。水平平均间隔按钮 ⬛ 可以调整选定对象使其水平间隔相等。

（5）变形面板

使用变形面板可以将选定的对象拉伸、压缩、旋转、倾斜。缩放宽度按钮 ↔ 100.0% 可以将选定对象的宽度按比例放大或缩小。缩放高度按钮 ↕ 100.0% 可以将选定对象的高度按比例放大或缩小。旋转按钮 ⊙ 旋转 △ 0.0° 可以将选定对象沿旋转中心转动一定的角度。倾斜按钮 ⊘ 倾斜 ☞ 0.0° ☐ 0.0° 可以将选定对象沿水平方向或垂直方向倾斜。3D 旋转按钮 3D旋转 可以将选定对象沿 3D 旋转轴旋转。

（6）信息面板

使用信息面板可以对选定对象的基本信息进行显示。利用信息面板可以精确修改选定对象的宽度和高度，还可以精确确定选定对象的 X 坐标和 Y 坐标位置。

3.3.2　逐帧动画

1. 帧

帧是制作 Flash 动画的最基本单位。帧就是动画中最小单位的单幅影像画面，相当于电影胶片上的每一格镜头。时间轴上每个方框为一帧。每一帧上组合了该帧所有图层上的形状、文本、元件、位图、声音以及视频，每一帧就是一个静止的画面。帧在时间轴上依次排放，当所有的帧按照时间轴的顺序依次显示时，每一帧上的静止画面将按帧的顺序连续变化，就形成了连续的动画效果。

（1）帧的概念

① 关键帧：关键帧是定义动画主要变化的帧，关键帧上有动画主要变化的具体内容，用来定义动画中的一个静止画面，一个动画至少要有两个关键帧。关键帧上有黑色的圆圈表示该帧为关键帧。

② 普通帧：普通帧是开始关键帧到结束关键帧中间的过渡部分，帧是灰色并且没有圆圈的表示该帧为普通帧。

③ 空白关键帧：空白关键帧是没有内容的关键帧，用户可以在空白关键帧添加具体内容。空白关键帧上有白色的圆圈表示该帧为空白关键帧。

（2）帧的操作

① 插入关键帧：在菜单栏中选择【插入】|【时间轴】|【关键帧】命令、按 F6 快捷键或者在选中帧上单击鼠标右键在弹出的快捷菜单中选择"插入关键帧"命令，即可在选中的时间轴位置上创建一个新的关键帧。

② 插入普通帧：在菜单栏中选择【插入】|【时间轴】|【帧】命令、按 F5 快捷键或者在选中的帧上单击鼠标右键在弹出的快捷菜单中选择"插入帧"命令，即可在选中的时间轴位置上创建一个新的普通帧。

③ 插入空白关键帧：在菜单栏中选择【插入】|【时间轴】|【空白关键帧】命令、按 F7 快捷键或者在选中帧上单击鼠标右键在弹出的快捷菜单中选择"插入空白关键帧"命令，即可在选中的时间轴位置上创建一个新的空白关键帧。

④ 选择帧：当需要选择时间轴上某一帧时，只要在时间轴上单击需要选择的帧即可，当帧被选中后帧的颜色显示为蓝色。帧只有被选中后才能在舞台上显示该帧中所有图层上的内容，才能对其进行相应的修改。当需要选择一些连续的多个帧时，可以先选中开始位置的单帧，之后按住 Shift 键的同时单击结束位置的单帧，这样就可以选中一片连续的多帧。当选中多帧时，舞台上显

示的是最后结束位置帧中的内容。当需要选择一些有间隔不连续的多个帧时，可以先选中开始位置的单帧，之后按住 Ctrl 键的同时单击需要被选中的帧，这样就可以选中间断的多帧。如果需要选择时间轴上的所有帧时，可以使用菜单栏中选择【编辑】|【时间轴】|【选择所有帧】命令。

⑤ 复制帧：当帧的内容是重复时，不需要再插入帧。可以将需要复制的单帧或多帧先用上面所述选择帧的方法选中，选中帧上单击鼠标右键在弹出的快捷菜单中选择"复制帧"命令，或按【Ctrl+Alt+C】组合键即可复制被选中的帧，或可以在菜单栏中选择【编辑】|【时间轴】|【复制帧】命令。

⑥ 粘贴帧：选中需要粘贴位置的帧，单击鼠标右键在弹出的快捷菜单中选择"粘贴帧"命令，或按【Ctrl+Alt+V】组合键即可粘贴被选中的帧，还可以通过在菜单栏中选择【编辑】|【时间轴】|【粘贴帧】命令来完成。

⑦ 移动帧：选中需要移动的单帧或多帧，按住鼠标左键将其整体拖动到目标位置帧上即可。如果在拖动时同时按住 Alt 键，则是在目标位置上通过拖动实现了帧的复制。

⑧ 删除帧：选中需要删除的单帧或多帧，单击鼠标右键在弹出的快捷菜单中选择"删除帧"命令，也可以在菜单栏中选择【编辑】|【时间轴】|【删除帧】命令，还可以通过按【Shift+F5】组合键来完成。

⑨ 转化帧：选中需要转换的关键帧，单击鼠标右键在弹出的快捷菜单中选择"清除关键帧"命令，也可以在菜单栏中选择【编辑】|【时间轴】|【清除帧】命令，或按【Alt+ Backspace】组合键，即可将选中关键帧的内容全部清除，使被选中的关键帧转换为空白关键帧。

⑩ 翻转帧：翻转帧的作用就是将选中的帧翻转，即将选中的帧按反顺序排列。选中需要翻转的帧，单击鼠标右键在弹出的快捷菜单中选择"翻转帧"命令。

2. 时间轴

时间轴处于 Adobe Flash CS6 的工作界面的下方。时间轴是 Flash 最具特色的部分，因为时间轴是制作动画的关键，主要用于控制和组织图层以及各帧上的操作。时间轴的左半部分为图层面板，时间轴的右半部分为帧面板。

（1）图层面板：时间轴的左半部分为图层面板，主要用于组织和管理图层，各个图层相互独立，每一图层上都可以绘制和编辑各自的图形文字对象。图层的排列有一定的顺序性，图层靠上，则该图层上绘制的对象显示在前面。在舞台工作区同一位置处，前面图层的对象会挡住后面图层的对象的显示。

（2）帧面板：时间轴的右半部分为帧面板，主要用于完成对帧的各种操作，帧面板中的每个方框代表一帧。在舞台上编辑动画元素时其实就是在某一图层上的某一关键帧中进行的，而舞台上显示出的最后画面就是时间标尺上红色播放头所在帧上的所有图层的内容综合。

① 时间标尺：时间标尺位于帧面板的上方，时间标尺由帧标记和帧编号组成。帧标记就是时间标尺上的垂直刻度线，每一刻度代表一帧。帧编号在两帧标记之间显示，每 5 帧显示一个帧编号。

② 播放头：时间标尺上红色方框就是播放头，而舞台上显示出的最后画面就是时间标尺上红色播放头所在帧上的所有图层的内容综合。当播放动画时，红色的播放头会从左向右沿着时间标尺，随着时间的变化，依次播放所经过的所有帧，显示每帧上所有图层的内容综合，从而形成动画效果。用户可以将鼠标定位到红色播放头上，按住鼠标左键即可沿着时间标尺向左或向右拖动播放头，随着播放头在时间标尺上的变化而播放动画；也可以在菜单栏中选择【控制】|【播放】命令，或按 Enter 键都可以让播放头沿着时间标尺移动。播放头的播放速度是由帧频所控制的，

所以在创建动画之前要先期设置帧频。

③ 帧频：帧频是动画播放的速度，以每秒播放的帧数（fps）为度量单位。一般情况下，默认帧频为 24fps，可以在网络上得到最佳播放效果。如果将帧频调高，比如说 36fps，当动画播放时动画播放速度加快，动画的细节将模糊。如果将帧频调低，比如说 6fps，当动画播放时动画播放速度缓慢，动画效果就会不流畅。如果需要修改帧频，可以先单击舞台工作区，在属性面板中单击"帧频" FPS: 12.00 选项，在帧频文本输入框中输入所需的帧频；或者在菜单栏中选择【修改】|【文档】命令，在弹出的"文档设置"对话框中设置帧频 帧频(F): 12.00 ；或者在时间轴的右下角修改帧频选项 12.00 fps 。

④ 状态栏：状态栏位于帧面板的下方，状态栏由绘图纸外观、当前帧、帧速率、运行时间等组成。当前帧显示的是播放头所在帧的帧编号。帧速率显示的是播放头的帧频。运行时间显示的是播放头从第 1 帧开始运行到当前播放头所在帧之间的时间。

3. 逐帧动画

人眼具有视觉暂留特性，当快速播放连续的具有细微差别的图像时，就可以使原来静止的图像运动起来。逐帧动画就是利用了人的视觉暂留原理，创建一系列的有微小差别内容的关键帧，在极短的时间间隔内让关键帧依次出现，形成一种连续的动画效果。

逐帧动画是 Flash 动画制作中最简单也是最容易学习的一种动画制作方式。逐帧动画的每一帧都是关键帧，创建逐帧动画需要对每一关键帧中的内容逐一制作，所以当动画效果比较复杂、需要大量的关键帧实现时，工作量有多么巨大可想而知。由于逐帧动画的基本思想是把一些具有细微差别的图形或文字放在一些连续的关键帧上依次显示以形成一个连续变化的动画，所以制作逐帧动画的基本步骤就是先创建一个关键帧，之后依次插入新的关键帧。每一个新插入的关键帧将自动复制前一关键帧的内容，之后在新插入的关键帧上修改细微差别之处的图形或文字。

4. 逐帧动画的案例制作

例 3-1 单字闪烁动画的制作

制作过程：

（1）启动 Adobe Flash CS6，新建一个文件，在菜单栏中选择【文件】|【新建】命令，从"新建文档"对话框中选择"ActionScript 2.0"，然后设置宽为 200 像素，高为 100 像素，单击"帧频"选项将 24fps 改为 1fps，设置背景颜色为#0033CC。

（2）在时间轴中双击图层 1，修改图层名称为"背景框"。在工具箱中选择矩形工具，单击属性面板修改笔触颜色为#FFFFFF，笔触改为 5，填充颜色为无，矩形的边角半径为 15，在舞台工作区中按住 Shift 键绘制一个圆角正方形。选中"背景框"图层的第 6 帧，按 F5 键插入帧。

（3）在时间轴图层面板中单击左下角"新建图层"按钮，新建图层 2。双击图层 2，修改图层名称为"标志字"。

① 在工具箱中选择文本工具，单击属性面板修改字符系列为华文行楷，修改大小为 66，修改颜色为#FFFF33，选中"标志字"图层的第 1 帧，在舞台工作区背景框内绘制文本输入区间，在文本框内输入"太"。

② 选中"标志字"图层的第 2 帧，按 F6 键插入关键帧。选中"标志字"图层的第 2 帧，在舞台工作区中心点双击"太"字文本框，将"太"改为"原"。

③ 选中"标志字"图层的第 3 帧，按 F6 键插入关键帧。选中"标志字"图层的第 3 帧，在舞台工作区中心点双击"原"字文本框，将"原"改为"理"。

④ 选中"标志字"图层的第 4 帧，按 F6 键插入关键帧。选中"标志字"图层的第 4 帧，在

舞台工作区中心双击"理"字文本框，将"理"改为"工"。

⑤ 选中"标志字"图层的第 5 帧，按 F6 键插入关键帧。选中"标志字"图层的第 5 帧，在舞台工作区中心双击"工"字文本框，将"工"改为"大"。

⑥ 选中"标志字"图层的第 6 帧，按 F6 键插入关键帧。选中"标志字"图层的第 6 帧，在舞台工作区中心双击"大"字文本框，将"大"改为"学"，如图 3-3 所示。

（4）在菜单栏中选择【文件】|【保存】命令，在"另存为"对话框中修改文件名为"单字闪烁.fla"，在菜单栏中选择【控制】|【测试影片】|【测试】命令或按

图 3-3　单字闪烁制作界面

【Ctrl+Enter】组合键测试动画，动画效果如图 3-4 所示，"太原理工大学"六个字依次在圆角矩形框显示。

图 3-4　单字闪烁最后效果

3.3.3　补间动画

补间动画是一种渐变性动画，只需要用户创建开始位置处关键帧和结束位置处关键帧上的内容，之后由软件自动计算创建两个关键帧之间的所有中间帧的内容，从而实现两个关键帧之间的颜色、形状、大小、方向以及位置的连续变化。补间动画由于是软件自动计算而不是靠人工逐帧绘制，所以制作效率更高而且对象的动画效果更为连续平滑。按照补间中计算的对象不同，Flash动画中的补间动画分为两类：形状补间和传统补间。

1．形状补间

形状补间所操作的对象是图形，主要是在开始位置处关键帧和结束位置处关键帧之间制作出变形效果。形状补间可以实现一种形状的颜色、大小、方向以及位置随补间过渡平滑变化为另一种形状的颜色、大小、方向以及位置。形状补间处理的对象必须是图形对象，如果是其他对象则需要首先使用分离命令将其打散为形状才能进行形状补间。通常制作形状补间时最好一个图层上绘制一个形状，这样制作出的补间效果比较好。如果一个图层上绘制有多个形状，则会发现形状变化之间有交叉现象，效果不太好。

（1）图形的绘制

形状补间所操作的对象是图形，图形对象被选中时，图形对象周边没有边框，图形对象内部布满黑色小点。绘制图形可以使用工具箱中线条工具、铅笔工具、钢笔工具、矩形工具、椭圆工具、多角星形工具和刷子工具。

① 线条工具：也称为直线工具，主要是用来绘制直线和斜线。在工具箱中选中线条工具，在属性面板上可以修改笔触的颜色和大小，并且还可以修改笔触的样式。设置完线条属性后就可以在舞台工作区内将鼠标指针移动到要绘制的直线起点位置上，按住鼠标左键拖曳鼠标指针到要绘制的直线终点位置处松开鼠标左键即可画出直线。在绘制直线时，按住 Shift 键可以画出水平或

垂直的直线。【选项】区域中"的贴紧至对象"按钮 被选中后，所绘制出的连续多个直线条将按连接点自动连接。

② 铅笔工具 ：主要是用来绘制直线或曲线，而且还可以绘制各种规则或不规则封闭形状。在工具箱中选中铅笔工具，在属性面板上可以修改笔触的颜色和大小，并且还可以修改笔触的样式。设置完铅笔属性后就可以在舞台工作区内按住鼠标左键拖动鼠标即可绘出所要图形。在属性面板上还可以设置"端点"选项端点： ，"端点"选项主要用来设定线条端点的样式，分为三种：无、圆角或方形。在属性面板上还可以设置"接合"选项接合： ，"接合"选项是主要设定两个线条之间的连接方式，分为三种：尖角、圆角和斜角。在工具箱中选中铅笔工具后，还可以在【选项】区域中设置铅笔的"铅笔模式"选项 。铅笔模式共有三种：伸直模式 、平滑模式 和墨水模式 。伸直模式绘制出的图形棱角分明，趋向于规则图形。平滑模式绘制出的图形棱角尽可能地清除，使线条更平滑。墨水模式绘制出的图形是模拟手工绘制，软件对绘制图形不做任何调整。

③ 钢笔工具 ：主要是用来绘制直线或曲线，还可以调整直线线段的角度和长度以及曲线的曲率。钢笔工具绘制的路径由贝塞尔曲线构成，贝塞尔曲线是有锚点的曲线，通过锚点上的控制手柄可以调整相邻两条曲线段的形状。设置完钢笔的笔触颜色、大小和笔触样式属性后就可以在舞台工作区内单击鼠标左键添加锚点，直到双击才停止添加锚点，锚点相连即可绘出所要图形。

④ 矩形工具 ：主要是用来绘制各种比例大小的矩形或正方形，在工具箱中选中矩形工具，在属性面板上可以修改笔触的颜色和大小，并且还可以修改笔触的样式和修改填充颜色。在属性面板上还可以在"矩形选项"中设置矩形边角半径的大小，矩形边角半径的值越大绘制出的矩形越圆角，如图 3-5 所示。设置完矩形属性后就可以在舞台工作区内将鼠标指针移动到要绘制的矩形合适位置上，按住鼠标左键拖曳鼠标指针直到绘制的矩形符合大小，松开鼠标左键即可画出矩形。在绘制矩形时，按住 Shift 键可以画出正方形。如果希望绘制的矩形只有轮廓没有填充，只需要设置填充颜色为无 。如果希望绘制的矩形只有填充没有轮廓，只需要设置笔触颜色为无 。

⑤ 椭圆工具 ：主要是用来绘制各种比例大小的椭圆或正圆，在工具箱中选中椭圆工具，在属性面板上可以修改笔触的颜色和大小，并且还可以修改笔触的样式和修改填充颜色。在属性面板上还可以在"椭圆选项"中设置椭圆的开始角度、结束角度和内径，如图 3-6 所示。设置完椭圆属性后就可以在舞台工作区内将鼠标指针移动到要绘制的椭圆合适位置上，按住鼠标左键拖曳鼠标指针直到绘制的椭圆符合大小，松开鼠标左键即可画出椭圆。在绘制椭圆时，按住 Shift 键可以画出正圆。按【Shift+Alt】组合键可以以指定点为圆心绘制出正圆。

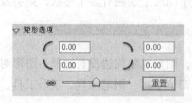

图 3-5　矩形选项

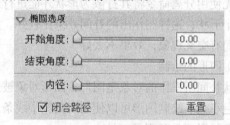

图 3-6　椭圆选项

⑥ 多角星形工具 ：主要是用来绘制各种比例大小的多边形或星形，在工具箱中选中多角星形工具，在属性面板上可以修改笔触的颜色和大小，并且还可以修改笔触的样式和修改填充颜色。在属性面板上还可以在"工具设置"中单击"选项"按钮，打开"工具设置"对话框，可以修改样式（多边形和星形）、边数和星形顶点大小（值越小星形的角越尖，星形顶点越深）。设置

完多边形属性后就可以在舞台工作区内将鼠标指针移动到要绘制的多边形合适位置上，按住鼠标左键拖曳鼠标指针直到绘制的多边形符合大小，松开鼠标左键即可画出多边形。

⑦　刷子工具 ：主要是用来绘制直线或曲线，而且还可以绘制各种规则或不规则封闭形状。在工具箱中选中刷子工具，在属性面板上可以修改填充颜色。设置完刷子属性后在舞台工作区内按住鼠标左键拖动鼠标即可绘出所要图形。在工具箱中选中刷子工具后，还可以在【选项】区域中设置刷子的"刷子模式"选项 。刷子模式共有五种：标准绘画 、颜料填充 、后面绘画 、颜料选择 和内部绘画 。标准绘画是正常绘画方式，刷子所到之处都会被颜色覆盖。颜料填充对同一层上的有色区域或空白区域内填充颜色，不影响线条。后面绘画对同一层上的有色区域或空白区域内填充颜色，不影响线条和原有填充。颜料选择只对选择区填充颜色，如果没有选择区则这个模式无效。内部绘画只对封闭区域内填充颜色，封闭区域之外的颜色会自动消除。在工具箱中选中刷子工具后，还可以在【选项】区域中设置刷子的"刷子大小"选项 和"刷子形状"选项 。

（2）图形的编辑

①　选择图形：在工具箱中选中选择工具 ，在舞台工作区上单击对象就可以选中图形对象。如果需要选中多个图形对象，则单击鼠标的同时按住 Shift 键就可。

②　移动图形：先选中要移动的图形对象，当鼠标光标下方出现十字箭头时按住鼠标左键就可以移动该图形对象。

③　复制和粘贴图形：先选中要复制的图形对象，在选中的图形对象上单击鼠标右键选择"复制"命令，之后在工作区上单击鼠标右键选择"粘贴"命令即可粘贴复制的图形对象。如果在工作区上单击鼠标右键选择"粘贴到当前位置"命令即可在要复制的图形对象的原位置上复制图形对象。

④　删除图形：先选中要删除的图形对象，在选中的图形对象上单击鼠标右键选择"剪切"命令或在菜单栏中选择【编辑】|【清除】命令或按下 Delete 键。

⑤　改变图形的大小：在工具箱中选中任意变形工具 ，在需要改变图形对象上单击，图形对象周围就会出现变形框，将光标放在变形框某一个小黑方块上，光标就会变成一个双向箭头，按住鼠标左键拖到合适大小就可以按比例放大或缩小图形对象。

⑥　改变图形的形状：在工具箱中选中选择工具 ，将光标移动到需要改变形状的位置，当鼠标光标下方出现弧线时按住鼠标左键拖动就可以改变图形对象的形状。在工具箱中选中任意变形工具 ，在需要改变的图形对象上单击，图形对象周围就会出现变形框，移动光标到变形框，当光标变为平行箭头时，按住鼠标左键并拖动使图形对象倾斜。或在菜单栏中选择【修改】|【变形】命令，从子菜单中选择扭曲缩放、旋转与倾斜命令操作改变图形对象的形状。

⑦　改变图形的颜色：先选中要改变颜色的图形对象，在属性面板重新选择笔触颜色和填充颜色即可。

（3）文字的编辑

在工具箱中选中文本工具 T ，在舞台工作区单击就会出现一个空白的文字输入框，只要在文字输入框中输入文字就可以。在属性面板上可以修改字符系列（用于设置字体）、字符大小和字符颜色。

（4）形状补间

①　创建形状补间：在开始位置处关键帧上利用各种图形绘制工具绘制变化前的第一图形形状，在结束位置处关键帧上利用各种图形绘制工具绘制变化后的最后图形形状。在开始关键帧和结束关键帧中间的任一帧上单击鼠标右键选择"创建补间形状"命令，创建形状补间。或在菜单栏中选择【插入】|【补间形状】命令，创建形状补间。如果形状补间创建成功，则从开始关键帧

到结束关键帧的所有帧都变成绿色，并且产生一黑色箭头从开始关键帧指向结束关键帧。如果从开始关键帧到结束关键帧之间显示为虚线，则表示形状补间创建失败。

② 删除形状补间：在需要删除的形状补间上单击鼠标右键选择"删除补间"命令，删除形状补间。或在菜单栏中选择【插入】|【删除补间】命令，删除形状补间。

③ 形状补间的属性设置：在属性面板上可以设置"缓动"选项 缓动: 0 ，"缓动"选项主要是可以设置补间动画的变化速度，可以在缓动文本框输入缓动值，其值为-100～100。要使补间动画的变化速度由慢变快，则输入-1～-100的任一值。要使补间动画的变化速度由快变慢，则输入 1～100的任一值。在属性面板上还可以设置"混合"选项 混合: 分布式 ▼ ，混合下拉列表中有两个选项：分布式和角形。分布式模式下创建的补间动画中间变化的效果更为平滑。角形模式下创建的补间动画中间变化会保留一些明显的边角直线。

（5）形状补间动画的案例制作

例 3-2 变换的文字动画的制作

制作过程：

（1）启动 Adobe Flash CS6，新建一个文件，在菜单栏中选择【文件】|【新建】命令，从"新建文档"对话框中选择"ActionScript 2.0"，然后设置宽为 800 像素，高为 600 像素，单击"帧频"选项将 24fps 改为 12fps。

（2）在菜单栏中选择【文件】|【导入】|【导入到库】命令，在弹出的"导入到库"对话框中找到所需的背景图片素材"背景图片.jpg"，选中图片文件单击"打开"按钮，将所需背景图片导入库中。在时间轴中双击图层 1，修改图层名称为"背景"。选中"背景"图层的第 1 帧，将库中的"背景图片"元件拖到舞台正中心。选中舞台上的"背景图片"实例，单击属性面板修改"背景图片"实例的宽为 800 像素，高为 600 像素，并将"背景图片"实例适当移动覆盖舞台。选中"背景"图层的第 30 帧，按 F5 键插入帧。

（3）在时间轴图层面板中单击左下角"新建图层"按钮，新建图层 2。双击图层 2，修改图层名称为"文字"。

① 选中"文字"图层的第 20 帧单击鼠标右键，在弹出的快捷菜单中选择"插入空白关键帧"命令，使第 20 帧转化为空白关键帧。在工具箱中选择文本工具，单击属性面板修改字符系列为华文行楷，修改大小为 99，修改颜色为#FFFF33，选中"文字"图层的第 20 帧，在舞台工作区背景框内绘制文本输入区间，在文本框内输入"月色朦胧"。选中"文字"图层的第 30 帧，按 F5 键插入帧。

② 选中"文字"图层的第 20 帧，在舞台工作区选中"月色朦胧"字文本框，按【Ctrl+B】组合键将"月色朦胧"四个字打散为四个单独字。选中"月色朦胧"四个单独字文本框，在"月色朦胧"四个字上单击鼠标右键，在弹出的快捷菜单中选择"分散到图层"命令，将四个字分散到新建的"月""色""朦""胧"四个图层中。按 Shift 键选中"月""色""朦""胧"四个图层的第 1 帧，按住鼠标左键将"月""色""朦""胧"四个图层的第 1 帧集体拖动到第 20 帧处。在时间轴图层面板中选中"文字"图层，单击左下角"删除"按钮删除"文字"图层，如图 3-7 所示。

③ 在菜单栏中选择【视图】|【标尺】命令，打开标尺，从上部标尺处按住鼠标左键从上到下拖出第一条水平辅助线对齐到"月色朦胧"四个字文本框的上边框，再从上部标尺处按住鼠标左键从上到下拖出第二条水平辅助线对齐到"月色朦胧"四个字文本框的下边框。同样，从左部标尺处按住鼠标左键从左向右拖出四条垂直辅助线到舞台工作区中间，分别将四条垂直辅助线分别对齐"月色朦胧"四个字文本框的左边框。从左部标尺处按住鼠标左键从左向右拖出第五条垂直辅助线到舞台工作区中间，将第五条垂直辅助线对齐"胧"字文本框的右边框，如图 3-8 所示。

图 3-7　四个字分散到各图层

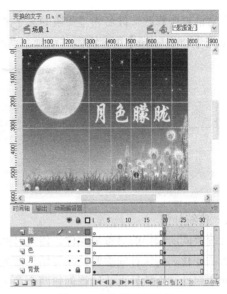

图 3-8　添加标尺辅助线

④ 选中 "月" 图层的第 1 帧，在工具箱中选择多角星形工具，单击属性面板修改笔触改为无，填充颜色为#FFFF33，在 "工具设置" 选项卡中单击 "选项" 按钮，打开 "工具设置" 对话框，样式修改为 "星形"，边数为 5，星形顶点大小为 0.7。在舞台工作区辅助线围住的第一个矩形区间处按住 Shift 键绘制一个五角星。绘制出的五角星的大小应小于所在辅助线矩形区间的大小。

⑤ 选中 "月" 图层的第 20 帧，在舞台工作区选中 "月" 字，按【Ctrl+B】组合键将 "月" 字再次打散。

⑥ 在 "月" 图层的第 1～20 帧之间的任意一帧上单击鼠标右键，在弹出的快捷菜单中选择 "创建补间形状" 命令，创建形状补间动画。

⑦ 选中 "月" 图层的第 1 帧，在工具箱中选择 "选择工具"，在舞台工作区中选中刚刚绘制的第一个五角星，在第一个五角星上单击鼠标右键选择 "复制" 命令，之后选中 "色" 图层的第 1 帧，在舞台工作区上单击鼠标右键选择 "粘贴到当前位置" 命令，在舞台上复制出第二个五角星。在第二个五角星被选中的情况下，使用右方向键将第二个五角星右移到辅助线围住的第二个矩形区间处。

⑧ 选中 "色" 图层的第 20 帧，在舞台工作区选中 "色" 字，按【Ctrl+B】组合键将 "色" 字再次打散。

⑨ 在 "色" 图层的第 1～20 帧之间的任意一帧上单击鼠标右键，在弹出的快捷菜单中选择 "创建补间形状" 命令，创建形状补间动画。

⑩ 用相同的方法分别选中 "朦" "胧" 两个图层的第 1 帧在舞台工作区相应位置处复制五角星，再分别选中 "朦" "胧" 两个图层的第 20 帧，将舞台工作区中的 "朦" "胧" 两个字再次打散，将 "朦" "胧" 两个图层的第 1～20 帧之间创建形状补间动画，如图 3-9 所示。

（4）在菜单栏中选择【文件】|【保存】命令在 "另

图 3-9　变换的文字制作界面

存为"对话框中修改文件名为"变换的文字.fla",在菜单栏中选择【控制】|【测试影片】|【测试】命令或按【Ctrl+Enter】组合键测试动画,动画效果如图 3-10 所示。

图 3-10　变换的文字最后效果

2. 传统补间

传统补间所操作的对象是元件,传统补间可以实现元件对象的颜色、透明度、大小、方向以及位置的变化。传统补间主要是在开始位置处关键帧插入元件,然后在结束位置处关键帧修改元件的相应属性,由软件自动计算创建两个关键帧之间的元件变化所有中间帧的内容,让元件的变化效果更为流畅。

（1）元件

元件是一些可以重复使用的图形、动画、按钮或者是影片剪辑,它们都被保存在库中。由于元件可以被重复使用,在动画制作过程中使用元件能够减小文件的大小,而且能够提高动画的制作效率。实例是将元件从库中拖出到舞台上创建一个引用,一个元件在舞台上可以有多个实例。对元件进行修改后,舞台上该元件的所有实例都将对应发生相应的改变。

① 新建元件:在菜单栏中选择【插入】|【新建元件】命令或按【Ctrl+F8】组合键或单击库面板底部的"新建元件"按钮,或在库面板上单击鼠标右键选择"新建元件"命令,在打开的"新建元件"对话框中修改元件名称,并指定元件的类型（图形、按钮、影片剪辑）,单击"确定"按钮进入元件编辑窗口。

② 编辑元件:在库面板上双击元件名称或在编辑栏中单击"编辑元件"按钮,在弹出的列表中选择元件名称或在舞台上双击元件的实例都可以进入元件编辑窗口。

③ 图形元件:图形元件是静态的矢量图形,主要是制作动画当中的静态图形,没有交互控制功能,也不能添加声音。创建图形元件时需要指定元件的类型为"图形",在元件编辑窗口中的舞台工作区上利用各种绘图工具绘制图形或用文本工具创建文字。

④ 影片剪辑元件:影片剪辑元件是一个独立的小动画。影片剪辑元件有自己的时间轴,独立于主文件的场景中的时间轴。影片剪辑元件可以包含交互控制功能,也可以添加声音,还可以包含其他的影片剪辑元件。创建影片剪辑元件时需要指定元件的类型为"影片剪辑"。

⑤ 按钮元件:按钮元件与单一的静止图片不同,按钮元件具有强大的交互功能,用户可以通过按钮元件实现鼠标单击或滑过的响应。按钮元件只有四帧,代表着四种状态:弹起、指针经过、按下和点击。创建按钮元件时需要指定元件的类型为"按钮"。

⑥ 删除元件:在库面板选中元件名称按"删除"按钮就可以删除指定元件;或在库面板选中元件名称,在元件名称上单击鼠标右键选择"删除"命令。

（2）库

Flash 软件创建动画有时需要导入一些已有的素材,包括位图图形、声音、视频等。这些导入的素材就存储于库中。库中也可以存储在 Flash 中创建的各种类型的元件。库面板的另一功能是组织元件和导入文件，按类型对库中的对象进行排序。在库中可以新建文件夹，将相同类型的对象分类存放在同一文件夹下。

① 库面板：库面板由五部分组成：当前库所在文件名称、元件预览框、搜索文本框、元件资源列表和库工具栏。"当前库所在文件名称"在下拉列表中选择相应的文件名，则显示该文件所属库的库元素。"元件预览框"中可以预览库中所选中元件的内容。"搜索文本框"可以根据搜索文本框中的输入内容快速找到元件。"元件资源列表"显示当前库中所有的元件资源，列表中的所有元件资源排列是有顺序的，名称标题旁有排列按钮：箭头向上的按钮 ▲ 代表所有元件资源排列按升序排列；箭头向下的按钮 ▼ 代表所有元件资源排列按降序排列。"库工具栏"包括"新建元件"按钮、"新建文件夹"按钮、"属性"按钮和"删除"按钮。"新建元件"按钮用于创建一个新的元件；"新建文件夹"按钮用于在库中创建一个新的文件夹，文件夹可以用来分类存放各种元件；"属性"按钮用于修改元件的名称及类型；"删除"按钮用于删除库中被选中的元件或文件夹。

② 导入图片：如果需要将图片使用到 Flash 动画制作中，则需要将图片导入到库中。Flash 可以导入 JPG、GIF、PNG、BMP 格式的位图和 FreeHand、Illustrator 格式的矢量图形。在菜单栏中选择【文件】|【导入】|【导入到库】命令，在弹出的"导入到库"对话框中找到所需的图片素材，选中图片文件单击"打开"按钮，将所需图片导入到库中，在"元件预览框"中可以看到导入图片文件的内容。图片导入到库中后，就可以将导入库中的图片元件拖到舞台上使用。在元件资源列表中双击图片元件名称即可弹出"位图属性"对话框，"位图属性"对话框中将会显示图片名称、图片所在路径、图片大小等相关图片属性。"更新"按钮的作用是如果使用的位图原始文件已经发生了修改，单击"更新"按钮就可以把库中的图片同步更新。"导入"按钮的作用是导入新的图片文件代替原有图片。"测试"按钮可以预览当前图片文件及压缩后的大小。

③ 导入声音：如果制作的动画效果需要声音的配合显示，就需要将声音文件先期导入到库中。Flash 可以导入 MP3 格式的声音文件。在菜单栏中选择【文件】|【导入】|【导入到库】命令，在弹出的"导入到库"对话框中找到所需的声音文件，选中声音文件单击"打开"按钮，将所需声音文件导入到库中，在"元件预览框"中可以看到导入声音文件的波形图。声音文件导入到库中后，就可以新建一个声音图层，将导入库中的声音文件拖到舞台上就可以使用。当声音图层的帧中出现声音文件的波形图时，就说明在影片中已插入一个声音元件实例。声音图层的帧数不能完整播放声音时，则在声音图层上添加普通帧延续即可。声音元件实例添加到舞台上是不可见的，如果要修改声音元件实例的属性，在声音图层的任一帧上单击，即可在属性面板上修改声音元件实例的属性。在"效果"下拉列表中有 8 个选项：无、左声道、右声道、向右淡出、向左淡出、淡入、淡出、自定义。"无"表示当前的声音元件实例不设置任何特效。"左声道"表示只在左声道中播放声音。"右声道"表示只在右声道中播放声音。"向右淡出"表示从左声道切换到右声道播放声音。"向左淡出"表示从右声道切换到左声道播放声音。"淡入"表示播放声音时逐渐增大音量。"淡出"表示播放声音时逐渐减小音量。"自定义"表示由用户自己设置左右声道的变化效果。在"同步"下拉列表中有 4 个选项：事件、开始、停止、数据流。"事件"将声音与某个事件同步，声音播放直到关闭动画为止，事件声音常用于背景音乐。"开始"与事件声音相似，但是如果声音开始播放则新的声音实例不能播放。"停止"将指定的声音设置为静音。"数据流"与事件声音不同，数据流声音与帧同步，数据流声音的播放时间与帧的长度相同。

（3）实例

实例是元件创建后的引用。首先必须要先在库中创建一个元件，之后就可以将元件从库中拖出到舞台上创建一个与该元件相应的实例。一个元件在舞台上可以有多个实例。

当舞台上有实例需要在原有位置上替换时，在属性面板上单击"交换"按钮打开"交换元件"对话框，在"交换元件"对话框中选中需要替换的元件名称，单击"确定"按钮就可以实现元件替换。

每一个实例都有自己独立的实例属性，当需要设置每一个实例属性时，可以先在舞台工作区上选中实例，之后在属性面板上相应选项中进行设置。但是改变实例的外观属性后，库中相应的元件并没有发生任何改变。

先在舞台工作区上选中实例，在属性面板上就可以设置实例的如下属性。

① 修改实例的名称：在属性面板上双击实例名称文本框，就可以修改实例的名称。

② 修改实例的类型：在属性面板上单击实例类型下拉列表，从"图形"、"按钮"、"影片剪辑"中任选一个所需类型。但是当元件类型发生改变时，其属性面板上的内容也会相应地发生改变。

③ 修改实例的位置和大小：在属性面板上的"位置和大小"选项下修改实例的 X、Y 坐标值以及实例的宽度和高度。

④ 修改实例的颜色效果：每个实例都有自己的颜色效果，利用这个属性的修改可以制作出各种颜色的渐变动画效果，在属性面板上的"色彩效果"选项下可以修改。在样式下拉列表中可以选择亮度、色调、高级、透明度（Alpha）。"高度"用来设置实例的明亮度，数值为正数时，值越大实例越亮；数值为负数时，值越小实例越暗。"色调"从调色板中选择所需要的颜色，用于给已有实例添加指定的颜色，而且还可以调整色调滑动杆来设置添加颜色的透明度。"高级"可以设置 RGB 三原色和透明度。"Alpha"用于在实例原色的基础上设置实例的透明度，数值越小越透明。

（4）传统补间

① 创建传统补间：在开始位置处关键帧插入元件，然后在结束位置处关键帧修改元件的相应属性。在开始关键帧和结束关键帧中间的任一帧上单击鼠标右键选择"创建传统补间"命令，即可创建传统补间。或在菜单栏中选择【插入】|【传统补间】命令创建传统补间。如果传统补间创建成功，则从开始关键帧到结束关键帧的所有帧都变成蓝色，并且产生一黑色箭头从开始关键帧指向结束关键帧。如果从开始关键帧到结束关键帧之间显示为虚线，则表示传统补间创建失败。如果在开始位置处关键帧上是利用各种图形绘制工具绘制出的形状，则需要用选择工具选中所需要的形状，在其上单击鼠标右键选择"转换为元件"命令，在打开的"新建元件"对话框中设置元件名称，指定元件的类型（图形、按钮、影片剪辑），将选中的形状转换为元件。

② 删除传统补间：在需要删除的传统补间上单击鼠标右键选择"删除补间"命令，即可删除传统补间。或在菜单栏中选择【插入】|【删除补间】命令删除传统补间。

③ 传统补间的属性设置：在属性面板上可以设置"缓动"选项 缓动: 0 ，"缓动"选项主要是可以设置补间动画的变化速度，可以在缓动文本框输入缓动值，其值为-100～100。要使补间动画的变化速度由慢变快，则输入-1～-100 的任一值。要使补间动画的变化速度由快变慢，则输入 1～100 的任一值。在属性面板上还可以设置"旋转"选项 旋转: 自动 ，旋转下拉列表中有四个选项：无、自动、顺时针和逆时针。"无"表示不设置任何的旋转效果。"自动"表示软件根据开始关键帧和结束关键帧上的元件状态自动设置旋转。"顺时针"表示将元件按顺时针做旋转效果。"逆时针"表示将元件按逆时针做旋转效果。旋转下拉列表有四个复选选项：贴紧、调整到路径、同步和缩放。"贴紧"用于设置指定的对象与其他对象贴紧。"调整到路径"用于设置元件在移动过程中沿某条路径移动，元件对象的中心点始终和路径保持一致。"同步"用于设置位于同一图层上的多个关键帧上同一元件的多个实例的开始关键帧进行同步。"缩放"用于设置元件大小的过渡变化。

（5）传统补间动画的案例制作

例 3-3　滚动的足球动画的制作

制作过程：

（1）启动 Adobe Flash CS6，新建一个文件，在菜单栏中选择【文件】|【新建】命令，从"新建文档"对话框中选择"ActionScript 2.0"，然后设置宽为 600 像素，高为 400 像素，单击"帧频"选项将 24fps 改为 12fps。

（2）在菜单栏中选择【文件】|【导入】|【导入到库】命令，在弹出的"导入到库"对话框中找到所需的背景图片素材"背景图.jpg"，选中图片文件单击"打开"按钮，将所需背景图片导入到库中。在时间轴中双击图层 1，修改图层名称为"背景"。选中"背景"图层的第 1 帧，将库中的"背景图"元件拖到舞台正中心。选中舞台上的"背景图"实例，单击属性面板修改"背景图"实例的宽为 600 像素，高为 400 像素，并将"背景图"实例适当移动覆盖舞台。选中"背景"图层的第 30 帧，按 F5 键插入帧。

（3）在时间轴图层面板中单击左下角"新建图层"按钮，新建图层 2。双击图层 2，修改图层名称为"足球"。

①　在菜单栏中选择【插入】|【新建元件】命令，在打开的"新建元件"对话框中将名称改为"足球"，类型为"图形"，单击"确定"按钮进入元件编辑窗口。

②　在"足球"元件编辑窗口时间轴中双击图层 1，修改图层名称为"足球皮"。选中"足球皮"图层的第 1 帧，在工具箱中选择多角星形工具，单击属性面板修改笔触颜色为#000000，笔触改为 5，填充颜色为无，在"工具设置"选项卡中单击"选项"按钮，打开"工具设置"对话框，样式修改为"多边形"，边数为 6，星形顶点大小为 0.5。在舞台工作区中心按住 Shift 键绘制一个六边形。

③　选中"足球皮"图层的第 1 帧，在工具箱中选择"选择工具"，在舞台工作区中选中刚刚绘制的第一个六边形，在第一个六边形上单击鼠标右键选择"复制"命令，之后在舞台工作区上单击鼠标右键选择"粘贴到当前位置"命令，在舞台上复制出第二个六边形。在第二个六边形被选中的情况下，使用下方向键将第二个六边形下移到第一个六边形下边。

④　选中"足球皮"图层的第 1 帧，在工具箱中选择"选择工具"，在舞台工作区中选中刚刚绘制的第一个六边形和第二个六边形，在菜单栏中选择【修改】|【组合】命令。将组合后的两个六边形选中，在当前位置上再复制出两个六边形，使用下方向键将其下移到前两个六边形下边。选中四个六边形，在菜单栏中选择【修改】|【组合】命令组合四个六边形。

⑤　选中"足球皮"图层的第 1 帧，在工具箱中选择"选择工具"，将四个六边形再复制出四个，使用方向键将其移动，使其构成一个蜂窝状六边形图。选中所有六边形，在菜单栏中选择【修改】|【组合】命令组合所有六边形，如图 3-11 所示。

⑥　选中所有六边形按三次【Ctrl+B】组合键将所有六边形打散，在工具箱中选择"颜料桶工具"，单击属性面板修改填充颜色为#FFFFFF，将所有的六边形填充为白色六边形，之后在工具箱中选择"颜料桶工具"，单击属性面板修改填充颜色为#000000，以最中心的六边形为中心填充黑色六边形，形成足球皮图纹，如图 3-12 所示。

⑦　在工具箱中选择椭圆工具，单击属性面板修改笔触颜色为#000000，笔触改为 5，填充颜色为无，在舞台工作区中心点处按住【Shift+Alt】组合键绘制一个正圆。

⑧　在工具箱中选择橡皮擦工具，在工具箱右下角单击"水龙头"按钮，使用水龙头橡皮擦工具擦除正圆外的所有的多余足球皮，形成一个完整的足球，如图 3-13 所示。

图 3-11　蜂窝状六边形图　　　图 3-12　足球皮图纹　　　图 3-13　足球图

⑨ 返回场景 1，选中"足球"图层的第 1 帧，将库中的"足球"元件拖到舞台工作区最左边的位置上，在工具箱中选择任意变形工具，并将"足球"实例适当变形调整为合适大小。

（4）选中"足球"图层的第 30 帧，按 F6 键插入关键帧。选中"足球"图层的第 30 帧，在舞台工作区中选中"足球"实例将其水平移动到最右边位置。在"足球"图层的第 1～30 帧之间的任意一帧上单击鼠标右键，在弹出的快捷菜单中选择"创建传统补间"命令，创建补间动画，如图 3-14 所示。单击"足球"图层的第 1～30 帧之间的任意一帧，在属性面板设置"补间"选项中的"旋转"下拉列表框中选择顺时针。

（5）在菜单栏中选择【文件】|【保存】命令，在"另存为"对话框中修改文件名为"滚动的足球.fla"，在菜单栏中选择【控制】|【测试影片】|

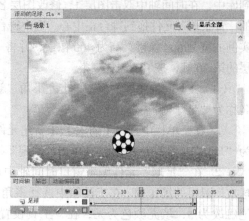

图 3-14　滚动的足球制作界面

【测试】命令或按【Ctrl+Enter】组合键测试动画，制作出的足球从左边滚动到右边的动画效果如图 3-15 所示。

图 3-15　滚动的足球最后效果

3.3.4　图层动画

图层在许多图形编辑软件中都会出现，图层给图像的处理带来极大的方便性和灵活性。用户在图层上可以创建和编辑所有的动画元素如图形、文字或其他对象等。图层可以在舞台工作区上一层层叠加，图层是透明的，当上面的图层上没有任何图形对象时，可以透过上面的图层看到下面图层的内容。当图层在舞台上相互叠加时，位于上方的图层中的图形对象会遮挡住位于下方的图层中的图形对象。图层之间是相互独立的，在某一图层上创建和编辑图形对象时不会影响其他图层上的图形对象。当新建一个 Flash 文件时，时间轴上仅包含一个图层，之后就可以根据制作需要添加更多的图层，添加图层的数目受限于计算机内存，但添加图层不会增加最终输出影片文件的大小。除普通图层外 Flash 中有两种特殊用途的图层：遮罩层和运动引导层。利用遮罩层和运动引导层可以制作出更加丰富的动画效果。

1．图层

（1）图层的添加

时间轴的左半部分为图层面板，主要用于组织和管理图层，各个图层相互独立，每一图层上都可以绘制和编辑各自的图形文字对象。当新建一个 Flash 文件时，时间轴上就已经包含了一个图层，默认名称为图层 1。图层名称应该根据图层内容有一定的含义，这样便于用户根据需要快速找到所要图层。当需要修改图层名称时则双击图层名称，在图层名称文本框内输入图层名称即可。

如果根据制作需要添加更多的图层，进行以下操作即可添加一个新的图层。

① 在时间轴图层面板中单击左下角"新建图层"按钮 ，添加一个新的图层；

② 在时间轴图层面板中在已有的任一图层上单击鼠标右键选择"插入图层"命令，添加一个新的图层；

③ 在菜单栏中选择【插入】|【时间轴】|【图层】命令，添加一个新的图层。

（2）图层的编辑

① 图层的选取：当需要选择时间轴上某一图层时，只要在图层面板上单击需要选择的图层即可，当图层被选中后图层的颜色显示为蓝色。当需要选择一些连续的多个图层时，可以先选中开始位置的单个图层，之后按住 Shift 键的同时单击结束位置的单个图层，这样就可以选中一片连续的多个图层。当需要选择一些有间隔不连续的多个图层时，可以先选中开始位置的单个图层，之后按住 Ctrl 键的同时单击需要被选中的单个图层，这样就可以选中间断的多个图层。

② 图层的复制：当图层的内容是重复时，则不需要浪费时间再添加新的图层或重复创建图形，可以将需要复制的单个图层或多个图层先用上面所述选取图层的方法选中，单击鼠标右键在弹出的快捷菜单中选择"复制图层"命令，也可以在菜单栏中选择【编辑】|【时间轴】|【复制图层】命令。

③ 图层的删除：选中需要删除的单个图层或多个图层，单击鼠标右键在弹出的快捷菜单中选择"删除图层"命令，也可以在菜单栏中选择【编辑】|【时间轴】|【剪切图层】命令，还可以在图层面板按"删除"按钮 。

④ 图层的移动：选中需要移动的单个图层或多个图层，按住鼠标左键将其整体拖动到目标位置上即可。

⑤ 图层的显示和隐藏：在设计过程中有时需要暂时隐藏图层上的内容，而不是彻底删除图层上的内容时，就需要隐藏图层。选中需要隐藏的单个图层，单击图层名称右边第一个圆点，相应位置出现 图标，表示该图层已经被隐藏。如果需要解除隐藏，选中需要解除隐藏的单个图层，单击图层名称右边的 图标，相应位置出现一个圆点，表示该图层已经被解除隐藏。单击图层面板上的"显示或隐藏所有图层"按钮 即可隐藏所有图层。如果需要解除隐藏的所有图层，只需再次单击图层面板上的"显示或隐藏所有图层"按钮 即可。

⑥ 图层的锁定和解除锁定：在设计过程中有时需要暂时锁定图层上的内容，使用户不可编辑图层上的内容时，就需要锁定图层。选中需要锁定的单个图层，单击图层名称右边第二个圆点，相应位置出现 图标，表示该图层已经被锁定。如果需要解除锁定，选中需要解除锁定的单个图层，单击图层名称右边的 图标，相应位置出现一个圆点，表示该图层已经被解除锁定。单击图层面板上的"锁定或解除锁定所有图层"按钮 即可锁定所有图层。如果需要解除锁定的所有图层，再次单击图层面板上的"锁定或解除锁定所有图层"按钮 即可。

⑦ 图层中对象按轮廓显示：在设计过程中有时只需要显示图层上的对象轮廓，就需要按轮廓

显示图层。选中需要按轮廓显示的单个图层，单击图层名称最右边方框，相应位置出现 ▢ 图标，表示该图层已经被按轮廓显示。如果需要解除按轮廓显示，选中需要解除按轮廓显示的单个图层，单击图层名称右边的 ▢ 图标，相应位置出现 ▢ 图标，表示该图层已经被解除按轮廓显示。单击图层面板上的"将所有图层显示为轮廓"按钮 ▢ 即可按轮廓显示所有图层。如果需要解除按轮廓显示的所有图层，再次单击图层面板上的"将所有图层显示为轮廓"按钮 ▢ 即可。

（3）图层属性的设置

在菜单栏中选择【修改】|【时间轴】|【图层属性】命令，或选中图层单击鼠标右键在弹出的快捷菜单中选择"属性"命令，或双击图层名称前的图层图标，可以在弹出的"图层属性"对话框中修改图层的相应属性，包括图层的名称、图层的类型、图层的轮廓颜色、图层的高度等。

（4）图层文件夹

为了方便管理同一主题内容的图层，需要建立图层文件夹。图层文件夹可以组织管理图层，还可以组织管理其他图层文件夹。

如果需要添加图层文件夹，进行以下操作即可添加一个新的图层文件夹。

① 在时间轴图层面板中单击左下角"新建文件夹"按钮 ▢ ，添加一个新的图层文件夹；

② 在时间轴图层面板中在已有的任一图层上单击鼠标右键选择"插入文件夹"命令，添加一个新的图层文件夹；

③ 在菜单栏中选择【插入】|【时间轴】|【图层文件夹】命令，添加一个新的图层文件夹。

新建了一个新的图层文件夹后，双击图层文件夹名称，在图层文件夹名称文本框内输入图层文件夹名称即可。选中图层按住鼠标左键将其拖入到指定图层文件夹，这样图层文件夹和放入图层文件夹中的图层就形成了一个树型结构。

2. 绘图纸外观

通常情况下舞台上只能显示一帧上的所有图层的内容综合，但是如果在制作过程中需要在舞台上显示多个帧的效果来对对象进行定位和编辑时，就需要使用绘图纸外观。在时间轴的右下角单击"绘图纸外观"按钮 ▢ ，同时播放头两侧显示范围标记 ▢ 和 ▢ ，用来指定变成透明显示的帧的范围。在范围标记上按住鼠标左键沿时间标尺向左或向右，即可放大或缩小透明显示的帧的范围。如果需要取消绘图纸外观，只要再次单击"绘图纸外观"按钮。在时间轴的右下角单击"绘图纸外观轮廓"按钮 ▢ ，所有透明显示的帧上的对象均以轮廓线显示。

3. 遮罩动画

遮罩动画主要是用遮罩层来制作的。遮罩动画的制作至少需要两个以上的图层，其中一个图层必然为遮罩层，被遮罩层可以有多个。遮罩层的作用是绘制一定的遮罩区域，通过遮罩区域可以看到下面被遮罩层的内容。

创造遮罩动画的步骤如下。

（1）创建一个普通图层，修改图层名称为"遮罩层"，在"遮罩层"图层上添加文字或绘制形状为未来遮罩效果的遮罩区域。

（2）在"遮罩层"图层下面添加一个普通图层，修改图层名称为"被遮罩层"，在"被遮罩层"图层上添加文字、绘制形状或插入元件实例。这里需要说明的是遮罩层应在被遮罩层之上，如果被遮罩层在遮罩层之上，则应选中被遮罩层按住鼠标左键将其拖到遮罩层之下。

（3）在"遮罩层"图层上单击鼠标右键选择"遮罩层"命令，将此层设置为遮罩层。遮罩设置成功后，遮罩层的图标变为 ▢ ，被遮罩层的图标变为 ▢ ，遮罩层和被遮罩层同时被锁定，并会显示遮罩后的效果。遮罩设置成功后，如果需要编辑修改遮罩层和被遮罩层上的内容，则需要先解除锁定。

如果需要取消遮罩效果，则在"遮罩层"图层上单击鼠标右键再次选择"遮罩层"命令将"遮罩层"命令前的选项勾去掉，此遮罩层就变为普通图层，遮罩层的图标由 ▨ 变为 ▢，被遮罩层的图标由 ▧ 变为 ▢。

4. 运动引导层动画

运动引导层动画主要是制作让指定对象沿指定的路径进行运动的轨迹动画。运动引导层动画的制作需要两个图层，其中一个图层为引导层，另一个图层为被引导层。引导层上绘制的是运动轨迹，运动轨迹是一条连续的平滑曲线。被引导层上放置的是要运动的元件实例对象。

（1）创建一个普通图层，修改图层名称为"对象层"，在"对象层"图层上第 1 帧添加要运动的元件实例。

（2）在"对象层"图层上单击鼠标右键选择"添加传统运动引导层"命令，在"对象层"图层上新添加一个引导层，引导层图标为 ⌒。在引导层上用绘图工具绘制一条连续的平滑曲线作运动轨迹。

（3）在"对象层"图层上的合适帧上插入关键帧，选中"对象层"图层的第一帧，将要运动的元件实例拖到运动轨迹曲线起点处。选中"对象层"图层的最后一帧，将要运动的元件实例拖到运动轨迹曲线终点处。在"对象层"图层的第一帧和最后一帧之间的任意一帧上单击鼠标右键，在弹出的快捷菜单中选择"创建传统补间"命令，创建补间动画。这样就制作出要运动的元件实例沿运动轨迹曲线运动的动画效果。

如果需要取消运动引导层动画效果，则在"引导层"图层上单击鼠标右键选择"引导层"命令将"引导层"命令前的选项勾去掉，此引导层就变为普通图层，引导层的图标由 ⌒ 变为 ▢。

5. 图层动画的案例制作

例 3-4 海底世界动画的制作

制作过程：

（1）启动 Adobe Flash CS6，新建一个文件，在菜单栏中选择【文件】|【新建】命令，从"新建文档"对话框中选择"ActionScript 2.0"，然后设置宽为 500 像素，高为 400 像素，单击"帧频"选项将 24fps 改为 6fps，设置背景颜色为#000099。

（2）在菜单栏中选择【文件】|【导入】|【导入到库】命令，在弹出的"导入到库"对话框中找到所需的背景图片素材"海底背景图.jpg"，选中图片文件单击"打开"按钮，将所需背景图片导入到库中。在时间轴中双击图层 1，修改图层名称为"背景"。选中"背景"图层的第 1 帧，将库中的"海底背景图"元件拖到舞台正中心。选中舞台上的"海底背景图"实例，单击属性面板修改"海底背景图"实例的宽为 500 像素，高为 400 像素，并将"海底背景图"实例适当移动覆盖舞台。

（3）在时间轴图层面板中单击左下角"新建图层"按钮，新建图层 2。双击图层 2，修改图层名称为"文字"。

① 在菜单栏中选择【插入】|【新建元件】命令，在打开的"新建元件"对话框中将名称改为"遮罩矩形"，类型为"图形"，单击"确定"按钮进入元件编辑窗口。

② 在"遮罩矩形"元件编辑窗口时间轴中双击图层 1，修改图层名称为"矩形"。在工具箱中选择矩形工具，单击颜色面板中的"颜色"按钮，打开"颜色"选项卡，修改颜色类型为"线性渐变"，添加颜色从左到右为#0EDEED、#FFFFFF、#0EDEED、#FFFFFF、#0EDEED、#FFFFFF、#0EDEED、#FFFFFF，调整从左到右每个颜色的 Alpha 值（即 A）为 100%、80%、96%、80%、

91%、80%、87%、80%，在舞台工作区中绘制一个长条矩形，如图 3-16 所示。

③ 在菜单栏中选择【插入】|【新建元件】命令，在打开的"新建元件"对话框中将名称改为"遮罩文字"，类型为"影片剪辑"，单击"确定"按钮进入元件编辑窗口。

④ 在"遮罩文字"元件编辑窗口时间轴中双击图层 1，修改图层名称为"字"。在工具箱中选择文本工具，单击属性面板修改字符系列为华文行楷，修改大小为 99，修改颜色为#95DEED，选中"字"图层的第 1 帧，在舞台工作区背景框内绘制文本输入区间，在文本框内输入"海底世界"。选中"字"图层的第 30 帧，按 F5 键插入帧。

⑤ 在"遮罩文字"元件编辑窗口时间轴图层面板中单击左下角"新建图层"按钮，新建图层 2。双击图层 2，修改图层名称为"阴影"。选中"字"图层的第 1 帧，在工具箱中选择"选择工具"，在舞台工作区中选中第一个"海底世界"字文本框，在第一个"海底世界"字文本框单击鼠标右键选择"复制"命令，之后选中"阴影"图层的第 1 帧在舞台工作区上单击鼠标右键选择"粘贴到当前位置"命令，在舞台上复制出第二个"海底世界"字。

⑥ 选中"阴影"图层的第 1 帧，在舞台工作区选中第二个"海底世界"字，单击属性面板修改字体颜色为#FFFFFF，修改第二个"海底世界"字为白色字。在舞台工作区选中第二个"海底世界"字，按两次【Ctrl+B】组合键将第二个"海底世界"字打散，在菜单栏中选择【修改】|【形状】|【柔化填充边缘】命令，在弹出的"柔化填充边缘"对话框中设置距离为 30 像素，步长数为 6，方向为扩展，如图 3-17 所示。

图 3-16　渐变色设置

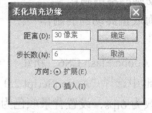

图 3-17　柔化填充边缘设置

⑦ 在"遮罩文字"元件编辑窗口时间轴图层面板中选中"阴影"图层，按住鼠标左键将其向下拖动，移到"字"图层之下。制作出闪光效果的文字效果，如图 3-18 所示。

⑧ 在"遮罩文字"元件编辑窗口时间轴图层面板中单击左下角"新建图层"按钮，新建图层 3。双击图层 3，修改图层名称为"遮罩"。选中"遮罩"图层的第 1 帧，将库中的"遮罩矩形"元件拖到舞台正中心，调整大小使其完全覆盖"字"图层的"海底世界"字，并且使"遮罩矩形"元件的右边与"海底世界"字右对齐。选中"遮罩"图层的第 30 帧，按 F6 键插入关键帧。选中"遮罩"图层的第 30 帧，在舞台工作区内选中"遮罩矩形"元件使用右方向键水平向右移动一段距离，直至使"遮罩矩形"元件的左边与"海底世界"字左对齐。在"遮罩"图层的第 1～30 帧之间的任意一帧上单击鼠标右键，在弹出的快捷菜单中选择"创建传统补间"命令，创建补间动画。

⑨ 在"遮罩文字"元件编辑窗口时间轴图层面板中选中"遮罩"图层，按住鼠标左键将其向下拖动，移到"字"图层之下。选中"字"图层，在"字"图层上单击鼠标右键，在弹出的快捷菜单中选择"遮罩层"命令，创建遮罩动画，如图 3-19 所示。

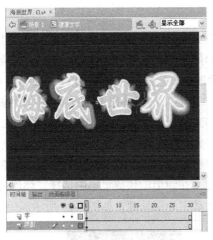

图 3-18 文字阴影的添加

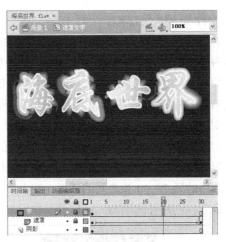

图 3-19 遮罩文字的制作界面

⑩ 返回场景 1，选中"文字"图层的第 1 帧，将库中的"遮罩文字"元件拖出放置到舞台工作区的合适位置上，并用任意变形工具将其适当变形调整为合适大小。

（4）在时间轴图层面板中单击左下角"新建图层"按钮，新建图层 3。双击图层 3，修改图层名称为"泡泡动"。

① 在菜单栏中选择【插入】|【新建元件】命令，在打开的"新建元件"对话框中将名称改为"水泡"，类型为"图形"，单击"确定"按钮进入元件编辑窗口。

② 在"水泡"元件编辑窗口时间轴中双击图层 1，修改图层名称为"水泡"。选中"水泡"图层的第 1 帧，在工具箱中选择椭圆工具，单击属性面板修改笔触颜色为#FFFFFF，Alpha 值为 60%，填充颜色为#FFFFFF，单击颜色面板中的"颜色"按钮，打开"颜色"选项卡，修改颜色类型为"径向渐变"，添加颜色左边为#FFFFFF 并调整 Alpha 值（即 A）为 30%，右边为#FFFFFF 并调整 Alpha 值（即 A）为 0%，在舞台工作区中心点处按住【Shift+Alt】键绘制一个正圆作为水泡。

③ 在"水泡"元件编辑窗口时间轴图层面板中单击左下角"新建图层"按钮，新建图层 2。双击图层 2，修改图层名称为"亮影"。选中"亮影"图层的第 1 帧，在工具箱中选择椭圆工具，单击属性面板修改填充颜色为#FFFFFF，Alpha 值为 60%，在水泡内部顶端处按住 Shift 键绘制一个小一些的正圆作为亮影。选中"亮影"圆在菜单栏中选择【修改】|【形状】|【柔化填充边缘】命令，在弹出的"柔化填充边缘"对话框中设置距离为 20 像素，步长数为 5，方向为扩展，如图 3-20 所示。

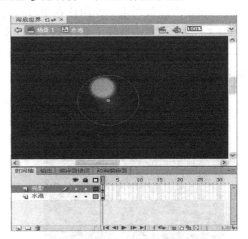

图 3-20 水泡的制作界面

④ 在菜单栏中选择【插入】|【新建元件】命令，在打开的"新建元件"对话框中将名称改为"水泡动"，类型为"影片剪辑"，单击"确定"按钮进入元件编辑窗口。

⑤ 在"水泡动"元件编辑窗口时间轴中双击图层 1，修改图层名称为"泡泡"。选中"泡泡"图层的第 1 帧，将库中的"水泡"元件拖到舞台下方，并调整大小。选中"泡泡"图层的第 60

帧，按 F6 键插入关键帧。

⑥ 在"水泡动"元件编辑窗口时间轴图层面板中选中"泡泡"图层，在"泡泡"图层上单击鼠标右键，在弹出的快捷菜单中选择"添加传统运动引导层"命令，创建引导层。选中"引导层"图层的第 1 帧，在工具箱中选择铅笔工具，单击属性面板修改笔触颜色为#FFFFFF，大小为 6，在工具箱右下角单击"铅笔模式"按钮选择平滑，在舞台工作区上一笔画出不间断水泡上浮的路线。

⑦ 在"水泡动"元件编辑窗口时间轴图层面板中选中"泡泡"图层，选中"泡泡"图层的第 1 帧，将库中的"水泡"元件拖到水泡上浮的路线下方端点处，如图 3-21 所示。选中"泡泡"图层的第 60 帧，将库中的"水泡"元件拖到水泡上浮的路线上方端点处，如图 3-22 所示。在"泡泡"图层的第 1～60 帧之间的任意一帧上单击鼠标右键，在弹出的快捷菜单中选择"创建传统补间"命令，创建补间动画。这样就制作出水泡上浮的运动引导层动画，如图 3-23 所示。

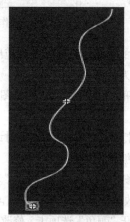 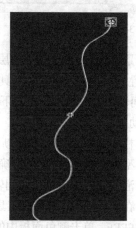

图 3-21　水泡在路线下方端点处　　　　　　　图 3-22　水泡在路线上方端点处

⑧ 返回场景 1，选中"泡泡动"图层的第 1 帧，将库中的"水泡动"元件拖出五个放置到舞台工作区的合适位置上，并用任意变形工具将其适当变形调整为合适大小。

（5）在菜单栏中选择【文件】|【保存】命令，在"另存为"对话框中修改文件名为"海底世界.fla"，在菜单栏中选择【控制】|【测试影片】|【测试】命令或按【Ctrl+Enter】组合键测试动画，制作出的动画效果如图 3-24 所示。

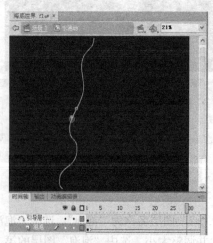 

图 3-23　水泡动制作界面　　　　　　　　　图 3-24　海底世界的最后效果

3.3.5 交互式动画

1. 动作脚本简介

交互式动画是指在动画作品播放时支持事件响应和交互功能的一种动画，也就是说，动画播放时可以接受某种控制。这种控制可以是动画播放者的某种操作，也可以是在动画制作时预先准备的操作。这种交互性提供了观众参与和控制动画播放内容的手段，使观众由被动接受变为主动选择。最典型的交互式动画就是 FLASH 动画，观看者可以用鼠标或键盘对动画的播放进行控制。

ActionScript 是 Adobe 公司为其 Flash 产品开发的，最初是一种简单的面向对象的脚本语言，现在的最新版本 3.0，是一种完全的面向对象的编程语言，功能强大，类库丰富，语法类似 JavaScript，多用于 Flash 互动性、娱乐性、实用性开发，以及网页制作和 RIA 应用程序开发。ActionScript 通常以关键帧、影片剪辑元件、按钮元件为对象添加动作脚本语句进行程序设计，通过触发事件来实现交互功能。同其他编程语言相似，ActionScript 动作脚本也有语法规则，使用固定的标点符号，按语法规则将各个语句组织在一起，例如在动作脚本中的每一条语句要以分号结尾。

2. 按钮

Flash 影片的制作中有一强大的功能即强大的交互功能，Flash 影片的交互功能就是通过按钮元件实现的。按钮元件与单一的静止图片不同，用户可以通过按钮元件实现鼠标单击或滑过的响应。按钮元件只有四帧，代表着四种状态：弹起、指针经过、按下和点击。按钮元件可以根据每一状态做出相应的响应，包括显示状态下的图像和动画、响应鼠标的动作和执行指定的行为。

（1）创建按钮元件

在菜单栏中选择【插入】|【新建元件】命令或按【Ctrl+F8】组合键或单击库面板底部的"新建元件"按钮或在库面板上单击鼠标右键选择"新建元件"命令，在打开的"新建元件"对话框中修改元件名称，指定元件的类型为"按钮"，单击"确定"按钮进入按钮元件编辑窗口。

在按钮元件编辑窗口的时间轴上总共有 4 帧，可以在这 4 帧上创建关键帧，用来标记按钮的四种不同状态：弹起、指针经过、按下和点击。

① 弹起帧：当鼠标指针没有移动到按钮上时，按钮处于正常的弹起状态。

② 指针经过帧：当鼠标指针移动到按钮上，但是没有按下鼠标左键时，按钮处于指针经过状态。

③ 按下帧：当鼠标指针移动到按钮上，并且按下鼠标左键时，按钮处于按下状态。

④ 点击帧：用于定义对鼠标左键单击做出反应的触发范围，这个反应触发范围在影片中是不可见的。反应触发范围是对鼠标的感知范围，只有当鼠标进入到点击帧上定义的反应触发范围内才能有鼠标指向响应。通常情况下点击帧不需要专门定义，用户在前 3 帧内设置的按钮区域就会作为按钮的反应触发范围。

按钮元件的弹起帧、指针经过帧、按下帧和点击帧上都可以利用各种绘图工具绘制图形或用文本工具创建文字，还可以是插入已有的图形元件或影片剪辑元件，但是就是不能在一个按钮元件中放入另一个已有的按钮元件。

一个按钮元件创建后可以在舞台上创建多个按钮元件实例。在对按钮元件进行修改后，舞台上的该按钮元件的所有按钮元件实例都对应发生了相应的修改。

（2）编辑按钮元件

在库面板上双击按钮元件名称或在编辑栏中单击"编辑元件"按钮，在弹出的列表中选择按钮元件名称或在舞台上双击按钮元件的实例都可以进入按钮元件编辑窗口，之后在时间轴选中要修改的帧并且同时修改其上的内容。

（3）创建按钮元件实例

按钮元件实例是将按钮元件从库中拖出到舞台上创建一个引用，一个按钮元件在舞台上可以有多个按钮元件实例。每一个按钮元件实例都有自己独立的实例属性，如位置、大小、色彩效果、亮度、色调、透明度等。当需要设置每一个按钮元件实例属性时，可以先在舞台工作区上选中按钮元件实例，之后在属性面板上相应选项中进行设置。但是改变按钮元件实例的外观属性后，库中相应的按钮元件并没有发生任何改变。

3. 交互式动画的案例制作

例 3-5　可控制的图片切换动画的制作

制作过程：

（1）启动 Adobe Flash CS6，新建一个文件，在菜单栏中选择【文件】|【新建】命令，从"新建文档"对话框中选择"ActionScript 2.0"，然后设置宽为 800 像素，高为 600 像素，单击"帧频"选项将 24fps 改为 6fps。

（2）在菜单栏中选择【文件】|【导入】|【导入到库】命令，在弹出的"导入到库"对话框中找到所需的背景图片素材"图片框.jpg"，选中图片文件单击"打开"按钮，将所需背景图片导入到库中。在时间轴中双击图层 1，修改图层名称为"背景"。选中"背景"图层的第 1 帧，将库中的"图片框"元件拖到舞台正中心。选中舞台上的"图片框"实例，单击属性面板修改"图片框"实例的宽为 800 像素，高为 600 像素，并将"图片框"实例适当移动覆盖舞台。选中"背景"图层的第 20 帧，按 F5 键插入帧。

（3）在菜单栏中选择【文件】|【导入】|【导入到库】命令，在弹出的"导入到库"对话框中找到所需的背景图片素材"图片 1.jpg"、"图片 2.jpg"、"图片 3.jpg"、"图片 4.jpg"、"图片 5.jpg"，选中图片文件单击"打开"按钮，将所需图片导入到库中。

① 在菜单栏中选择【插入】|【新建元件】命令，在打开的"新建元件"对话框中将名称改为"图片 1"，类型为"图形"，单击"确定"按钮进入元件编辑窗口。在"图片 1"元件编辑窗口时间轴中双击图层 1，修改图层名称为"图片"。选中"图片"图层的第 1 帧，将库中的"图片 1"元件拖到舞台正中心。

② 在"图片 1"元件编辑窗口时间轴图层面板中单击左下角"新建图层"按钮，新建图层 2。双击图层 2，修改图层名称为"遮罩星"。选中"遮罩星"图层的第 1 帧，在工具箱中选择多角星形工具，单击属性面板修改笔触改为无，填充颜色为#FFFF33，在"工具设置"选项卡中单击"选项"按钮，打开"工具设置"对话框，样式修改为"星形"，边数为 5，星形顶点大小为 0.8。在图片的右边位置按住 Shift 键绘制一个五角星。

③ 在"遮罩文字"元件编辑窗口时间轴图层面板选中"遮罩星"图层，在"遮罩星"图层上单击鼠标右键，在弹出的快捷菜单中选择"遮罩层"命令，创建遮罩动画，如图 3-25 所示。

④ 返回场景 1，用同样的方法将"图片 2.jpg"、"图片 3.jpg"、"图片 4.jpg"、"图片 5. jpg"制作成有遮罩效果的图形元件，即"图片 2"元件、"图片 3"元件、"图片 4"元件、"图片 5"元件。

（4）在时间轴图层面板中单击左下角"新建图层"按钮，新建图层 2。双击图层 2，修改图层名称为"图片 1"。

① 返回场景 1，选中"图片 1"图层的第 1 帧，将库中的"图片 1"元件拖出舞台工作区最左边合适位置上，在工具箱中选择任意变形工具，并将"图片 1"实例适当变形调整为合适大小。

选中"图片 1"图层的第 20 帧，按 F6 键插入关键帧。

② 选中"图片 1"图层的第 1 帧，在舞台工作区中选中"图片 1"实例，单击属性面板中色彩效果选项，在其中的样式下拉列表框中选择 Alpha，并调整 Alpha 值为 0%。在"图片 1"图层的第 1～20 帧之间的任意一帧上单击鼠标右键，在弹出的快捷菜单中选择"创建传统补间"命令，创建补间动画。

③ 选中"图片 1"图层的第 20 帧上单击鼠标右键，在弹出的快捷菜单中选择"动作"命令，打开"动作"窗口，在"动作"窗口中输入代码"stop();"（注意：此处输入的代码和符号均应在英文状态下输入），如图 3-26 所示。这样在"图片 1"图层的第 1～20 帧之间就制作出图片 1 淡入并停止的动画效果。

图 3-25　图片遮罩效果制作界面

图 3-26　为帧输入停止代码

（5）在时间轴图层面板中单击左下角"新建图层"按钮，新建图层 3。双击图层 3，修改图层名称为"图片 2"。

① 选中"图片 2"图层的第 21 帧上单击鼠标右键，在弹出的快捷菜单中选择"插入空白关键帧"命令，使第 21 帧转化为空白关键帧。按住 Shift 键选中"图片 1"图层的第 1 帧到第 20 帧，在帧上单击鼠标右键选择"复制帧"命令，之后在"图片 2"图层上第 21 帧上单击鼠标右键选择"粘贴帧"命令。

② 选中"图片 2"图层的第 21 帧，在舞台工作区中选中"图片 1"实例单击属性面板的"交换"按钮打开"交换元件"对话框。在"交换元件"对话框中选中"图片 2"元件，单击"确定"按钮。选中"图片 2"图层的第 40 帧，在舞台工作区中选中"图片 1"实例单击属性面板的"交换"按钮打开"交换元件"对话框。在"交换元件"对话框中选中"图片 2"元件，单击"确定"按钮。这样在"图片 2"图层的第 21～40 帧之间就制作出图片 2 淡入并停止的动画效果。

③ 使用同样的方法插入新图层"图片 3"，在"图片 3"图层的第 41～60 帧之间就制作出图片 3 淡入并停止的动画效果；插入新图层"图片 4"，在"图片 4"图层的第 61～80 帧之间就制作出图片 4 淡入并停止的动画效果；插入新图层"图片 5"，在"图片 5"图层的第 81～100 帧之间就制作出图片 5 淡入并停止的动画效果。

④ 在时间轴中选中"背景"图层的第 100 帧，按 F5 键插入帧，如图 3-27 所示。

（6）在时间轴图层面板中单击左下角"新建图层"按钮，新建图层 7。双击图层 7，修改图层名称为"按钮"。

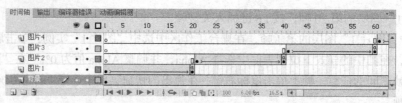

图 3-27　制作图片淡入并停止的动画

① 在菜单栏中选择【插入】|【新建元件】命令，在打开的"新建元件"对话框中将名称改为"按钮 1"，类型为"按钮"，单击"确定"按钮进入元件编辑窗口。

② 在"按钮 1"元件编辑窗口时间轴中双击图层 1，修改图层名称为"底图"。选中"底图"图层的"弹起"帧，工具箱中选择多角星形工具，单击属性面板修改笔触颜色为无，填充颜色为#F7EC09，单击颜色面板中的"颜色"按钮，打开"颜色"选项卡，修改颜色类型为"径向渐变"，添加颜色左边为#F7EC09 并调整 Alpha 值（即 A）为 100%，右边为#F7EC09 并调整 Alpha 值（即 A）为 0%，在"工具设置"选项卡中单击"选项"按钮，打开"工具设置"对话框，样式修改为"星形"，边数为 5，星形顶点大小为 0.8。在舞台工作区按住 Shift 键绘制一个五角星。选中"底图"图层的"点击"帧，按 F5 键插入帧。

③ 在"按钮 1"元件编辑窗口时间轴图层面板中单击左下角"新建图层"按钮，新建图层 2。双击图层 2，修改图层名称为"数字"。在工具箱中选择文本工具，单击属性面板修改字符系列为 Arial Black，修改大小为 33，修改颜色为#FFFF00，选中"数字"图层的"弹起"帧，在舞台工作区五角星内绘制文本输入区间，在文本框内输入"1"。选中"数字"图层的"点击"帧，按 F5 键插入帧，如图 3-28 所示。

④ 在库面板中选中"按钮 1"元件，在"按钮 1"元件上单击鼠标右键，在弹出的快捷菜单中选择"直接复制"命令，在打开的"直接复制元件"对话框中将名称改为"按钮2"，类型为"按钮"，单击"确定"按钮。

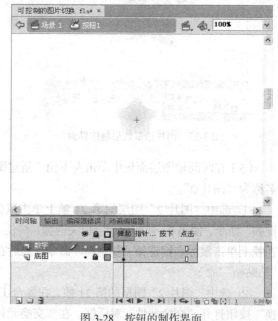

图 3-28　按钮的制作界面

⑤ 在库面板中双击"按钮 2"元件，打开在"按钮 2"元件编辑窗口。在"按钮 2"元件编辑窗口时间轴图层面板中选中"数字"图层的"弹起"帧，在舞台工作区中心点双击"1"字文本框，将"1"改为"2"。

⑥ 同理，直接复制"按钮"1元件，之后进行修改制作出"按钮 3"元件、"按钮 4"元件、"按钮 5"元件，如图 3-29 所示。

⑦ 返回场景 1，选中"按钮"图层的第 1 帧，将库中的"按钮 1"元件、"按钮 2"元件、"按钮 3"元件、"按钮 4"元件、"按钮 5"元件拖出放置到舞台工作区合适的位置上。

⑧ 选中"按钮"图层的第 1 帧，在舞台工作区选中"按钮 1"实例上单击鼠标右键，在弹出的快捷菜单中选择"动作"命令，打开"动作"窗口，在"动作"窗口中输入代码如图 3-30 所示：

```
on(release){gotoAndPlay(1);}
```

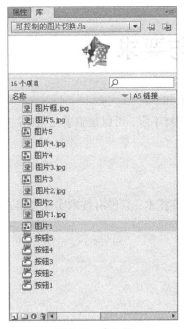

图 3-29　库面板

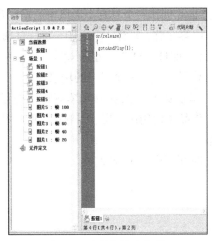

图 3-30　为按钮输入代码

⑨　参照按钮 1 添加动作代码的方法，分别给其他四个按钮上添加相同的动作代码。

"按钮 2" 代码: on(release){gotoAndPlay(21);}

"按钮 3" 代码: on(release){gotoAndPlay(41);}

"按钮 4" 代码: on(release){gotoAndPlay(61);}

"按钮 5" 代码: on(release){gotoAndPlay(81);}

选中 "按钮" 图层的第 100 帧，按 F5 键插入帧，如图 3-31 所示。

（7）在菜单栏中选择【文件】|【保存】命令，在 "另存为" 对话框中修改文件名为 "可控制的图片切换.fla"，在菜单栏中选择【控制】|【测试影片】|【测试】命令或按【Ctrl+Enter】组合键测试动画，制作出的动画效果如图 3-32 所示。

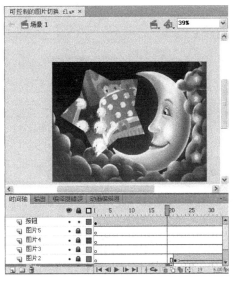

图 3-31　可控制的图片切换制作界面

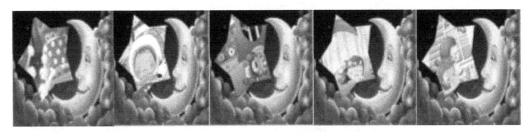

图 3-32　可控制的图片切换动画效果

3.4 实验内容与要求

用 Flash 创作一个具有个人风格的动画作品。具体要求如下：

1. 内容完整，要有一个主题。题目自选，作品类型、题材不限，可以是叙事完整的故事短片、广告短片、课件、MTV、小游戏等。

2. 作品必须有两个以上的场景。

3. 作品要使用 Flash 按钮实现控制交互功能。

4. 作品要使用遮罩层、引导层、形状补间、动作补间等技术，且没有技术实现错误，补间应用合理。

5. 时间不少于 1 分钟。

第4章
视频数据制作

4.1 视频编辑基础

4.1.1 模拟视频与数字视频

视觉是人类感知外部世界的一个最重要的途径,人类接收的信息约有70%来自视觉,其中视频影像是承载信息量最丰富、直观、生动、高效的一种媒体,在多媒体技术应用中占有举足轻重的地位。

根据视频信号的组成与存储方式的不同,视频可分为两种:模拟视频和数字视频。

1. 模拟视频

由连续的模拟信号组成、存储并传输的视频叫模拟视频。我们所看的电影、电视以及录像中的画面和伴音都是以模拟电信号方式记录的,都属于模拟视频范畴。

目前国际上模拟视频通用的标准有三种:PAL制、NTSC制和SECAM制。中国和大部分欧洲国家使用的是PAL制,美国、加拿大、日本及韩国等国家使用的是NTSC制,而法国及部分非洲地区使用的是SECAM制,部分国家还存在多种标准。这三种广播电视标准的对比如表4-1所示。

表4-1　　　　　　　　　　　　三种广播电视标准的对比

视频制式	帧速率	垂直分辨率	颜色模式	特点
NTSC制	29.97帧/秒	525	YIQ	视频输出电路简单,但相位易失真,色彩不稳
PAL制	25帧/秒	625	YUV	克服了相位敏感引起的失真,但编/解码电路复杂,接收机造价高
SECAM制	25帧/秒	625	YUV	抗干扰能力强,彩色效果好,但兼容性差

2. 数字视频

数字视频是将传统的模拟视频转换为计算机可以处理的信号形式而记录的视频。和模拟视频相比,数字视频在产生方式、存储方式和播出方式等方面有其独特的优势,例如,使用数码摄像机可以直接获取数字视频信号;数字视频信号可以在磁盘、光盘和各种存储卡上存储;便于非线性电视编辑,再现性好,抗干扰能力强,利于网络上传输、检索和播放等。

数字视频尚无统一的国际标准,在目前的应用中,常用的有标清和高清两种定义。

（1）标清

标清是指视频的垂直分辨率为 720 线以下的视频格式，简称为 DV（Digital Video，数字视频）。不同的设备具有不同的压缩类型，因而对应着不同的 DV 格式。

表 4-2 列出了部分常用 DV 格式的基本参数。

表 4-2 常用 DV 格式的参数对照

DV 格式	帧速率	画面大小	帧宽高比	像素宽高比	扫描方式	音频设置
DV-24P	23.976 帧/秒	720×480	标准 4：3 宽屏 16：9	标准 0.9 宽屏 1.2	逐行	有 48kHz（16 位）和 32kHz（12 位）两种模式
DV-NTSC	29.97 帧/秒	720×480	标准 4：3 宽屏 16：9	标准 0.9 宽屏 1.2	隔行	有 48kHz（16 位）和 32kHz（12 位）两种模式
DV-PAL	25 帧/秒	720×576	标准 4：3 宽屏 16：9	标准 0.9 宽屏 1.2	隔行	有 48kHz（16 位）和 32kHz（12 位）两种模式

（2）高清

高清是指视频的垂直分辨率为 720 线以上的视频格式，简称为 HD（High Definition，高分辨率）。高清视频格式也有很多种，通常在这些格式的名称中就包含了垂直分辨率、扫描方式和帧速率的信息。例如，"HDV 1080p24" 代表的是一种垂直分辨率为 1080、逐行扫描、帧速率为 23.976 帧/秒的高清视频，而 "HDV 1080i25" 代表的则是一种垂直分辨率为 1080、隔行扫描、帧速率为 25 帧/秒的高清视频。

4.1.2　数字视频的编辑方式

1. 线性编辑与非线性编辑

按照视频信息存储方式的不同，可将视频编辑分为线性编辑和非线性编辑两种方式。

（1）线性编辑

对记录在磁带上的模拟视频信号进行编辑的方式称作线性编辑。传统的电视编辑就属于线性编辑，这种编辑方式技术比较成熟，操作也比较简单。但由于记录在磁带上的素材是按时间顺序排列的，编辑工作只能顺序进行，如果想在录制好的节目中修改某段素材，就要严格按照预留的时间、长度进行替换，而删除、缩短或加长该段素材是无法实现的，除非将那段素材及之后的内容抹去重录。

（2）非线性编辑

对记录在硬盘、光盘及存储卡上的数字视频信号进行编辑的方式称为非线性编辑。由于数字存储介质中保存的所有素材都可按对应的地址直接存取，与素材排列的顺序无关，因而，我们可以对存储介质中的任意素材随时调用或修改，而且插入内容时也不需要重录，更重要的是这种编辑方式还可以处理文字、图形、图像、动画和声音等多种媒体素材，极大地丰富了影视制作手段。

2. 数字合成

数字合成是指通过各种操作将两个或两个以上的视频素材拼合成一个单独素材的过程。从处理内容的角度来说，数字合成包含了画面内调整、不同画面的拼合、添加文字动画以及添加特技效果等处理过程。

数字合成过程包含着许多技术手段，也涵盖了许多艺术方面的规律。

从发展的角度看，数字媒体的非线性编辑将具有数字编辑与数字合成双重含义，二者和谐统一，在数字视频后期处理中发挥着各自的优势与特长。

3. 非线性编辑系统

能够对视频、音频信号进行采集、重放、处理和编辑的计算机系统称为非线性编辑系统，它是计算机技术与数字视频处理技术相结合的产物，主要由多媒体硬件设备及相应的专用软件组成。

从硬件组成看，非线性编辑系统主要包括计算机主机、音视/频卡、IEEE1394 卡、存储设备、显示设备以及外围输入、输出设备等。其中 IEEE1394 卡是连接高速硬盘和高档数字录像机的接口，其作用是把数字视频数据传输到 PC 的硬盘里。音/视频卡是非线性编辑系统的关键部件，其作用是完成音/视频信号的实时采集、压缩、解压缩、播放、数字特技变换等处理。在非线性编辑系统中，编辑的对象是海量的音/视频数据，一般的数据存储量都在 10GB 以上。因此，要求系统的数据传输率高，硬盘容量大且性能优，SATA（Serial ATA，串口设备）硬盘以其速度高、容量大、纠错能力强等优点而成为目前应用中的首选。显示设备是人机交互的重要窗口，一般质量较好的非线性编辑系统都有双屏显示功能，一个屏幕显示编辑素材，一个屏幕显示编辑制作窗口，显示器的大小都在 17 英寸以上。非线性编辑系统中的外部设备主要由录/放像机、DVD、VCD、CD 等音视频设备组成。

从软件组成看，非线性编辑软件主要包括素材加工软件和非线性编辑软件。在视频制作中，获取到的素材可以是图像、声音、动画和视频等多种形式，可用相应的编辑软件进行加工处理。对于加工好的图像、声音、动画和视频素材，可运用非线性编辑软件进行重组、编排，从而创作出绚丽多彩的视频作品。

随着计算机硬件性能的提高，视频编辑软件在非线性编辑过程中的主体作用日益突出。现在的非线性编辑软件大多集录制、剪辑、特技、字幕、动画等多种功能于一身，从而大大减少了传统编辑系统的硬件及其连线数量，工作效率高、故障率低，利于网络共享和多系统协作编辑，已成为影视节目编辑和家庭 DV 制作的重要工具。

4.1.3 数字视频的制作基础

视频编辑实质上就是将素材画面及视频片段进行组接的再创作过程，要使视频作品具有艺术性和观赏性，就需要掌握一些影视制作的基本知识和一般规律，以制作出符合人们的思维逻辑和审美需求的作品。

1. 镜头

从技术角度讲，镜头是指摄影机上的光学透镜组，而在视频创作中镜头是指两个剪切点之间的一段画面。

按照拍摄焦距的不同，镜头可以分为远景、全景、中景、近景、特写等，它们的特点和应用场合分述如下。

远景：视野最远的景别，主要用于介绍环境背景、渲染气氛。一般的影视节目起始于远景，也结束于远景。

全景：包含了被拍摄对象全貌和周围环境的景别，主要用于表现人物动作及其与环境的关系。

中景：画面的注意力引向人和物、环境空间较小的景别，主要用于表现人和物的形象和特征。

近景：画面的注意力引向人和物的主要部分，主要用于表现主体的细节或人物面目表情及情感变化。

特写：画面集中到人和物的局部，以产生视觉冲击、强迫注意效果，用于表达人物的心理活动和情绪特点。

按照拍摄过程中的运动方式来分，镜头又有推、拉、摇、移、跟及升/降等形式。

推镜头：指摄像机朝着视觉目标推进的一种拍摄方式。推镜头表现的是一种由远及近的过程，这种运动变化可以表现整体与局部、客观环境与主体人物之间的关系，以实现突出主体、突出重要情节的作用。

拉镜头：指摄像机远离视觉目标的一种拍摄方式。拉镜头表现的是一种由近及远的过程，这种运动变化通常用来表现主体对象离开场景的画面效果。

摇镜头：指摄像机的角度发生变化的一种拍摄方式。摇镜头的表现效果犹如人们转动头部环顾四周或将视线由一点移向另一点的视觉感觉，这种运动变化通常用来表现对主体规模进行展示或对主体环境进行巡视的画面效果。

移镜头：指摄像机沿水平方向移动的一种拍摄方式。移镜头的表现效果犹如人们在各种交通工具上及行走时的视觉体验，这种运动变化与摇镜头类似，都是用来表现场景中的主体与周围环境之间的关系。

跟镜头：指摄像机始终跟随一个运动主体的一种拍摄方式。跟镜头能够连续而详尽地表现运动中的被摄主体，既能突出主体，又能交待主体运动方向、速度、体态及其与环境的关系。

升/降镜头：指摄像机沿垂直方向移动的一种拍摄方式。这种镜头通常用于表现高大物体的各个局部或纵深空间中的点面关系，以展示事件或场面的规模、气势和氛围。

此外，镜头运动的快慢不同也能表达出不同的视觉感受，慢速移动镜头，犹如悠然叙述，给观众以舒畅、自然、洒脱的感觉，也可以表现一种庄严、肃穆、沉痛的情绪。而快速移动镜头则利于表现明快、欢乐、兴奋、紧张、急促、慌乱的情绪，以产生强烈的震撼感和爆发感。

2. 镜头组接

所谓镜头组接，就是把一段片子的每一个镜头按照一定的顺序和手法连接起来，成为一个具有条理性和逻辑性的整体。

为了最大限度地表现节目的内涵，突出和强化拍摄主体的特征，增强艺术感染力，镜头在组接时要遵循以下规律。

（1）突出主题，合乎思维逻辑

在镜头的组接中不能单纯追求视觉习惯上的连续性，要符合生活和思维的逻辑规律，达到内容与形式的完美统一。

（2）景别变化要循序渐进

人们观察事物的习惯是先整体后局部渐进进行的，因此在镜头组接中，景别的变化不宜太剧烈，否则会让观众因跳跃太快而感到不知所云。通常，在全景后接中景与近景逐渐过渡，可让观众感到清晰、自然。

（3）镜头的运动遵循轴线规律

轴线规律是指在多个镜头的组接中，摄像机的位置应始终位于主体运动轴线上，以使不同镜头内的主体在运动时保持一致的运动规律。

（4）镜头之间遵循"动接动，静接静"的原则

当前一个镜头内的主体和后一个镜头内的主体都处于运动状态，且动作较为连贯时，可以将这两个镜头组接到一起，这就是"动接动"。而当两个镜头内的主体运动不连贯，或者它们的画面之间有停顿时，就不能直接组接了。通常是在前一个镜头的主体完成一套动作而落幅后，再组接第二个镜头，而且要求第二个镜头是从静止开始的运动画面，以表现出顺畅而自然的视觉感，这种镜头的组接方式叫"静接静"。对于运动镜头和固定镜头的相互组接也要遵循"静接静"的原则。

（5）光线、色调的过渡要自然

两相邻镜头的光线与色调不能相差过大，否则会产生较大的视觉冲突，破坏对事件描述的连贯性，影响内容的通畅表达，转移观众的注意力，打乱观众的连贯性思维。

3. 镜头组接的技巧

按照所使用的编辑技巧，镜头在组接时可分为无技巧组接和有技巧组接两类。

无技巧组接是指不使用任何电子特技，直接运用镜头的自然过渡来连接镜头。这种方式需要创作者根据情节、内容的演变规律寻找合理的转换因素和恰当的造型元素，使镜头的衔接具有视觉的连贯性。例如，运用没有人物只有背景的空镜头去交代环境和氛围；运用展现人物或事物局部的特写镜头去吸引观众的注意力、规避镜头空间的跳跃感；合理地运用声音（如画外音）在听觉上给观众一种承上启下的感觉等。

有技巧组接是指用电子特技生成的过渡画面来实现镜头间的衔接。常用的技巧组接方式有显、隐、化、划等方法。

显：又称为淡入、渐显，是指画面在全黑（或空白）中逐渐显现的一种过渡方式。常用于段落或全片的开始镜头。

隐：又称为淡出、渐隐，是指画面逐渐隐退直至完全消失的一种过渡方式。常用于段落或全片的结束镜头。

化：又称为叠化，是指相邻两镜头在某一段时间内相互渐隐渐现的一种过渡方式。常用于弥补前后两个镜头直接组接不畅而引起的跳跃感。

划：又称为划像，是指前一个镜头从一个方向退出，后一个镜头随之出现的一种过渡方式。常用于营造时空的快速转变，在短时间内展现多种内容，产生紧凑、明快的视觉效果。

除了以上镜头组接方式外，非线性编辑软件还提供了大量的特技样式，如翻页、变焦、多画屏分割等，大大拓宽了视频特技的表现手段，为创作绚丽夺目的视频作品提供了技术保障。

4.1.4 数字视频的非线性编辑流程

在非线性编辑系统上制作数字视频，无外乎输入、编辑和输出三个基本过程。

1. 素材的采集与输入

素材的采集是指利用相应的硬件和软件将模拟音/视频信号转换成数字信号并存储到计算机中的过程。一般地，当视频采集卡正确安装后，可以利用非线性编辑软件自带的采集程序进行采集，成为可进一步编辑处理的素材。

素材的输入是指将采集到的视频素材和用其他软件编辑过的素材导入非线性编辑界面的过程。非线性编辑软件可输入的素材种类很丰富，包括图形、图像、声音、动画、视频片段和字幕等。

2. 素材的编辑与处理

素材的编辑是指对输入到非线性编辑界面中的素材进行剪辑、排列和衔接的操作，一般的非线性编辑软件都提供了设置素材入点和出点的操作工具，便于创作者选择最合适的素材片段，以使画面衔接得体，连贯而流畅。在非线性编辑软件中还提供了丰富的特效和动画设置工具，帮助创作者进一步加工素材，获得最完美的处理效果。

3. 视频的渲染与输出

将处理好的视频素材及特效融合到影片中使之成为最终的播放效果，这个过程就是渲染。经渲染的视频文件可以采用不同的格式输出，既可发布到网上，也可刻录成 VCD 或 DVD。

4.2 常用的视频制作软件

视频后期制作软件分为四类：视频采集软件、视频编辑软件、视频转码软件和刻录软件。虽然许多软件已经将多种功能融为一体，但是每一种软件的优势不同，各有特点。

4.2.1 视频采集与编辑软件

1. Movie Maker

Movie Maker 是 Windows XP 自带的一种免费的入门级视频编辑软件。它拥有一套完整的视频采集、非线性编辑和输出系统，提供了转场、特效和字幕等最基本的编辑功能，但可供选择的效果较少，视频输出格式也比较单一。

2. Ulead Video Studio（会声会影）

Ulead Video Studio 会声会影是台湾友立公司出品的一款视频编辑软件。该软件操作简便、功能完备，提供了捕获、剪接、转场、特效、覆叠、字幕和配乐等 100 多种编辑功能和效果，可弹性缩放剪辑时间轴，支持多种输入格式，尤其是 Flash 文件输入、Flash 透明覆叠、手机与 PDA（Personal Digital Assistant，掌上电脑）影片格式支持，因而受到广大业余 DV 爱好者的青睐。但该软件耗用系统资源较大，系统要求的配置较高，在视、音频轨道层数上和专业软件相比还有一定差距。

3. Vegas

Vegas 是索尼公司推出的半专业性视频编辑软件。它提供了全面的 HDV、SD/HD-SDI 采集功能，可对视频素材进行剪辑合成、添加特效、调整颜色、编辑字幕等操作，可以为视频素材添加音效、录制声音、处理噪声，以及生成杜比 5.1 环绕立体声，对于编辑好的视频还可以迅速输出为各种格式的影片、直接发布于网络、刻录成光盘或回录到磁带中。

4. Adobe Premiere

Premiere 是 Adobe 公司推出的专业性视频编辑软件。它提供了从硬件采集到多种输入/输出格式的强大功能，编辑环境与 Adobe 公司的其他产品可进行无缝连接，其超强的编辑能力与 Adobe After Effects 的特效和 Adobe Photoshop 的图像处理功能相结合，可实现广播品质的视频作品设计，广泛应用于电视台、广告制作、电影剪辑等领域，成为当今 PC 和 MAC 平台使用最多的视频编辑软件之一。

4.2.2 视频格式转换软件

视频格式转换的目的是将某种格式的视频文件转换为所需要的形式，以适应不同网络带宽的要求、不同编辑软件的输入要求和不同介质播放的需求。常用的视频格式转换软件有格式工厂、暴风转码、影音转码快车、视频转换大师等，它们的转换功能如表 4-3 所示。

表 4-3　　　　　　　　　　　　　常见视频格式转换软件的功能

转换软件名称	功能简介
格式工厂	可将所有类型的视频转换为 MP4、3GP、AVI、WMV、FLV、SWF 格式；可将所有类型的音频转换为 MP3、WMA、AMR、OGG、AAC、WAV 格式；可将所有类型的图片转换为 JPG、BMP、PNG、TIF、ICO、GIF、TGA 格式。转换过程中可修复某些损坏的视频文件；可自定义输出文件配置，如视频屏幕大小和帧数、音频采样率、添加字幕的字体与大小等；可多任务批量转换

续表

转换软件名称	功能简介
暴风转码	采用暴风影音的专业解码核心，将市场上所有流行的音/视频按照手机、MP4、PSP、电脑影片、我的设备等输出设备所支持的格式进行转换。操作简单，转换速度快，可实时预览
影音转码快车	实现各种音频视频格式间的相互转换；可将视频文件转换为手机、PDA、MP4 播放器、VCD/DVD 播放机等设备支持的格式；将无损音频或者高码率的有损音频转换为较低码率的有损音频；可多任务并行处理，进行批量转换
视频转换大师	可将所有类型的视频转换为 3GP、MP4、iPOD、PSP、AMV、ASF、WMV、PDA、DVD、SVCD、VCD、MPEG、RMVB、AVI、XVID、DIVX、MJPEG、H264、SWF、FLV、GIF、MOV、MKV 等格式，支持从视频中抽取各种音频并进行转换

4.2.3　刻录软件

刻录是指把编辑好的视频数据通过刻录机、刻录软件等工具刻制到光盘中的过程。刻录软件有很多，其功能涵盖了数据刻录、影音光盘制作、音乐光盘制作、音视频编辑、光盘备份与复制、CD/DVD 音视频提取、光盘擦拭等，常见的刻录软件及其功能如表 4-4 所示。

表 4-4　　　　　　　　　　　　　　　常见刻录软件的功能

刻录软件名称	功能简介
Nero	支持数据光盘、音频光盘、视频光盘、启动光盘、硬盘备份以及混合模式光盘刻录；支持 RM、RMVB、3GP、MP4、AVI、FLV、F4V、MPG、VOB、DAT、WMV、ASF、MOD、MKV、DV、MOV、TS、MTS 等格式的视频直接添加；可对视频片段进行截取、剪切黑边、调节效果、旋转画面等操作；可制作 DVD 菜单、添加电影字幕，支持添加电影 SRT 字幕；支持光盘擦拭
ONES 刻录精灵	支持数据光盘、音频光盘、视频光盘、启动光盘、硬盘备份以及混合模式光盘刻录；支持 RM、RMVB、3GP、MP4、AVI、FLV、F4V、MPG、VOB、DAT、WMV、ASF、MKV、DV、MOV、TS、MTS 等格式的视频直接添加；可对视频片段进行截取、剪切黑边、调节效果、旋转画面等操作；支持将多种格式的 2D 视频转换成 3D 立体效果视频。可制作 DVD 菜单，支持添加电影 SRT 字幕；支持光盘擦拭
光盘刻录大师	支持数据光盘、音频光盘、视频光盘、DVD 文件夹的刻录；可进行光盘复制、制作光盘映像、刻录光盘映像，并具有光盘擦除、查看光盘信息等功能；可进行视频编辑与转换，具有视频分割、视频文件截取、视频截图、视频合并的功能；可实现主流音频格式转换，具有音乐分割、音乐截取、音乐合并、iPhone 铃声制作等功能

4.3　Premiere Pro CS4 视频制作

Premiere Pro CS4 是 Adobe 公司 2008 年推出的一款视频编辑软件，其功能强大、易学易用，已成为数字视频作品创作的主要工具之一。

4.3.1　Premiere Pro CS4 对系统的要求

个人电脑从硬件架构上来说目前分为两大阵营，即 PC 与 Apple 电脑，它们所支持的操作系统分别是 Windows 系统和 Mac OS 系统。因此，在安装 Premiere Pro CS4 时要注意系统配置的最低要求。

1．Windows 系统

在 Windows 系统中安装 Premiere Pro CS4 的配置需求如下。

CPU：编辑普通 DV 需要 2GHz 或更快的处理器；编辑高清 HDV 需要 3.4GHz 处理器；编辑高清 HD 需要双核 2.8GHz 处理器。

操作系统：Windows XP/Windows Vista/Windows 7。

内存：编辑 DV 需要 1GB，编辑 HDV 和 HD 需要 2GB。

硬盘：10GB 以上的可用空间，编辑 DV 和 HDV 需要专用的 7200 转硬盘驱动器，编辑 HD 需要条带磁盘阵列存储 (RAID 0)；首选 SCSI 磁盘子系统。

显示器：1280×900 的分辨率，OpenGL 2.0 兼容图形卡。

2．Mac OS 系统

在 Mac OS 系统中安装 Premiere Pro CS4 的配置需求如下。

CPU：Intel 多核处理器。

操作系统：Mac OS X 10.4.11 ～10.5.4 版。

内存：编辑 DV 需要 1GB，编辑 HDV 和 HD 需要 2GB。

硬盘：10GB 以上的可用空间，编辑 DV 和 HDV 需要专用的 7200 转硬盘驱动器，编辑 HD 需要条带磁盘阵列存储 (RAID 0)；首选 SCSI 磁盘子系统。

显示器：1280×900 的分辨率，OpenGL 2.0 兼容图形卡。

4.3.2　Premiere Pro CS4 的启动与系统设置

启动 Premiere Pro CS4 的方法很简单，通常的方法有两种：一是单击任务栏的"开始"按钮，通过"所有程序"|"Adobe Premiere Pro CS4"的命令启动程序；二是双击桌面上 Adobe Premiere Pro CS4 程序的快捷图标 来启动程序。

Premiere Pro CS4 启动后的界面如图 4-1 所示，通过该界面可以进行新建项目的设置。单击"新建项目"按钮，可弹出如图 4-2 所示的对话框，在该对话框中可以设置新建项目的参数。其中包括新建项目的"名称"、该项目文件所处的"位置"、从摄像机设备中采集素材的"格式"、项目中音频和视频标尺单位的"显示格式"、素材在监视器中显示的"活动安全区域"和"字幕安全区域"。

图 4-1　Premiere Pro CS4 的启动界面

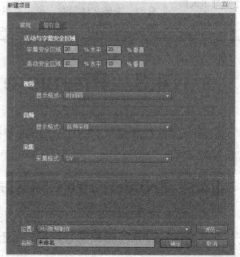

图 4-2　Premiere Pro CS4 的新建项目设置框

设置好新建项目的参数后，单击"确定"按钮，将弹出如图 4-3 所示的"新建序列"对话框。在默认的情况下，"新建序列"对话框中显示的是序列预制选项卡，在该选项卡中列出了各种序列的预设方案，单击一种方案，在界面的右侧会显示该方案的相关描述。如果希望自定义视频序列的参数，可在如图 4-4 所示"常规"选项卡中将"编辑模式"设置为"桌面编辑模式"后再进行设置。可设置或选择的参数包括新建序列的"序列名称"、视频播放的"时间基准"、视频画面的"大小"和"像素纵横比"、音频文件的"采样率"以及该序列中音频和视频标尺单位的"显示格式"等。在该选项卡中，还可以通过"视频预览"选项组中的"编码"下拉列表，选择预览 Microsoft AVI 视频文件时采用的编码方式。当勾选"最大位数深度"和"最高渲染品质"复选框时，会大大提高预览文件的质量。

图 4-3　序列预置选项卡

图 4-4　常规选项卡

此外，当切换到"轨道"选项卡时，还可以根据需要对该项目序列中的视频轨道数、音频主音轨的模式和音频轨道数进行设置。

4.3.3　Premiere Pro CS4 素材的获取

在运用 Premiere 进行视频编辑时，使用的素材有两大类：一是通过视频设备直接采集进来的音/视频素材，二是将已有的素材文件导入到 Premiere 中。

1．音/视频素材的采集

对于用数字摄像机拍摄的数字视频素材，可以通过配有 IEEE 1394 接口的视频采集卡直接采集到计算机中，视频采集硬件连接关系如图 4-5 所示。使用 Premiere Pro CS4 对数字摄像机中的素材进行采集的步骤如下。

（1）硬件准备

将装有录像带的摄像机（或录像机）通过 IEEE 1394 接口与电脑相连，将摄像机设置为放像状态。

（2）软件设置

启动 Premiere Pro CS4，新建项目中"采集格式"要根据摄像机的视频类型选择"DV"（或"HDV"）；在"新建序列"对话框中，在"序列

图 4-5　视频采集硬件连接示意图

预置"选项卡中选择一种 DV-PAL 方案（如果制作宽屏电视节目，选择"宽银幕 48kHz"）；进入 Premiere Pro CS4 的编辑界面，执行"文件"|"采集"命令，在弹出的对话框中单击如图 4-6 所示的"设置"选项卡，在该选项卡中进行如下设置。

① 在"采集设置"项目组中，单击"编辑…"按钮，弹出"采集设置"对话框，通过"采集"下拉列表选择采集的视频格式。

② 在"采集位置"项目组中，单击"浏览…"按钮可更改视频和音频素材的保存路径。由于所采集素材的数据量通常都非常大，因此要选择较大的硬盘空间来保存采集的素材，默认设置是"与项目相同"。

③ 在"设备控制器"项目组中，通过"设备"的下拉列表确认采集设备的类型，单击"选项…"按钮，可弹出如图 4-7 所示的"设备控制设置"对话框，在该对话框中可进一步对采集的设备及参数进行确认。单击"检查状态"按钮，若显示"在线"，则表示录像机与电脑连接正常，可以进行采集；若显示"脱机"，则有可能是录像机电源未打开或与电脑连接有误，需重新检查并连接，直至显示正常。

图 4-6　视频采集"设置"选项卡

图 4-7　"设备控制设置"对话框

（3）采集素材

切换到如图 4-8 所示"记录"选项卡，在"设置"项目组中，根据影片编辑的需要选择"采集"的素材类型，默认状态为"音频和视频"。使用设备控制器上的快进和快退按钮调到采集素材的开始位置处，或者在切入点的设置框里精确设置开始采集的时间点，单击"播放"和"录制"按钮就可以进行素材的采集。"记录"选项卡中的设备控制器界面中的按钮及功能如图 4-9 所示。

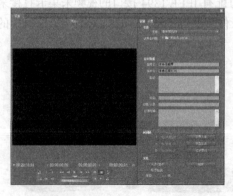
图 4-8　视频采集"记录"选项卡

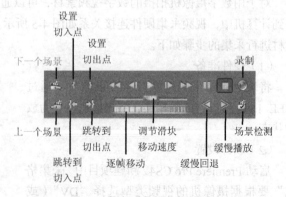
图 4-9　视频采集设备控制界面

2. 素材的导入

在 Premiere Pro CS4 中，导入素材的常用方法有以下两种。

① 利用菜单导入

启动 Premiere Pro CS4，打开或创建一个项目，在 Premiere Pro CS4 的编辑界面中，选择"文件" | "导入"命令，打开"导入"对话框，选择要导入的素材，单击"打开"按钮，可将选择的素材导入到当前的项目中。

② 利用项目面板导入

启动 Premiere Pro CS4，打开或创建一个项目，在项目面板的空白处单击鼠标右键，在弹出的快捷菜单中单击"导入"命令，同样会打开"导入"对话框，选择要导入的素材，单击"打开"按钮，可将选择的素材导入到当前的项目中。

在 Premiere Pro CS4 中，导入的素材可以是视频文件、音频文件、图像文件以及项目文件等类型，且每种类型都包含有多种格式。在安装了相应的解码器后，Premiere Pro CS4 可导入的素材分别为：

- 可导入 Microsoft AVI、DV AVI、Animated GIF、MOV、MPEG1、MPEG2、M2T、DLX、FLV、ASF 和 WMV 等格式的视频文件。
- 可导入 AIFF、WAV、MP3 和 WMA 等格式的音频文件。
- 可导入 BMP、JPG、GIF、AI、PNG、PSD、EPS、ICO、PCX、TAG、TIF 等格式的图像文件。
- 可导入 PPJ、PRPROJ、AAF、AEP、EDL 和 PLB 等格式的项目文件。

4.3.4　Premiere Pro CS4 素材的处理

对素材进行加工和处理是视频制作流程中不可缺少的一个环节，它包括对素材的剪裁、调用、分离、链接、编组和修改素材的播放速度等操作处理。

1. 素材的剪裁

导入到项目面板中的素材常常会不适合视频制作的需要，因此要通过剪裁处理去掉素材中不需要的部分。剪裁素材的关键是准确设置素材的入点（起始位置）和出点（结束位置），其操作方法和步骤如下。

① 在项目窗口中双击需要剪裁的素材图标，将素材在如图 4-10 所示的素材源监视器窗口中打开。或者将需要剪裁的素材通过点按鼠标左键直接从项目窗口拖曳到素材监视器窗口中释放，也可打开素材。

② 单击素材源监视器窗口中的"播放/停止切换"按钮 浏览素材，或者拖动素材源监视器窗口时间标尺中的时间线编辑滑块快速浏览素材。

图 4-10　素材源监视器界面

③ 找到素材的入点后单击"播放/停止切换"按钮，再单击"设置入点"图标，此时时间线标尺上将显示入点标记。接着播放素材，找到素材的出点，再次单击"播放/停止切换"按钮，单击"设置出点"图标，此时时间线标尺上将显示出点标记。

④ 单击素材源窗口下方的"播放入点到出点"按钮预览被选用的素材片段，如果设置不理想，可单击素材源窗口下方的"跳转到入点"按钮或"跳转到出点"按钮，通过单击"步

进"▶|或"步退"◀|按钮，逐帧改变素材入点或出点的位置，直到满意为止。

2. 素材的调用

在"项目"面板中，将剪裁好的素材按照节目编排的要求，依次拖动到如图 4-11 所示的"时间线"面板中相应的轨道上，即可实现素材的调入。

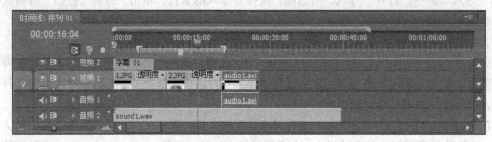

图 4-11 时间线面板

单击"节目监视窗"中的"播放/停止切换"按钮▶，预览视频的编排情况，如不满意，还可采用下列方法进行修改。

① 移动素材：选择轨道中的素材，按下鼠标左键，将素材到拖移到新位置处释放即可。

② 删除素材：在时间线轨道上右键单击不需要的素材，在弹出的快捷菜单中执行"清除"命令，则该素材被删除。

③ 插入素材：将时间线指针拖至插入点，在项目面板中右键单击要调入的素材，在弹出的快捷菜单中执行"插入"命令，则新素材被插入，而插入点后的素材后移。

④ 覆盖素材：将时间线指针拖至覆盖点，在项目面板中右键单击要调入的素材，在弹出的快捷菜单中执行"覆盖"命令，则新素材被调入，而调入点后的素材被新素材覆盖。

⑤ 提升素材：在"节目监视器"窗口中设置好素材片段的入点和出点，在时间线上选中素材的目标轨道，单击"节目监视器"窗口中的提升按钮🔲，则可将该轨道的这段素材删除，删除后的区域显示为空白。

⑥ 提取素材：在"节目监视器"窗口中设置好素材片段的入点和出点，在时间线上选中素材的目标轨道，单击"节目监视器"窗口中的提取按钮🔲，则可将该轨道的这段素材删除，而该段素材后的素材自动前移。

3. 素材的分离

如果想对素材中的视频、音频进行分离，以便于分别处理，其操作步骤如下：

• 在"时间线"面板中选择要进行视频、音频分离的素材。

• 单击鼠标右键，在弹出的快捷菜单中执行"解除视音频链接"命令，即可分离素材的视频和音频部分。

4. 素材的链接

如果想将两段独立的视频、音频素材链接在一起，以便于整体编辑，其操作步骤如下：

• 按住 Shift 键，在"时间线"面板中选择要进行链接的视频和音频素材。

• 单击鼠标右键，在弹出的快捷菜单中执行"链接视音频"命令，即可链接视频素材和音频素材。

5. 素材的编组

在编辑过程中如果需要对多个素材同时操作，可采用素材的"编组"操作将这些素材组合为一个整体来使用。对素材进行编组的操作步骤如下：

- 按住 Shift 键，在"时间线"面板中选择要组合在一起的素材。
- 单击鼠标右键，在弹出的快捷菜单中执行"编组"命令，或者执行菜单栏中"素材|编组"命令，即可将这些素材组合到一起。

对于组合到一起的素材，无法执行基于素材的操作，如速度调节、改变属性和添加效果等。如果要解除素材之间的组合，可通过右键单击编组对象，选择菜单中的【取消编组】命令或者点击菜单栏中的【素材】/【取消编组】命令，即可取消素材之间的组合关系。

6．修改素材播放的速度

为使素材呈现快速或慢速的播放效果，可使用 Premiere Pro CS4 提供的修改素材播放速度的操作工具来实现。其操作步骤如下：

- 在"时间线"面板中选中素材。
- 单击鼠标右键，在弹出的快捷菜单中执行"速度/持续时间"命令，弹出如图 4-12 所示的对话框，在该对话框中完成相关设置，即可更改素材播放的快慢。

图 4-12　素材速度/持续时间设置界面

对于素材的持续时间也可以使用"工具"面板上的速率伸缩工具 来进行调整。具体的做法是：单击速率伸缩工具图标，将指针移动到素材的边界处，按住鼠标左键向左或向右拖移，即可在不改变素材的内容长度的情况下更改素材播放的持续时间。

4.3.5　Premiere Pro CS4 素材的特效

Premiere Pro CS4 中提供了多种预设的、可使素材产生特殊效果的工具，运用这些特效可以创作出异彩纷呈的视觉和听觉效果。

1．音频特效

音频特效是影视编辑中必不可少的重要组成部分，在 Premiere Pro CS4 中可以方便地处理声音素材，并提供了 40 多种特效和过渡工具，运用这些工具可以改变原始声音素材的效果，使音频与视频画面更好地结合在一起。

（1）音频的基本操作

在进行音频处理时，需掌握 Premiere Pro CS4 的一些基本操作，包括音频轨道的添加与删除、音频类型的转换、音频素材持续时间和速度的调整、音量大小的调节以及立体声均衡和实时录音等。

① 音频轨道的添加与删除

音频轨道按照用途可以分为三种："主音轨"轨道、"子混合"轨道和普通的音频轨道。其中，"子混合"轨道和普通音频轨道可以多达 99 条，而"主音轨"只能有一条。这三种音轨的作用分别如下：

- 普通音轨：用于添加音频素材。
- 子混合音轨：用于对部分音频轨道进行混合，它输出的是部分轨道混合的结果。
- 主音轨：用于对所有的音轨进行控制，它输出的是所有音轨混合的结果。

添加音频轨道的步骤如下：

- 通过菜单栏选择"序列"|"添加轨道"命令，或者在时间线面板中轨道控制区的空白处，

单击鼠标右键。

- 在弹出的快捷菜单中执行"添加轨道…"命令。

- 弹出如图 4-13 所示的"添加视音轨"对话框，通过该对话框可完成音频轨道（或视频轨道）的添加，在该界面中通过"放置"的下拉列表可选择添加轨道的位置。

删除音频轨道的操作方法与添加音频轨道类似，在时间线面板中轨道控制区的空白处单击鼠标右键后，执行"删除轨道…"命令，将弹出如图 4-14 所示的"删除轨道"对话框，在该对话框中勾选要删除的轨道类型，在下拉列表中勾选要删除的轨道名称即可。

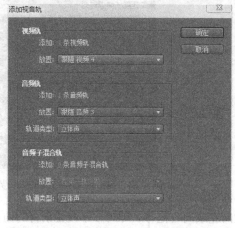

图 4-13 "添加视音轨"对话框

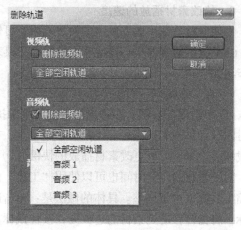

图 4-14 "删除轨道"对话框

② 音频类型的转换

在 Premiere Pro CS4 中，有三种类型的音频：单声道、立体声和 5.1 环绕立体声。一种类型的音频只可添加到与其类型相同的音频轨道上，而且音频合成处理时要求参与合成的各音频轨道的类型相同。因此，当需要调入的音频素材类型与音频轨道类型不符时，就需要进行音频类型的转换。

将单声道音频类型转换为立体声音频的操作步骤如下：

- 创建一个名为"转换音频类型"的项目，导入单声道音频素材。

- 在项目面板中选中该音频素材，执行菜单栏"素材"|"音频选项"|"源声道映射…"命令，将弹出如图 4-15 所示的"源声道映射"对话框。

- 在"源声道映射"对话框中，将轨道格式改为立体声，并单击右上角的左通道选择图标，然后单击"确定"按钮即可。

- 将转换后的声音素材拖放到时间线轨道上，单击轨道控制区上的"折叠-展开轨道"按钮，可以看到如图 4-16 所示的素材波形。该波形的左声道为素材波形，而右声道为空。

- 如果在源声道映射操作中，单击了右声道选择图标，则变换后的波形将为如图 4-17 所示的波形，即左声道为空，右声道为素材波形。

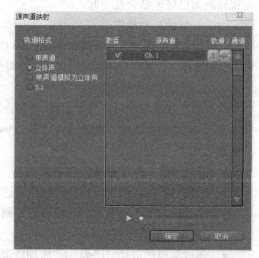

图 4-15 "源声道映"射界面

图 4-16　单声道转换为立体声的波形 1　　　　图 4-17　单声道转换为立体声的波形 2

将立体声音频素材变为单声道存在波形而另一声道为空的操作步骤如下：

- 在"转换音频类型"的项目面板中，导入双声道音频素材。
- 选中该音频素材，执行菜单栏"素材"｜"音频选项"｜"源声道映射…"命令。
- 在源声道映射对话框中，仍选轨道格式为立体声，但将源声道中的"右"通道勾选去掉，单击"确定"按钮。
- 将转换后的声音素材拖放到时间线轨道上，单击轨道控制区上的"折叠-展开轨道"按钮，可以看到变换后的素材波形。该波形中只剩下了左声道的伴唱部分，而右声道变为空波形。变换前和变换后的波形分别如图 4-18（a）和图 4-18（b）所示。

（a）分离前的波形

（b）分离后的波形

图 4-18　立体声音频分离为单通道存在波形的立体声音频的波形

③ 音频素材持续时间和速度的调整

音频素材持续时间就是指音频素材播放的时间长度。可通过设置素材的入点和出点来进行调整，也可以在"时间线"面板上，将鼠标放于音频素材末尾处，当指针呈现图样时，左右拖移鼠标使素材达到合适的长度。

音频的播放速度是指播放音频入点和出点之间素材的音律快慢。在"时间线"面板中，右键单击音频素材，在弹出的快捷菜单中执行"速度/持续时间"命令，并在弹出的对话框中设定更改的播放速度即可。然而，当改变音频的播放速度时，会影响音频的音调，速度增大音调升高，速度减小音调降低。所以，为保证原有音频音调的效果，应慎用音频速度的调整功能。

④ 调音台的功能

通过菜单栏执行"窗口"｜"调音台"命令，可打开如图 4-19 所示的调音台面板。该面板为每一个音频轨道提供了一套功能控件，包括自动模式列表、声道调节旋钮、轨道状态控制按钮、音量控制滑块和播放控制器等。用户可以运用该面板提供的控制实现音频素材音量大小的调整、立体声均衡及实时录音等操作。

自动模式列表提供了对声音轨道自动操作的五种模式，默认状态是"只读"模式，单击下拉按钮还可以选择"关"、"锁存"、"触动"和"写入"

图 4-19　"调音台"界面

模式。不同选项的功能分别如下：

- 关：指关闭当前轨道的自动控制模式。
- 只读：指系统仅读取当前音频轨道的调节效果，但是不记录播放过程中的调节。
- 锁存：在播放音频时，如果对当前轨道上的素材音量或左右声道均衡做了调节，则自动记录并锁定最终的调节状态。
- 触动：在播放音频时，如果对当前轨道上的素材音量或左右平衡做了调节，则自动记录调节过程，但松开鼠标后会恢复原态。
- 写入：从播放音频的开始位置处就记录音频及其相应的调节。

声道调节旋钮可用来调节左右声道的音量比例，向左拖动旋钮将增大左声道输出的音量，而向右拖动旋钮将增大右声道输出的音量。

轨道状态控制按钮可用来设置对应轨道的工作状态。单击"静音轨道"按钮图标🔈，则该音轨的声音将不会混入主音轨；单击"独奏轨"按钮图标🎵，则其他轨道的音频将为静音状态；单击"激活录制轨"按钮图标，则该轨道可以录制声音。

音量控制滑块可以控制当前轨道上的音频音量，向上拖动滑杆可以增加音量，而向下拖动滑杆可以减小音量。

播放控制器提供了"跳转到入点"◄、"跳转到出点"►、"播放-停止切换"▶、"播放入点到出点"▶、"循环"🔁和"录制"⏺六个操作按钮，用于设置、播放和录制音频。

（2）音频特效的添加

在 Premiere Pro CS4 中，按照应用的音频素材类型的不同，音频特效分为 5.1 声道、立体声、单声道三大类型，分别放置在效果面板中的三个文件夹里，如图 4-20 所示。这三个文件夹中存放的效果大体相同，它们的功能如下：

- 选项：将特定频率范围以外的音频成分滤除掉。
- 多功能延迟：对音频素材产生多次回声效果。
- 低通：保留低于指定频率的音频成分。
- 低音：调整音频素材的低音成分。
- 平衡：调整左右声道的音量。
- 使用右声道：将立体声音频中的右声道复制并替换左声道。
- 使用左声道：将立体声音频中的左声道复制并替换右声道。
- 互换声道：将立体声音频的左右声道信号相互交换。
- 去除指定频率：删除指定频率的音频成分。
- 参数均衡：增大或减小指定频率附近的频率。
- 反相：将所有声道的相位颠倒。

图 4-20　音频效果面板

- 声道音量：调节立体声或 5.1 音频中各声道的音量大小。
- 延迟：设置音频素材在一定时间后的重复效果。
- 音量：调节音频素材的声音大小。
- 高通：保留高于指定频率的音频成分。
- 高音：调整音频素材的高音成分。

如果要为时间线上的某音频素材添加音频特效，只需在效果面板中打开与素材类型相同的音频特效文件夹，选择一种特效后拖动到音频素材上，并在特效控制台面板中设置好音频特效的参数即可。图 4-21 所示为延迟效果控制面板，在该面板中用户可以设置延迟时间、反馈比例以及混合比例等参数。如果要删除添加在素材上的音频特效，可在特效控制台面板中右键单击需要删除的特效，在弹出的快捷菜单中执行"清除"命令删除该效果。

Premiere Pro CS4 还为音频素材提供了几种简单的切换方式，放置在效果面板中的"音频过渡|交叉渐隐"文件夹中。应用时，只需将选中的效果拖放至素材的开头、结尾或两素材之间即可。

2. 视频特效

视频特效是视频编辑中一个非常重要的功能，添加视频特效可以使视频素材产生丰富多彩的视觉效果。例如使图像变形、变色、平滑及镜像；修补原始素材的缺陷；实现抠像和叠加画面，以及视频素材添加粒子和光照等各种艺术效果。

（1）应用视频特效的方法

与应用音频特效方法类似，用户可在效果面板的视频特效文件夹中选择需要添加的效果，直接拖至时间线面板中指定的视频片段或画面上，松开鼠标，该效果就添加到指定素材上了。

添加视频特效后，可在"特效控制台"面板中编辑修改视频特效的参数，如果用户不满意这个的特效，可在特效控制台面板中右键单击需要删除的特效，在弹出的快捷菜单中执行"清除"命令删除该效果。

（2）Premiere Pro CS4 中的视频特效

Premiere Pro CS4 中提供了 120 多种视频特效，按类别分别放在效果面板中的 18 个文件夹中，如图 4-22 所示。

图 4-21　延迟效果参数控制面板

图 4-22　视频效果面板

- GPU 特效：通过对素材画面进行卷曲和波浪变形来实现的视觉效果。在 GPU 文件夹中有卷页、折射和波纹三种特效。
- 变换：通过对图像的位置、方向和距离的调节而产生的变动画面及不同视角的视觉效果。在变换文件夹中包含有 8 种特效，分别是垂直保持、垂直翻转、摄像机视图、水平保持、水平翻转、滚动、羽化边缘和裁剪。
- 噪波与颗粒：可用于去除或增加画面中的噪点。在噪波与颗粒文件夹中包含 6 种特效，分别是中间值、噪波、噪波 Alpha、噪波 HLS、自动噪波 HLS、蒙尘与刮痕。

- 图像控制：通过对素材画面中的特定颜色进行更改或调整，以达到突出画面内容的视觉效果。在图像控制文件夹中包含有 6 种特效，分别是灰度系数（Gamma）校正、色彩传递、色彩匹配、颜色平衡（RGB）、颜色替换和黑白。

- 实用：通过调整素材画面的黑白斑来调整画面的颜色效果。在实用文件夹中只有 Cineon 电影转换一种特效，运用这个特效可以将画面色彩转换成老电影效果。

- 扭曲：通过对素材画面进行几何扭曲而产生的变形效果。在扭曲文件夹中包含有 11 种效果，分别是偏移、变换、弯曲、放大、旋转、波动弯曲、球面化、紊乱置换、边角固定、镜像和镜头扭曲。

- 时间：通过改变视频相邻帧的变化或播放速度而产生的视觉效果，只能应用到视频片段。在时间文件夹中包含有 3 种特效，分别是抽帧、时间偏差和重影。

- 模糊与锐化：根据素材画面的相邻像素进行计算，使画面变得模糊或清晰，此效果可用来模仿摄像机变焦效果。在模糊与锐化文件夹中包含有 10 种效果，分别是复合模糊、定向模糊、快速模糊、摄像机模糊、残像、消除锯齿、通道模糊、锐化、非锐化遮罩和高斯模糊。

- 渲染：通过在素材画面上添加带有颜色渐变的圆环而产生的照明效果。在渲染文件夹中只有椭圆形一种特效。

- 生成：可使素材画面产生光效或图案的一类特效。在生成文件夹中包含有 12 种特效，分别是书写、发光、吸色管填充、四色渐变、圆形、棋盘、油漆桶、渐变、网格、蜂巢图案、镜头光晕和闪电。

- 色彩校正：通过对画面色彩、亮度和对比度的调节而实现对受损素材的修复。在色彩校正文件夹中包含有 17 种特效，分别是 RGB 曲线、RGB 色彩校正、三路色彩校正、亮度与对比度、亮度曲线、亮度校正、广播级色彩、快速色彩校正、更改颜色、着色、脱色、色彩均化、色彩平衡、色彩平衡（HLS）、视频限幅器、转换颜色和通道混合。

- 视频：在素材上添加时间码以显示当前视频播放的时间。在视频文件夹中只有时间码一种特效。

- 调整：通过调整素材画面的色阶、阴影、高光、亮度、对比度等参数而实现优化画面质量的一类特效。在调整文件夹中包含有 9 种特效，分别是卷积内核、基本信号控制、提取、照明效果、自动对比度、自动色阶、自动颜色、色阶和阴影/高光。

- 过渡：通过设置关键帧动画来实现两个画面之间的切换，其作用类似于视频转场。在过渡文件夹中包含有 5 种特效，分别是块溶解、径向擦除、渐变擦除、百叶窗和线性擦除。

- 透视：用于制作三维立体效果和空间效果的一类特效。在透视文件夹中包含有 5 种特效，分别是基本 3D、径向放射阴影、斜角边、斜角 Alpha 和阴影（投影）。

- 通道：运用图像通道的转换和插入方式来改变图像呈现的效果。在通道文件夹中包含有 7 种特效，分别是反相、固态合成、复合运算、混合、算术、计算和设置遮罩。

- 键控：当将多个素材重叠时，通过隐藏顶层素材画面中的部分内容，而在相应位置处显现底层素材的一类特效。在键控文件夹中包含有 14 种特效，分别是 16 点无用信号遮罩、4 点无用信号遮罩、8 点无用信号遮罩、Alpha 调整、RGB 差异键、亮度键、图像遮罩键、差异遮罩、移除遮罩、色度键、蓝屏键、轨道遮罩键、非红色键和颜色键。

- 风格化：通过提高对比度、移动或置换画面像素等方式来改变画面的显现风格。在风格化文件夹中包含有 13 种特效，分别是 Alpha 辉光、复制、彩色浮雕、招贴画、曝光过度、查找边缘、浮雕、画笔描绘、纹理材质、边缘粗糙、闪光灯、阈值和马赛克。

3. 视频切换

一个完整的视频是由多个视频片段组接而成的,这些视频片段在组接时的过渡变化被称为"视频切换"或"视频转场"。在视频制作中,恰当运用视频切换,可以提升作品的流畅感,丰富画面的内涵,增强作品的艺术感染力。

（1）应用视频切换的方法

与添加其他特效方法类似,用户可在效果面板的视频切换文件夹中选择需要添加的效果,直接拖至时间线面板中指定的视频片段开始、结尾或两素材片段之间,松开鼠标该效果就添加到指定位置上了。如果要替换切换效果,只需将新的切换拖至该位置,则程序将自动完成替换。

添加视频切换后,可在"特效控制台"面板中编辑视频切换的参数,以满足不同特效的需要。操作方法是:在"时间线"面板中左键单击选中视频切换效果,则特效控制台中将显示该特效的各项参数。不同的特效需要设置的参数不同,图 4-23 所示为筋斗过渡的特效控制界面,在该界面中可以设置如下参数:

- 持续时间:用于设置切换的持续时间。
- 对齐:用于设置特效添加的位置。
- 开始:用于设置特效起始的画面效果。
- 结束:用于设置特效结束的画面效果。
- 显示实际来源:勾选该选项将以实际画面替代默认的画面 A 和画面 B。
- 边宽:用于设置两画面边界的线宽。
- 边色:用于设定两画面边界的颜色。
- 反转:勾选该选项将按照反方向播放切换效果。
- 抗锯齿品质:用于设置两画面边界的光滑度。

如果希望删除添加的视频切换特效,可在时间线面板中右键单击该特效,单击"清除"按钮即可。

（2）Premiere Pro CS4 中的视频切换特效

在 Premiere Pro CS4 中提供了 70 多种视频切换特效,按类别分别放在效果面板中的 11 个文件夹中,如图 4-24 所示。

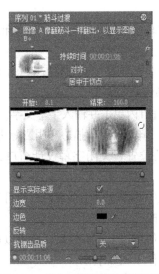

图 4-23　筋斗过渡的特效控制界面

图 4-24　视频切换效果面板

- **3D 运动**：该文件夹中包含了 10 种具有三维效果的视频切换特效，分别是向上折叠、帘式、摆入、摆出、旋转、旋转离开、立方体旋转、筋斗过渡、翻转和门。
- **GPU 过渡**：该文件夹中包含了 5 种以滚动或翻转的方式转入下一个画面的视频切换效果，分别是中心剥落、卡片翻转、卷页、球体和页面滚动。
- **伸展**：该文件夹中包含了 4 种以素材的伸缩方式进行视频切换的效果，分别是交叉伸展、伸展、伸展覆盖和伸展进入。
- **划像**：该文件夹中包含了 7 种以交错方式切换画面的视频特效，分别是划像交叉、划像形状、圆划像、星形划像、点划像、盒形划像和菱形划像。
- **卷页**：该文件夹中包含了 5 种以翻入翻出方式进行画面切换的视频效果，分别是中心剥落、剥开背面、卷走、翻页和页面剥落。
- **叠化**：该文件夹中包含了 7 种以淡变方式进行画面切换的视频效果，分别是交叉叠化、抖动溶解、白场过渡、附加叠化、随机反相、非附加叠化和黑场过渡。
- **擦除**：该文件夹中包含了 17 种以扫像方式进行画面切换的视频效果，分别是双侧平推门、带状擦除、径向划变、插入、擦除、时钟式划变、棋盘、棋盘划变、楔形划变、水波块、油漆飞溅、渐变擦除、百叶窗、螺旋框、随机块、随机擦除和风车。
- **映射**：通过将前一个画面的通道或者明度值映射到后一个画面中而实现的视频切换效果，该文件夹中只包含有两种特效，分别是亮度映射和通道映射。
- **滑动**：该文件夹中包含了 12 种以平移方式进行画面切换的视频效果，分别是中心合并、中心拆分、互换、多旋转、带状滑动、拆分、推、斜线滑动、滑动、滑动带、滑动框和漩涡。
- **特殊效果**：该文件夹中包含了 3 种视觉效果和工作原理都不相同的特殊的视频切换特效，分别是映射红蓝通道、纹理和置换。
- **缩放**：该文件夹中包含了 4 种以缩放方式进行画面切换的视频效果，分别是交叉缩放、缩放、缩放拖尾和缩放框。

4. 添加字幕

字幕是视频节目制作中不可缺少的元素，如片头的片名、片尾的演职员信息、片中的对白及歌词等。通过添加字幕可以准确地传达视频画面无法表达或难以表现的内容，使观众更好地理解视频节目的内涵。

在 Premiere Pro CS4 中，可通过如图 4-25 所示的字幕设计窗口进行文字字幕和几何图形的编辑，创建和编辑文字字幕的操作步骤如下：

① 通过菜单栏中的"文件"|"新建"|"字幕"命令，或者在项目面板中单击鼠标右键，在弹出的快捷菜单中选择"新建分项"|"字幕"命令，即可打开字幕设计窗口。

② 选择字幕工具区中的文字工具 T，在字幕编辑窗口内单击并输入字幕文字。

③ 通过字幕属性面板对添加的文字进行文字属性、填充效果、描边和阴影等进行设置。

④ 运用字幕工具面板中的选择工具 调整文字的位置，关闭字幕设计窗口，完成字幕的编辑。

当需要对完成的字幕进行修改时，只需在项目面板中双击这个字幕素材，即可重新打开字幕设计窗口，在这个窗口中可再次对这个字幕文字进行修改。

如果对已经创建的字幕效果比较满意，并希望经常使用这个字幕效果，则可以通过下面的操作将这个效果保存在字幕样式区中。创建字幕样式的操作步骤如下：

① 在字幕编辑区选中编辑好的字幕文字。

② 在字幕样式区空白处单击鼠标右键，在弹出的快捷菜单中选择"新建样式"命令。

③ 在弹出的对话框中输入自定义样式的名称，并单击"确定"按钮，这个自定义样式效果就会出现在字幕样式区中，可在以后的字幕编辑中直接调用。

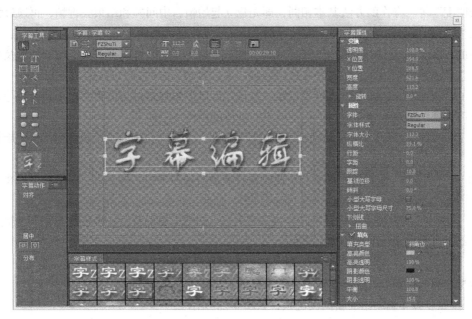

图 4-25 字幕设计窗口

5. 添加素材动画

动画是多媒体作品制作中不可缺少的、极富表现力的素材，在 Premiere Pro CS4 中，可以通过特效控制台为指定的素材添加位置、缩放和旋转等动画效果。

（1）使用关键帧

在 Premiere Pro CS4 中，素材动画是利用关键帧技术来实现的，即在发生变化的时间起点和终点处为素材指定不同的属性，而起止点中间的属性值则由计算机自动进行插补计算，使其能平滑过渡。

添加关键帧的操作步骤如下：

① 在时间线面板中选中需要添加动画效果的素材。

② 打开"特效控制台"面板，将"时间指示器"移动到需要添加关键帧的位置处。

③ 展开"运动"选项组，单击"位置"选项左侧的"切换动画"图标，这样就在该时刻创建了"位置"关键帧。用同样的方法可以创建该时刻的"缩放比例"、"旋转"等其他关键帧，如图 4-26所示。

图 4-26 创建关键帧

添加关键帧后，如需更改位置，可在特效面板中选中该关键帧的图标，按住鼠标左键拖曳至合适位置后释放，即完成关键帧位置的更改；如需删除所添加的关键帧，可右键单击该关键帧的图标◆，在弹出的快捷菜单中使用"清除"命令，之前添加的关键帧即被删除。

（2）添加动画效果

在 Premiere Pro CS4 中可添加多种变化效果，如"位置"、"缩放比例"、"旋转"、"定位点"和"透明度"等。操作的方法基本相同，即先建立起始帧、中间帧和结束关键帧，再通过特效控制台面板设定对应关键帧的位置、缩放比例、旋转、定位点和透明度等的参数，最后单击"节目"面板中的"播放-停止切换"按钮，预览动画效果，如果不满意，可以微调关键帧的位置及相应的参数，直至满意。

在 Premiere Pro CS4 中，还可直接在"节目"窗口中调整素材的位置、大小和旋转等几何参数，从而快速、直观地建立素材的运动效果。具体的操作步骤如下：

① 将"时间指示器"📧移动到起始关键帧位置处，添加"位置"、"缩放比例"或"旋转"等关键帧。

② 单击"节目"监视器中的素材，此时素材上会出现一个中心控制点，四周也出现 8 个控制柄，如图 4-27 所示。

③ 选中中心控制点，按住鼠标左键拖动素材，可调整素材的位置；将鼠标在 8 个控制点处拖动或转动，可改变素材的大小和旋转角度。

④ 将"时间指示器"📧移动到新的关键帧位置处，选中素材的中心控制点，拖至新的位置，调节素材四周的控制点，以确定新位置处素材的大小和旋转角度。

⑤ 按照步骤 4 继续添加新的关键帧，如图 4-28 所示。

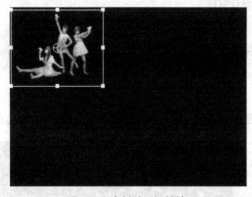

图 4-27　素材动画初始帧

图 4-28　素材动画结束帧

⑥ 单击"节目"面板中的"播放-停止切换"按钮，预览动画效果，如果不满意，将"时间指示器"📧移动到需要调整的关键帧位置处，调节素材的相关控制点改变素材的位置、大小和旋转角度，直至满意。

4.3.6　视频作品的输出

视频制作的最后一个步骤就是将编辑好的项目进行输出，将其发布为可独立运行的视频文件。针对不同的需求，Premiere Pro CS4 提供了多种导出模式，可通过菜单栏中"文件"｜"导出"命令进行选择，其中包括"媒体"、"Adobe 剪辑注释"、"字幕"、"输出到磁带"、"输出到 EDL"和"输出到 OMF"，各输出选项的含义如下：

- 媒体：可输出各种格式的音频和视频文件。
- Adobe 剪辑注释：可将视频剪辑压缩后嵌入 PDF 文件中，通过电子邮件将这些带有特定时间码的注释文件发送给用户，允许用户评论或查看在剪辑注释文件中其他人的评论。

- 字幕：输出单独的字幕文件。
- 输出到磁带：把视频剪辑导出到外部的磁带上，以供播出或保存。
- 输出到 EDL：可导出格式为 EDL 的编辑交换文件，这种 EDL 文件包含了视频剪辑中用户对素材的各种编辑操作，允许支持 EDL 文件的编辑软件共享视频编辑成果。
- 输出到 OMF：用于加载 AIFF 编码器，将作品保存为 Avid 发布的音频封装文件。

1. 视频输出的基本流程

在 Premiere Pro CS4 中，视频作品的输出是通过调用 Adobe CS4 套件中的编码输出软件 Adobe Media Encoder 来完成的，操作的基本步骤如下：

① 通过菜单栏，执行"文件"|"导出"|"媒体"命令，打开导出设置对话框，如图 4-29 所示。

图 4-29　"导出设置"对话框

②在导出设置对话框中可以对输出视频的文件格式、编辑方式、视频品质、帧速和场类型等进行设置。设置好视频剪辑的入点和出点后，单击"确定"按钮，则系统自动开启 Adobe Media Encoder 软件，其工作界面如图 4-30 所示。

③ 在 Adobe Media Encoder 工作界面中，可以添加、复制和删除视频剪辑，还可以更改视频剪辑的输出格式和保存路径。选中要输出的剪辑，单击"开始队列"按钮，即开始视频输出，运行过程如图 4-31 所示。

2. 输出单帧画面

在 Premiere Pro CS4 中，允许将视频剪辑中的某一帧画面输出为静态图像文件，具体的操作步骤如下：

① 在时间线面板中编辑好素材后，将"时间指示器" [图标]移动到需要输出的画面帧位置处。

② 通过菜单栏执行"文件"|"导出"|"媒体"命令，打开"导出设置"对话框。

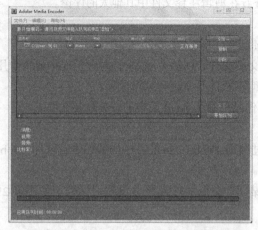

图 4-30　Adobe Media Encoder 工作界面　　　　　图 4-31　输出媒体文件

③ 在"导出设置"对话框中，通过"格式"的下拉列表选择"Windows 位图"选项，并在"预置"的下拉列表中选择"PAL 位图"选项，设置好输出文件的名称和存放路径，单击"确定"按钮。

④ 系统开启 Adobe Media Encoder 后，在其工作界面单击"开始队列"按钮，则在指定的目录下就会看到输出的单帧位图文件了。

3．输出音频

在 Premiere Pro CS4 中，还可以将视频剪辑中的音频部分单独输出为指定类型的音频文件，具体的操作步骤如下：

① 在时间线面板中编辑好素材后，通过菜单栏执行"文件"|"导出"|"媒体"命令，打开"导出设置"对话框。

② 在"导出设置"对话框中，通过"格式"的下拉列表选择"Windows 波形"选项，并设置好输出文件的名称和存放路径。

③ 在音频选项卡中，根据素材的类型对音频的采样率、声道数及采样类型进行恰当的设置，单击"确定"按钮。

④ 系统开启 Adobe Media Encoder 后，在其工作界面单击"开始队列"按钮，则在指定的目录下就会看到输出的音频文件了。

4.3.7　Premiere Pro CS4 实例制作

1．制作校园风光片头效果

（1）任务描述

准备 5 幅校园图片，其中 4 幅图片依次在屏幕中间由小到大翻转而出，各自落在指定位置处。经过视频切换，显示第 5 幅图片，在这幅图片的下方由左向右移动出 4 幅小图片，同时由屏幕中心推出片头字幕，作品演播效果如图 4-32 所示。

（2）任务目标

- 掌握静态图片持续时间、添加关键帧、设置位置和旋转动画的方法。
- 掌握运用字幕中的图形工具添充画面、添加描边、设置水平游动的方法。
- 熟知时间线面板中各视频轨道上素材呈现的时空关系，掌握视频短片的基本编排方法。

图 4-32　校园风光片头演播效果

（3）制作步骤

1）制作图片依次翻转进入的效果

① 启动 Premiere CS4，单击"新建项目"按钮，在弹出的对话框中创建一个名称为"校园风光"的项目，单击"确定"按钮后，弹出"新建序列"对话框，在序列预置选项卡中选择"DV-PAL"文件夹中的"标准 48kHz。在时间线面板中的轨道控制区的空白处单击鼠标右键，在弹出的快捷菜单中选择"添加轨道"，在"添加轨道"对话框中设置增加 4 条视频轨道。

② 导入图片和音乐素材，将需要翻转进入的 4 幅图片按照如图 4-33 所示拖入相应的视频轨道中，设置好各图像的入点，并使用"工具"面板上的速率伸缩工具 调整各图片的持续时间，使 4 幅图片的出点一致。

③ 将"时间指示器" 移动到"教学主楼.jpg"图片即将进入的位置处，单击"梅花教室.jpg"图片，在"特效控制台"中为"梅花教室.jpg"图片建立"位置"、"缩放比例"和"旋转"的关键帧。

图 4-33　风光片素材在时间线面板上的排序

单击"节目"监视器中显示的素材，通过中心控制点和四周的控制柄将"梅花教室"图片调整到屏幕的左上方位置处，并占据四分之一的屏幕空间。最后将旋转数值设为 360，此时数值会自动变为"1 × 0.0"。

④ 重复步骤③的方法，将其余的图片在其下一个图片即将进入的位置处设置"位置"、"缩放比例"和"旋转"的关键帧，分别调整到屏幕的右上方、左下方和右下方位置处，并占据四分之一的屏幕空间，旋转数值也都设为 360。

⑤ 将"时间指示器" 分别移动到上述 4 幅图片的入点位置处，添加"位置"、"缩放比例"和"旋转"的关键帧，水平和垂直位置坐标设置为"360.0"和"288.0"，缩放比例设置为 10，旋转数值设为 0。

⑥ 单击"节目监视窗"中的"播放/停止切换"按钮 ，预览 4 幅图片翻转进入的效果，满意后按住 shift 键在时间线中同时选中这 4 幅图片，单击鼠标右键，在弹出的快捷菜单中使用"编组"命令，将它们组合到一起，以免受到后面编辑操作的影响。

2）运用字幕中的图形工具制作小画面滚动显示的效果

① 通过菜单栏中的"文件"|"新建"|"字幕"命令，打开字幕编辑窗口。

② 选择"字幕工具"面板中的"圆角矩形工具",在编辑窗口的右下方绘制矩形。在"字幕属性"面板中设置矩形的宽为140,高为110,"圆角大小"为15.0%。

③ 勾选"纹理"复选框,单击"纹理"左侧的下拉按钮,在展开的选项中,单击"纹理"右侧的图标,将弹出"选择一个纹理图像"对话框,选中要添加的素材图片,单击"打开"按钮,则该图片就显示在圆角矩形中了。

④ 单击"描边"左侧的下拉按钮,在展开的选项中,单击"外侧边"右侧的"添加"按钮,设置"大小"为4,"色彩"为蓝色,"透明度"为80%。

⑤ 在刚创建的圆角矩形图片上单击鼠标右键,弹出快捷菜单后选"复制"命令,接着进行3次粘贴。使用"字幕工具"面板中的选择工具,将4个圆角矩形图片沿水平方向均匀排放,分别选中复制而成的圆角矩形图片,在"字幕属性"面板中,单击"纹理"右侧的图标,在弹出的对话框中更换矩形框中的图片。

⑥ 单击字幕编辑窗口左上角的"滚动/游动"图标 ，在如图4-34所示的对话框中,设置好滚动的方式和始末位置,单击"确定"按钮后关闭字幕设计窗口,将在项目面板中生成"字幕01"的文件。

3)制作片头字幕及效果

① 通过菜单栏中的"文件"|"新建"|"字幕"命令,打开字幕编辑窗口。

② 选择"字幕工具"面板中的"文字工具",在编辑窗口中间位置处输入文字"校园风光"。在"字幕属性"面板中,字体选为"Adobe Heiti Std",在字体样式模板中选择"方正隶书金字"的文字样式,关闭字幕编辑窗。

图4-34 字幕滚动设置

③ 按照图4-33所示分别将背景音乐、"校门"图片、"字幕01"和"字幕02"拖放到时间线的相应轨道上,设置好入点和出点。

④ 在时间线面板中选中"字幕02",打开"效果控制台",将"时间指示器" 移动到该素材持续时间的三分之二位置处,创建"缩放比例"关键帧,比例值默认"100.0"。再将"时间指示器" 移动到该素材的开始位置处,创建"缩放比例"关键帧,比例值改为"10.0"。

⑤ 在"效果"面板中,将"视频切换"|"擦除"|"时钟式划变"的转场特效拖放到"校门"图片的入点处,通过"特效控制台"可设置转场过渡的时间及转场画面的始末状态。

4)试播并输出

① 单击"节目监视窗"中的"播放/停止切换"按钮▶,预览作品的编辑效果,满意后就可以输出视频了。

② 选择"文件"|"导出"|"媒体"命令,在弹出的"导出设置"对话框中,选择视频格式为"Microsoft AVI",预置选项选择"PAL DV",单击"输出名称"后的文本栏设置输出名称和存放路径。单击"确定"按钮,将启动 Adobe Media Encoder CS4。

③ 在 Adobe Media Encoder 对话框中,单击"开始队列"按钮,在当前状态下显示绿色的对钩时,表明完成了视频输出。

2. 制作MTV

（1）任务描述

制作歌曲"让世界充满爱"的MTV,作品主要包括前奏画面设计、视频抠像的设计和同步歌词的设计三个部分。随着前奏音乐的响起,4幅以祈祷为主题的画面若隐若现地进入视线,推出片名信息后，逐渐显现遮罩背景图片，在该图片的左侧有一心形透明区域，可以透视后续画面，同时在屏幕下方呈现与歌曲同步变换的歌词。作品演播效果如图 4-35 所示。

图 4-35　MTV 演播效果

（2）任务目标
- 掌握静态图片淡入淡出的设置方法，进一步领会推、拉镜头的表现手法。
- 掌握视频抠像的实现方法。
- 掌握同步歌词的制作方法。
- 进一步熟悉时间线面板中各视频轨道上素材呈现的时空关系，掌握 MTV 的基本制作方法。

（3）制作步骤

1）制作前奏画面的效果

① 启动 Premiere CS4，单击"新建项目"按钮，在弹出的对话框中创建一个名称为"让世界充满爱"的项目，单击"确定"按钮后，弹出"新建序列"对话框，在序列预置选项卡中选择"DV-PAL"文件夹中的"标准 48kHz"。在时间线面板中轨道控制区的空白处单击鼠标右键，在弹出的快捷菜单中选择"添加轨道"，在"添加轨道"对话框中设置增加 4 条视频轨道。

② 导入图片和音乐素材，将 4 幅以祈祷为主题的图片按图 4-36 所示拖入视频轨道 1 中，根据前奏音乐设置好各图像的入点，使用"工具"面板上的速率伸缩工具 调整各图片的持续时间。

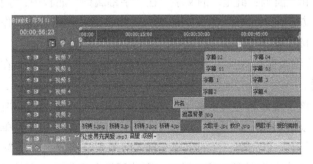

图 4-36　MTV 素材在时间线面板上的排序

③ 选中"祈祷 1.jpg"图片，在"特效控制台"中将"时间指示器" 移动到该素材的开始位置处，创建"位置"、"缩放比例"和"透明度"关键帧。将初始的"透明度"设置为 0，单击

"节目"监视器中显示的素材，通过中心控制点和四周的控制柄将"祈祷 1.jpg"图片调整到屏幕的右上方位置处，占据较小的屏幕空间。再将"时间指示器" <img>移动到该素材持续时间的三分之二位置处，创建"位置"、"缩放比例"和"透明度"关键帧。将此位置处的"透明度"设置为 100，同样通过"节目"监视器中素材的中心控制点和四周的控制柄将"祈祷 1.jpg"图片进行调整，使之占据右半个屏幕空间。最后将"时间指示器" <img>移动到该素材的结束位置处，添加"透明度"关键帧，并将"透明度"再次设置为 0。这样就实现了"祈祷 1.jpg"图片由小变大、淡入淡出的推进显示效果。

④ 重复步骤③的方法，设置其他 3 幅图片渐现渐隐的显示效果。

2）视频抠像的设计

① 启动 Adobe Photoshop CS4，打开用作抠像的背景图片，选择图标工具栏中的"自定义形状"工具，在对应的属性栏里，单击"形状"右侧的下拉按钮，选择心形的形状。在背景图片的左边区域，拖移绘出一个心形的几何图形，栅格化形状后，将其填充为红色，以"遮罩背景.jpg"形式进行保存。处理后的效果如图 4-37 所示。

② 将导入到 Premiere CS4 项目面板中的"遮罩背景.jpg"按照图 4-36 所示拖入视频轨道 2 中，根据音乐设置好入点和出点。在效果面板中，将"视频特效"|"键控"|"颜色键"的特效拖放到"遮罩背景.jpg"图片上。选中"遮罩背景.jpg"图片，打开"特效控制台"面板，单击"颜色键"左边的下拉按钮，单击"主要颜色"参数右边的吸管工具<img>，在"节目监视窗"显现的素材中提取心形区域的颜色(即红色)，将"颜色宽容度"设置为 20，其余的参数默认。

图 4-37　遮罩背景图片

③ 根据音乐的变化，使用与前奏画面设计中步骤③相同的方法，在视频轨道 3 依次制作出透视窗口需要渐显渐隐的画面，即"女歌手.jpg"、"救护.jpg"、"男歌手.jpg"和"爱的拥抱.jpg"，试播满意后将这 4 幅图片序列进行编组。接着将这个编组序列拖放到视频轨道 1 上（即遮罩背景的下方），如图 4-36 所示。

3）片名及同步歌词的制作

① 通过菜单栏中的"文件"|"新建"|"字幕"命令，打开字幕编辑窗口。

② 选择"字幕工具"面板中的"文字工具"，在编辑窗口中间位置处分别输入"让世界充满爱"、"词曲：郭峰"和"演唱：群星"的文字。在"字幕属性"面板中，字体选为"LiSu"，在字体样式模板中选择"方正隶书金字"的文字样式，关闭字幕编辑窗。将制作好的"片名"字幕拖放到视频轨道 3 上，按照图 4-36 所示设置好入点和出点。

③ 重新打开字幕编辑窗，选择"字幕工具"面板中的"文字工具"，在编辑窗口底部合适的区域输入第一行歌词。——"轻轻地捧着你的脸"，字体选为"STXingkai"，颜色设置为"蓝色"，关闭字幕编辑窗，将该字幕命名为"字幕 1"。在项目面板中，右键单击"字幕 1"图标，在弹出的快捷菜单中执行"复制"命令，再在空白处单击鼠标右键，执行快捷菜单中的"粘贴"命令，这时，项目面板中将产生一个完全一样的字幕文件"字幕 1"，将其名称改为"字幕 01"，双击"字幕 01"图标，打开"字幕 01"的编辑窗，通过"字幕属性"面板将文字的颜色更改为白色，关闭字幕编辑窗。

④ 在项目面板的空白处再次单击鼠标右键，执行快捷菜单中的"粘贴"命令，对由此而形成的字幕文件"字幕 1"，将名称更改为"字幕 2"，双击"字幕 2"图标，打开"字幕 2"的编辑窗，

将文字内容修改为"为你把眼泪擦干"。使用"选择工具"将该行文字下移一行,并右移两个字符,关闭字幕编辑窗。用同样的方法制作"字幕 2"的副本"字幕 02",并将文字颜色更改为白色。

⑤ 重复步骤③和步骤④的方法,制作后续字幕及其副本。

⑥ 按照图 4-36 所示,将制作好的字幕依次排放到相应的视频轨道上,根据音乐中唱词的延续时间设置好各字幕的入点和出点。

⑦ 在效果面板中,将"视频特效"|"过渡"|"线性擦除"的特效拖放到"字幕 01"上。选中"字幕 01",打开"特效控制台"面板,将"时间指示器" ▦ 移动到这句唱词的起唱点处,添加关键帧,将"过渡完成"的参数值设置为 100,"擦除角度"的参数值设置为"-90",其余参数默认。再将"时间指示器" ▦ 移动到这句唱词中最后一个字的起唱点处,添加关键帧,将"过渡完成"参数值改为 0。试播后会看到,在蓝色的歌词背景上,产生与音乐中唱词同步并从左到右逐步展现的白色歌词。

⑧ 重复步骤⑦的方法,制作后续同步展现的歌词。

4)输出

当完成全部作品的制作后,就可以按照与制作校园风光片头一样的方法导出视频了,这里就不再赘述了。

4.4 实验内容与要求

利用 Premiere CS4 创作一段视频短片。具体要求如下:

1. 视频短片要内容完整,主题不限,比如一个旅游景点的宣传片、为某娱乐节目制作的片头、一个简单的教学片等。

2. 在场景之间要使用淡入/淡出、线性擦除等转场特效。

3. 在恰当的地方运用卷曲、放大等视频特效。

4. 要配有一定量的字幕。

5. 时间不少于 2 分钟。

第二部分 多媒体系统集成与网页制作

第5章
HTML 动态网页制作

5.1　HTML 基础知识

5.1.1　HTML 简介

HTML（Hypertext Marked Language，超文本标记语言），是一种用来制作超文本文档的简单标记语言。所谓超文本，是因为它可以加入图片、声音、动画、影视等内容，用 HTML 编写的超文本文档称为 HTML 文档。事实上每一个 HTML 文档都是一种静态的网页文件，这个文件里面包含了 HTML 指令代码，这些指令代码并不是一种程序语言，它只是一种排版网页中资料显示位置的标记结构语言，易学易懂，非常简单。

HTML 语言的基本组成部分是各种标签，每个网页文件都含有大量的标签，使用标签实际上是采用一系列指令符号来控制输出的效果，这些标签均由"<"和">"符号以及包含在它们之间的一个字符串组成。而浏览器的功能是对这些标记进行解释，显示出文字、图像、动画、播放声音。

HTML 的标签分单标签和成对标签两种。成对标签是由首标签<标签名>和尾标签</标签名>组成的，成对标签的作用域只是这对标签中的文档，例如"<B>内容</B>"表示将"内容"显示为粗体。单独标签的格式<标签名>，单独标签在相应的位置插入元素就可以了，例如"
"表示在网页上的一个换行。大多数标签都有自己的一些属性，属性要写在始标签内，属性用于进一步改变显示的效果，各属性之间无先后次序，属性是可选的，属性也可以省略而采用默认值，例如"<font color="red">内容</font>"中"color"就是"font"标签的一个属性，表示将"内容"的颜色设置为红色。

以 HTML 编写的文件后缀名一般为".html"，较老版本的".htm"后缀名也是被支持的。HTML 语言对大小写不敏感，例如标签
也可以写做
，但一般要求采用统一的大小写书写方式。

HTML 只是一个纯文本文件，我们可以用任意一个文本编辑工具来创建一个 HTML 文档，但要正确显示 HTML 文档中的内容，我们需要 Web 浏览器的支持。Web 浏览器是用来打开 HTML

网页文件，提供给我们查看 Web 资源的客户端程序。常见的 HTML 编辑软件有 FrontPage、Dreamweaver 等，常见的浏览器有 IE、Firefox 等。

5.1.2　HTML 文档基本结构

HTML 文档的基本结构包含文档头和文档体两部分，文档头包含在标签<head></head>中，用来设置一些网页相关的属性和信息等，文档体包含在标签<body></body>中，是要在浏览器中显示的各种文档信息。文档头和文档体都包含在标签<html></html>中，是 HTML 文档的根标签，其他标签都包含在此标签中。其基本结构如下：

```
<html>
    <head>
        头部信息
    </head>
    <body>
        主体信息
    </body>
</html>
```

在文档头和文档体中还可以包含其他各种丰富多彩的标签，能够表现出各种生动形象、风格多样的网页设计。

5.1.3　HTML 常见标签

1. 文字版面标签

文字版面类标签包含换行标签
、段落标签<p>、标题标签<hn>、引文标签<blockquote>、水平分割线标签<hr>等，下面就其中常用的几个标签进行演示。

标题标签的形式为"<hn>内容</hn>"，HTML 中提供 6 个等级的标题，从 h1 到 h6，数字越小，字号越大。段落标签的形式为"<p>内容</p>"，每个段落会新开始一行进行显示。换行标签为
，要在段落中的文字间进行换行就要使用换行标签。下例显示了这几个标签的使用：

5-1.html

```
<html>
    <body>
        <h2>春晓</h2>
        <p>
        春眠不觉晓，处处闻啼鸟。<br>
        夜来风雨声，花落知多少。
        </p>
    </body>
</html>
```

其浏览器显示结果如图 5-1 所示。

2. 列表标签

在网页制作中，常常要将某些信息以列表的方式表示出来，这就需要 HTML 中的列表标签。列表标签分为两种，一种是无序列表，一种是有序列表。

无序列表使用的一对标签是<ul></ul>，无序列表指没

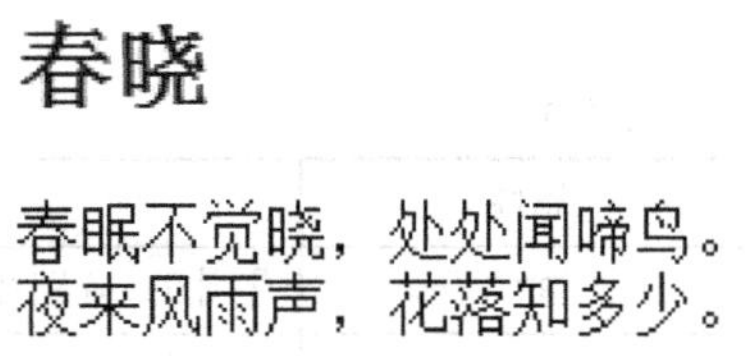

春晓

春眠不觉晓，处处闻啼鸟。
夜来风雨声，花落知多少。

图 5-1　文字版面标签的使用

有进行编号的列表，每一个列表项使用<li></li>标签包含起来。<ul>的 type 属性指定了列表项的标示符，有三个选项，分别为 disc（实心圆）、circle（空心圆）、square（方块）。其默认值为实心圆。

有序列表和无序列表的使用格式基本相同，它使用标签<ol></ol>，每一个列表项使用<li></li>标签包含起来。<ol>列表的结果是带有前后顺序之分的编号。如果插入和删除一个列表项，编号会自动调整。<ol>同样具有 type 属性，其 type 属性的取值可以是 1（数字标号）、A（大写字母标号）、a（小写字母标号）、I（大写罗马数字标号）、i（小写罗马数字标号）。其默认值为数字。

列表也可以进行嵌套，即将一个列表嵌入到另一个列表中，作为另一个列表的一部分，无论是有序列表还是无序列表的嵌套，浏览器都可以自动地分层排列。下例显示了列表标签的使用：

5-2.html

```html
<html>
    <body>
    世界
        <ul type=circle>
            <li>中国
                <ol type=I>
                    <li>北京</li>
                    <li>山西</li>
                    <li>四川</li>
                </ol>
            </li>
            <li>美国
                <ol type=a>
                    <li>马里兰</li>
                    <li>田纳西</li>
                    <li>阿肯色</li>
                </ol>
            </li>
        </ul>
    </body>
    </html>
```

其浏览器显示结果如图 5-2 所示。

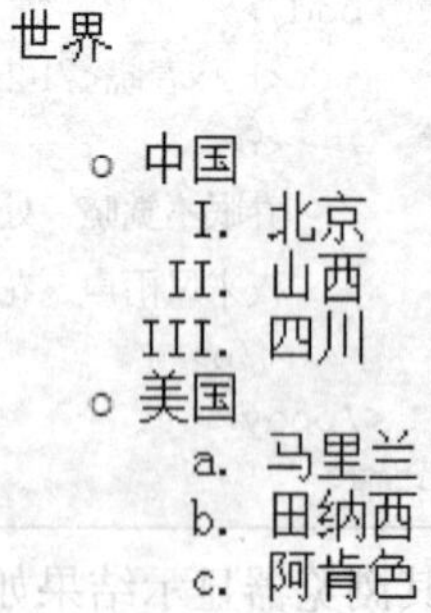

3. 图片标签

图片标签为<img>，是一个单标签，其作用是将一副图片显示在网页的某个位置，并可以设定它的大小、边框等属性。当浏览器读取到<img>标签时，就会显示此标签所设定的图像。图片标签的常用属性如表 5-1 所示。

世界

○ 中国
   I. 北京
   II. 山西
   III. 四川
○ 美国
   a. 马里兰
   b. 田纳西
   c. 阿肯色

图 5-2 列表标签的使用

表 5-1   图片标签常用属性

属性	描述
src	图片的 url 路径
alt	图片载入失败时的提示文字
width	图片显示宽度

属性	描述
height	图片显示高度
align	图片对齐方式
border	图片边框设置

下例显示了图片标签的使用：

5-3.html

```
<html>
    <body>
        <img    src="logo.gif"    width="390"    height="100"    border="2"    align="top"
alt="Taiyuan  University of Technology" />
    </body>
        </html>
```

其浏览器显示结果如图 5-3 所示。

图 5-3　图片标签的使用

4. 链接标签

链接标签用于建立超链接，可以让用户从一个页面跳转到另一个页面。链接标签形式为
"<a>内容</a>"，其中"内容"是作为链接所显示在页面上的内容，可以是文字、图片等，当
用户点击"内容"时，页面就会跳转到链接所指向的页面，跳转页面由属性 href 决定，是链
接标签最重要的一个属性。链接标签的其他属性有 target、title 等，target 属性指定打开链接
的目标窗口，默认值为当前窗口，title 属性指定鼠标指向链接时所显示的标题文字。下例显示
了链接标签的使用：

5-4-1.html

```
<html>
    <body>
        <a href="5-4-2.html">这是初始页面</a>
    </body>
    </html>
```

5-4-2.html

```
<html>
    <body>
        这是跳转页面
    </body>
    </html>
```

用浏览器打开文件 5-4-1.html，其结果如图 5-4 所示，点击页面中链接，将跳转到 5-4-2.html
页面，如图 5-5 所示。

这是初始页面

图 5-4　跳转前页面

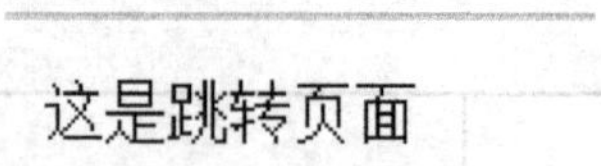

这是跳转页面

图 5-5　跳转后页面

5. 表格标签

表格在网页设计中不仅用于显示数据，还通常用于网页的布局和排版。很多大型网站也都是借助表格进行排版，使页面布局合理，内容一目了然，因此表格在网页设计中是非常重要的。在 HTML 中，表格是通过一组标签<table>、<th>、<tr>、<td>等来完成的，它们的作用如表 5-2 所示。

表 5-2	表格标签组
<table>...</table>	用于定义一个表格开始和结束
<caption> ...</caption>	定义表格的标题。在表格中也可以不用此标签
<th>...</th>	定义表头单元格。表格中的文字将以粗体显示，在表格中也可以不用此标签，<th>标签必须放在<tr>标签内
<tr>...</tr>	定义一行标签，一组行标签内可以建立多组由<td>或<th>标签所定义的单元格
<td>...</td>	定义单元格标签，一组<td>标签将建立一个单元格，<td>标签必须放在<tr>标签内

在一个最基本的表格中，必须包含一组<table>标签、一组<tr>标签和一组<td>标签或<th>标签。

在定义表格的多个标签中，每一个都有若干属性，共同定义表格的样式。<table>标签的常用属性如表 5-3 所示。

表 5-3	<table>标签常用属性
属性	描述
width	表格的宽度
height	表格的高度
align	表格在页面的水平摆放位置
background	表格的背景图片
bgcolor	表格的背景颜色
border	表格边框的宽度
bordercolor	表格边框颜色
cellspacing	单元格之间的间距
cellpadding	单元格内容与单元格边界之间空白距离的大小

<tr>标签的常用属性如表 5-4 所示。

表 5-4	<tr>标签常用属性
属性	描述
height	行高
align	行内容的水平对齐
valign	行内容的垂直对齐
bgcolor	行的背景颜色
bordercolor	行的边框颜色

<th>和<td>标签的常用属性如表 5-5 所示。

表 5-5   <th>和<td>标签常用属性

属性	描述
width	单元格的宽度
height	单元格的高度
colspan	单元格向右打通的列数
rowspan	单元格向下打通的行数
align	单元格内容的水平对齐
valign	单元格内容的垂直对齐
bgcolor	单元格的底色
bordercolor	单元格边框颜色
background	单元格背景图片

单元格的合并，即要创建跨多行、多列的单元格，只需在<th>或<td>中加入 rowspan 或 colspan 属性即可，其值为一个数字，表明了此单元格要跨越的行或列的个数，默认值为 1。

表格的嵌套，即一个表格内部可以嵌套另一个表格，通常用于网页的排版，由总表格规划整体的结构，由嵌套的表格负责各个子栏目的排版，并插入到表格的相应位置，这样就可以使页面的各个部分有条不紊，互不冲突，看上去清晰整洁。

下面这个例子展示了一个比较复杂表格的建立：

5-5.html

```html
<html>
 <body>
 <table border="thin" align="center" bordercolor="black" cellspacing="0">
    <caption>
      我去过的城市
    </caption>
    <tr bgcolor="#aabb00">
      <th width="50">名称</th>
      <th width="100">日期</th>
      <th width="50">温度</th>
      <th width="100">海拔</th>
      <th width="100">人口</th>
      <th width="100">美食等级</th>
    </tr>
    <tr>
      <td>大连</td>
      <td>2013</td>
      <td>33</td>
      <td>1200</td>
      <td>500</td>
      <td>4/5</td>
    </tr>
    <tr>
      <td rowspan="2">香港</td>
```

```
      <td>31</td>
      <td rowspan="2">1000</td>
      <td rowspan="2">800</td>
      <td>5/5</td>
    </tr>
    <tr>
      <td>2005</td>
      <td>28</td>
      <td>
        <table border="thin" bordercolor="black">
          <tr>
            <th>我</th>
            <td>5/5</td>
          </tr>
          <tr>
            <th>小张</th>
            <td>4/5</td>
          </tr>
        </table>
      </td>
    </tr>
    <tr>
      <td>海口</td>
      <td>2007</td>
      <td>36</td>
      <td>800</td>
      <td>500</td>
      <td>3/5</td>
    </tr>
  </table>
</body>
    </html>
```

其浏览器显示结果如图 5-6 所示。

我去过的城市

名称	日期	温度	海拔	人口	美食等级
大连	2013	33	1200	500	4/5
香港	2007	31	1000	800	5/5
	2005	28			我 5/5 / 小张 4/5
海口	2007	36	800	500	3/5

图 5-6 表格标签的使用

6. 表单标签

表单在网页中用来给访问者填写信息，从而能采集客户端信息，使网页具有交互的功能。一般是将表单设计在一个 HTML 文档中，当用户填写完信息并做提交操作后，表单的内容就从客户端的浏览器传送到服务器上。表单由<form></form>标签来创建，内部可以包含各类控件，如文本输入框、复选项、提交按钮等，这些控件又叫作表单元素。表单元素最基本的标签是<input>标签，它可以用来定义文本输入框和按钮等表单元素，只需要指定它的 type 属性即可。其他的表单元素标签有<select>、<textarex>等，下面分别进行讲解。

<form></form>标签对用来创建一个表单，在开始和结束标签之间的一切定义都属于表单的内容。该标签常用属性有 action、method、target。action 属性指定用来接收表单信息的服务器端程序的 url；method 属性定义处理程序从表单中获得信息的方式，可取值为 GET 和 POST 的其中一个；target 属性指定目标窗口打开方式，可取值有当前窗口（_self）、父窗口（_parent）、顶层窗口（_top）、空白窗口（_blank）。

<input>标签共提供了九种表单元素类型，具体是哪一种类型由其 type 属性来决定，如表 5-6 所示。

表 5-6　　　　　　　　　　　　　　　<input>标签 type 属性类型

type 属性取值	表单元素类型
<input type="TEXT" size="" maxlength="">	单行的文本输入区域，size 与 maxlength 属性用来定义此种输入区域显示的尺寸大小与输入的最大字符数
<input type="BUTTON">	普通按钮，当这个按钮被点击时，就会调用属性 onclick 指定的函数；在使用这个按钮时，一般配合使用 value 指定在它上面显示的文字，用 onclick 指定一个函数，一般为 JavaScript 的一个事件
<input type="SUBMIT">	提交到服务器的按钮，当这个按钮被点击时，就会连接到表单 form 属性 action 指定的 url 地址
<input type="RESET">	重置按钮，单击该按钮可将表单内容全部清除，重新输入数据
<input type="CHECKBOX" checked>	一个复选框，checked 属性用来设置该复选框默认是否被选中
<input type="HIDDEN">	隐藏区域，用户不能在其中输入，用来预设某些要传送的信息
<input type="IMAGE" src="URL">	使用图像来代替 Submit 按钮，图像的源文件名由 src 属性指定，用户点击后，表单中的信息和点击位置的 X、Y 坐标一起传送给服务器
<input type="PASSWARD">	输入密码的区域，当用户输入密码时，区域内将会显示"*"
<input type="RADIO">	单选钮类型，checked 属性用来设置该单选框默认是否被选中

除了 type 属性外，<input>标签还有常用属性 name 和 value，name 属性用来给每一个表单中出现的输入区域一个名字，这个名字与输入区域是一一对应的，而 value 属性用来指定某个输入区域的默认值，服务器就是通过调用某一输入区域的 name 属性来获得该区域的 value 属性值的。

<select></select>标签对用来创建一个菜单下拉列表框。该标签常用属性有 name、size、multiple。name 属性指定列表框的名字；size 属性用来设置列表的高度，默认值为 1，即显示一个弹出式的列表框；multiple 属性不用赋值，直接加入标签中即可，指明此列表框可多选。

<option></option>标签对用来指定列表框中的一个选项，它放在<select></select>标签对之间。此标签具有 selected 和 value 属性，selected 属性用来指定所在项为默认的选项，value 属性用来给所在的选项赋值。

<textarea></textarea>标签对用来创建一个可以输入多行的文本框。该标签常用属性有 name、cols、rows。name 属性指定多行文本框的名字；cols 属性指定多行文本框的宽度；rows 属性指定多行文本框的高度。

下面这个例子展示了一个比较复杂表单的建立：

5-6.html

```
<html>
    <body>
        <table align="center" width="500" border="0" cellpadding="2" cellspacing="0">
```

```
        <caption align="center"><h2>学生基本信息</h2></caption>
        <form action="server.php" method="post">
            <tr>
                <th>姓名: </th>
                <td ><input type="text" name="username" size="20" /></td>
            </tr>
            <tr>
                <th>性别: </th>
                <td>
                    <input type="radio" name="sex" value="1" checked="checked" />男
                    <input type="radio" name="sex" value="2" />女
                </td>
            </tr>
            <tr>
                <th>学历: </th>
                <td>
                    <select name="edu">
                        <option>--请选择--</option>
                        <option value="2">大专</option>
                        <option value="3">本科</option>
                        <option value="4">研究生</option>
                        <option value="5">其他</option>
                    </select>
                </td>
            </tr>
            <tr>
                <th>爱好: </th>
                <td>
                    <input type="checkbox" name="course[]" value="4">跳舞
                    <input type="checkbox" name="course[]" value="5">绘画
                    <input type="checkbox" name="course[]" value="6">唱歌
                    <input type="checkbox" name="course[]" value="7">体育
                </td>
            </tr>
            <tr>
                <th>自我评价: </th>
                <td><textarea name="eval" rows="4" cols="40"></textarea></td>
            </tr>
            <tr>
                <td colspan="2" align="center">
                    <input type="submit" name="submit" value="提交">
                    <input type="reset" name="reset" value="重置">
                </td>
            </tr>
        </form>
</table>
    </body>
</html>
```

其浏览器显示结果如图 5-7 所示。

7. 多媒体嵌入标签

<embed></embed>标签对用于将除图片之外的多媒体文件插入网页，比如可以插入音乐和视频等，格式可以是 Midi、Wav、AIFF、AU、MP3 等。浏览器通常是调用称为插件的内置程序来

播放多媒体文件的。一般浏览器仅仅能显示几种文件格式，是插件扩展了浏览器的能力。有许多种不同的插件程序，每种都能赋予浏览器一种新的能力。有时，不得不分别下载多个多媒体插件程序来播放不同格式的多媒体文件。<embed>标签最重要的属性是 src 属性，用于指定多媒体文件及其路径，可以是相对路径或绝对路径。该标签的常见属性如表 5-7 所示。

图 5-7　表单标签的使用

表 5-7　<embed>标签常用属性

src="filename"	设定多媒体文件的路径
autostart=true/false	是否要多媒体文件传送完就自动播放，true 是要，false 是不要，默认为 false
loop=true/false	设定播放重复次数，loop=6 表示重复 6 次，true 表示无限次播放，false 表示播放一次即停止
startime="分:秒"	设定多媒体文件的开始播放时间，如 20 秒后播放写为 startime=00:20
volume=0-100	设定音量的大小。如果没设定的话，就用系统的音量
width height	设定播放控件面板的大小
hidden=true	隐藏播放控件面板
controls=console/smallconsole	设定播放控件面板的样子

下面这个例子展示了<embed>标签的使用：

5-7.html

```
<html>
    <body>
    <h2 align="CENTER">网页中的多媒体</h2>
    <center>
        <embed src="春野.mp3" height=150 width=400 loop="false">
        </center>
        </body>
</html>
```

其浏览器显示结果如图 5-8 所示。

图 5-8　<embed>标签的使用

5.2　常用网页编辑软件介绍

可以用于网页编辑的软件多种多样，大致可以分为三类。首先，HTML 网页文件作为一种纯文本文件，可以用最简单的记事本进行编辑，或者其他一些功能更加强大的类似记事本软件如 UltraEdit、EditPlus 等，能够对 HTML 关键字进行特殊显示，这类软件通常用于初学者或者一些简单网页的编写。第二类是专门用于 HTML 编辑的软件，这类软件通常提供各种网页控件，可以实现所见即所得，目前这类软件非常丰富，比较常用的有 FrontPage、Dreamweaver 等，这类软件主要用于网站设计人员。第三类是一些专业的集成开发工具，通常与特定的后台开发技术相关联，如.net 平台下的 Visual Studio 开发环境，以及 J2EE 平台下的 Eclipse 开发环境，这类软件的使用者主要是程序员，他们往往更加关注网站的功能，而非页面本身。本章主要讨论网页自身的编辑，并不涉及服务器端技术，下面就一些常用的第二类网页编辑软件进行介绍。

1. FrontPage

FrontPage 是微软公司的一款网页制作入门级软件。它可能是最简单而最容易上手，却又功能强大的主页制作利器。所见即所得的操作方式会让你很快上手，结合了设计、代码、预览三种模式于一体，也可一起显示代码和设计视图。站点管理功能可以帮助用户方便地管理各类文件，在更新服务器上的站点时不需要创建更改文件的目录。其缺点是生成的垃圾代码多，且对动态网页的支持不强。

2006 年，微软公司宣布 FrontPage 将被两款专业的网页设计工具所取代，即 Expression Web 和 Sharepoint Designer。FrontPage 的当前版本，同时也是最后一个版本是 FrontPage 2003。虽然 FrontPage 已经停止更新，但它具有庞大的用户数量以及简单易用的特性，的确是很好的入门级网页编辑工具。

2. Dreamweaver

Dreamweaver 是美国 Macromedia 公司开发的集网页制作和管理网站于一身的所见即所得网页编辑器，用于 Web 站点、Web 页面和 Web 应用程序的设计、编码和开发，通过其可视化编辑功能，用户可以快速创建页面，而无需编写任何代码，后被 Adobe 公司收购。它同时包括可视化编辑、HTML 代码编辑的软件包，并支持 ActiveX、Javascript、Java、Flash、ShockWave 等，而且它还能通过拖曳制作动态的 HTML 动画，支持 DHTML。它所采用的 Roundtrip HTML/JavaScript 行为库以及可视化编辑环境大大减少了代码的编写，同时也保证了其专业性和兼容性。通过 Dreamweaver 与其他群组产品的配合使用以及众多第三方支持可轻松完成电子商务网站的构建。到目前为止，全世界范围超过 60%的专业网页设计师都在使用 Dreamweaver。Dreamweaver 的当前最新版本为 Dreamweaver CS6。

3. Adobe Pagemill

Pagemill 常用来制作多框架、表单和 Image Map 图像的网页。Pagemill 功能不算强大，但使用起来很方便，适合初学者制作较为美观、而不是非常复杂的主页。如果你的主页需要很多框架、表单和 Image Map 图像，那么 Adobe Pagemill 3.0 的确是你的首选。Pagemill 创建多框架页面十分方便，可以同时编辑各个框架中的内容。Pagemill 在服务器端或客户端都可创建与处理 Image Map 图像，它也支持表单创建。Pagemill 允许在 HTML 代码上编写和修改，支持大部分常见的 HTML 扩展，还提供拼写检错、搜索替换等文档处理工具。在 Pagemill 3.0 中还增加了站点管理能力，但仍不支持 CSS、TrueDoc 和动态 HTML 等高级特性。Pagemill 另一大特色是有一个剪贴板，可以将任意多的文本、图形、表格拖放到里面，需要时再打开，很方便。

4. HotDog

HotDog 是较早基于代码的 Web 开发工具，主要针对那些希望在页面中加入 CSS、Java、RealVideo 等复杂技术的高级设计者。HotDog 对插件的支持也远远超过其他产品，它提供的对话框允许你以手动方式为不同格式的文件选择不同的选项。

5. HomeSite

HomeSite 是一个小巧而全能的 HTML 代码编辑器，有丰富的帮助功能，支持 CGI 和 CSS 等，并且可以直接编辑 perl 程序。HomeSite 工作界面繁简由人，根据习惯可以将其设置成像 Notepad 那样简单的编辑窗口，也可以在复杂的界面下工作。HomeSite 具有良好的站点管理功能，链接确认向导可以检查一个或多个文档的链接状况。HomeSite 更适合那些比较复杂和精彩的页面设计。如果你希望能完全控制制作页面的进程，HomeSite 是你的最佳选择。

在当今众多网页编辑软件中，使用最为广泛的当属 Dreamweaver，它是大多数网页设计和开发人员的首选软件。下面基于该软件的 Dreamweaver CS5 版本，详细介绍其开发环境和使用方法。

5.3　Dreamweaver CS5 动态网页制作

5.3.1　Dreamweaver CS5 基础

1. Dreamweaver CS5 工作流程

用户可以使用多种方法来创建 Web 站点，下面介绍其中一种常用方法：

1）规划和设置站点

确定将在哪里发布文件，检查站点要求、访问者情况以及站点目标。此外，还应考虑诸如用户访问以及浏览器、插件和下载限制等技术要求。在组织好信息并确定结构后，就可以开始创建站点了。

2）组织和管理站点文件

使用"文件"面板，可以方便地添加、删除和重命名文件及文件夹，以便根据需要更改组织结构，还可以同步本地和远程站点上的文件。使用"资源"面板可方便地组织站点中的资源，然后可以将大多数资源直接从"资源"面板拖到 Dreamweaver 文档中。

3）设计网页布局

可以使用多种方法来创建网页布局，或综合使用 Dreamweaver 布局选项创建站点的外观。用户可以使用 CSS 定位样式或预先设计的 CSS 布局来创建布局，还可以利用表格工具，通过绘制并重新安排页面结构来快速地设计页面。如果需要在浏览器中显示多个元素，可以使用框架来设计文档的布局。

4）向页面添加内容

添加资源和设计元素，如文本、图像、鼠标经过图像、图像地图、颜色、影片、声音、HTML 链接、跳转菜单等，Dreamweaver 提供的各种可视化工具可以帮助用户轻而易举地完成这些工作。

5）通过手动编码创建页面

手动编写 Web 页面的代码是创建页面的另一种方法。Dreamweaver 提供了易于使用的可视化编辑工具，但同时也提供了高级的编码环境，而且可以随时相互切换。

6）针对动态内容设置 Web 应用程序

许多 Web 站点都包含了动态页，动态页使访问者能够查看存储在数据库中的信息，并且一般会允许某些访问者在数据库中添加新信息或编辑信息。若要创建动态页，必须先设置 Web 服务器和应用程序服务器，创建或修改 Dreamweaver 站点，然后连接到数据库。

7）创建动态页

在 Dreamweaver 中，可以定义动态内容的多种来源，其中包括从数据库提取的记录集、表单参数和 JavaBeans 组件。若要在页面上添加动态内容，只需将该内容拖动到页面上即可。

8）测试和发布

测试页面是在整个开发周期中进行的一个持续的过程。在这一工作流程的最后，在服务器上发布该站点。许多开发人员还会安排定期的维护，以确保站点保持最新并且工作正常。

2. Dreamweaver CS5 安装

用户可以在 Adobe 公司官方网站免费下载 Dreamweaver CS5 的试用版，如果需要长期使用，需购买安装序列号进行在线激活。

Dreamweaver CS5 有 PC 版和 Mac 版两个针对不同机型的安装程序，它们的安装方法大致相同。其安装步骤非常简单，双击安装文件开始安装，安装过程有如下几个步骤：

① 欢迎界面，可以选择显示语言。

② 输入序列号，如果没有，可以选择安装试用版。

③ 输入 Adobe ID，如果没有，可以选择跳过此步骤。

④ 安装选项，选择要安装的 Dreamweaver CS5 组件以及安装路径。

⑤ 安装进度，显示安装进度条。

⑥ 完成界面，显示安装完成信息。

3. Dreamweaver CS5 工作区

Dreamweaver 工作区使您可以查看文档和对象属性。工作区还将许多常用操作放置于工具栏中，使您可以快速更改文档。在 Windows 中，Dreamweaver 提供了一个将全部元素置于一个窗口中的集成布局。在集成的工作区中，全部窗口和面板都被集成到一个更大的应用程序窗口中，如图 5-9 所示。

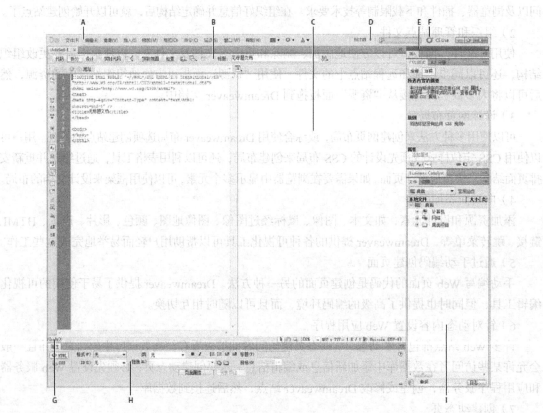

图 5-9　Dreamweaver CS5 工作区

整个工作区窗口由 A-I 共 9 部分组成，各部分名称及作用如下表所示：

表 5-8　　　　　　　　　　　　　　Dreamweaver 工作区组成

A：应用程序栏	包含一个工作区切换器、一组菜单，以及其他应用程序控件。其中菜单包含了所有 Dreamweaver CS5 操作所需要的命令
B：文档工具栏	提供各种"文档"窗口视图（如"设计"视图和"代码"视图）的选项、各种查看选项和一些常用操作
C：文档窗口	显示当前创建和编辑的文档
D：工作区切换器	提供一个弹出式的菜单，用户可以选择适合自己的面板布局方式，以适应不同的工作需要
E：面板组	帮助用户进行监控和修改。常用面板有"插入"面板、"CSS 样式" 面板和"文件"面板等。若要展开某个面板，请双击其选项卡
F：CS Live	通过该按钮可以连接到 Adobe 服务器，以获取各种服务和帮助
G：标签选择器	显示环绕当前选定内容的标签的层次结构。单击该层次结构中的任何标签可以选择该标签及其全部内容
H：属性检查器	用于查看和更改所选对象或文本的各种属性。每个对象具有不同的属性
I：文件面板	用于管理文件和文件夹，无论它们是 Dreamweaver 站点的一部分还是位于远程服务器上。"文件"面板可以访问本地磁盘上的全部文件

5.3.2　创建与管理站点

要制作一个能够被公众浏览的网站，首先要在本地磁盘上制作这个网站，然后把这个网站上传到 Web 服务器上。放置在本地磁盘上的网站称为本地站点，位于 Web 服务器里的网址称为远程站点。Dreamweaver CS5 提供了对本地站点和远程站点的强大管理功能。

1. 站点建立

无论是一个网页制作新手，还是一个专业网页设计师，都要从构建站点开始。由于不同网站的功能作用不同，结构也千差万别，所以要根据需要来组织站点的结构。Dreamweaver 使用【管理站点】向导来搭建站点，可以方便快捷地创建本地站点，其步骤如下：

① 选择【站点】→【管理站点】菜单项。

② 弹出【管理站点】对话框，在对话框中，单击【新建】按钮。

③ 弹出【站点设置对象】对话框，在对话框中选择【站点】选项卡，在【站点名称】文本框中输入准备使用的名称，单击【本地站点文件夹】右侧的【浏览文件夹】按钮，选择准备使用的站点文件夹，单击【选择】按钮。

④ 在【管理站点】对话框中显示刚刚新建的站点，单击【完成】按钮。

此时，在【文件】面板中即可看到创建的站点文件，通过以上步骤即可完成使用【管理站点】向导搭建站点的操作。

2. 站点规划

规划站点的目的是使网站的结构清晰化，一般在制作网站之前完成。好的网站规划可以为之后的网站建设节省大量宝贵时间，下面是网站规划时常用的一些方法。

1）把站点内容划分为多个目录

指把网站中不同主题、不同栏目的内容分布放在各自的目录中，比如太原理工大学网站，有"管理机构"、"院系设置"、"学科学位"等栏目，可以把各个栏目的内容分别放在各自不同的文件夹下，方便管理和查找。

2）不同类别的文件放在不同的文件夹中

指把网站中除 HTML 格式以外的文件，比如图像文件、Flash 文件、MP3 文件、JavaScript 文件等，都放在各自的文件夹中，方便管理和调用。最常见的做法是把网站中的所有图片都放在一个名为"images"的文件夹下。

3）本地和远程站点使用相同的目录结构

指本地站点要和远程站点保持同步，这样在本地制作的站点才能原封不动地显示出来。

3. 站点管理

新创建的站点都是空的，下一步就是要对网站内容进行操作。站点管理指对站点内部的各种文件夹或文件进行创建、删除、移动和复制等操作。

1）创建文件夹

在【文件】面板中的站点根目录上单击鼠标右键，从弹出菜单中选择【新建文件夹】命令，可以新建一个文件夹并给文件夹命名。

2）创建文件

在【文件】面板中的站点根目录上单击鼠标右键，从弹出菜单中选择【新建文件】命令，可以新建一个文件并给文件命名。

另外，如果刚刚打开 Dreamweaver CS5，可以直接在欢迎屏幕的"新建"下选择新建不同类型的页面。

3）管理文件与文件夹

对于新建的文件夹和文件，可以进行如下管理操作：

● 移动和复制

在【文件】面板的站点文件列表中，选中要移动或复制的文件夹或文件。执行【编辑】→【剪切】命令进行移动，【编辑】→【复制】命令进行复制，然后选择要移动或复制的位置，执行【编辑】→【粘贴】命令，完成移动或复制操作。

● 重命名

在【文件】面板的站点文件列表中，选中要重命名的文件夹或文件，按快捷键 F2，文件名即变为可编辑状态，输入新的文件名，按回车键确认即可。

● 删除

在【文件】面板的站点文件列表中，选中要删除的文件夹或文件。执行【编辑】→【删除】命令或按 Delete 键，这时会弹出一个提示对话框，提示是否要删除文件夹或文件，单击"是"确认按钮，即可将文件夹或文件删除。

5.3.3 插入文本

1. 插入文本文字

文字是网页设计最基本也是最重要的部分，使用 Dreamweaver CS5 跟普通的文字处理软件一样，可以方便地对网页中的文字和字符进行格式化处理。

1）添加普通文本

在网页中需要输入大量文本内容时，可以通过以下两种方法来完成。

● 直接输入

用鼠标单击网页编辑窗口中的空白区域，窗口中随即出现闪动的光标，标识输入文字的起始位置，用键盘输入文本即可。

● 复制和粘贴

除了直接输入文本，更多的用户习惯在专门的文本编辑软件中先编辑好需要的文本内容，如 Microsoft Word，这时可以使用 Dreamweaver 的文本复制功能，将大段的文本复制到网页编辑窗口内。

2）添加列表

列表分为有序列表和无序列表两种，选中要作为列表项的文本后，单击【属性】面板中的【项目列表】按钮，即可插入无序列表，单击【属性】面板中的【编辑列表】按钮，即可插入有序列表，如图 5-10 所示。

图 5-10　添加列表按钮

在设计视图中选中已有列表的任意内容，执行【格式】→【列表】→【属性】命令，可弹出"列表属性"对话框，如图 5-11 所示，在该对话框中可以对列表进行进一步的设置。

2．插入特殊文本

在网页中除了普通文本内容外，还可以插入一些比较特殊的文本元素，如特殊字符、时间、水平线等。

1）插入特殊字符

特殊字符包括版权符号、货币符号等，在 HTML 中，它们通常是以"&"开头和";"结尾的特定数字或字母的组合，十分不方便记忆，使用 Dreamweaver 可以帮助我们非常方便地在网页中插入这些特殊字符。

将光标移到需要插入特殊字符的位置，在【插入】面板中选择"文本"选项，我们可以在列表的最下方找到"字符"项，单击"字符"项按钮，在弹出菜单中就可以找到各种特殊字符。如果选择"其他字符"项，可弹出"插入其他字符"对话框，用户可以从中选择更多的特殊字符，如图 5-12 所示。

图 5-11　列表属性对话框

图 5-12　插入字符选项

2）插入日期

将光标移到到需要插入日期的位置，在【插入】面板中选择"常用"选项，在其列表中找到并单击"日期"选项，则弹出"插入日期"对话框，用户可以从中选择日期的各种显示格式，选择好后单击"确定"按钮即可，如图 5-13 所示。

3）插入水平线

将光标移到到需要插入水平线的位置，在【插入】面板中选择"常用"选项，在其列表中找到并单击"水平线"选项即可，如图 5-14 所示。

图 5-13 插入日期选项   图 5-14 插入水平线选项

3. 设置文本属性

在 Dreamweaver CS5 中可以方便地对网页中文本的颜色、字体、大小等进行设置。方法是用鼠标选中需要设置的文本内容，利用【属性】面板便可对所选文本进行各项设置。【属性】面板分为两个部分，即 HTML 属性和 CSS 属性，HTML 属性将写入对应标签中，CSS 属性将写入 CSS 样式表中，用户可以根据需要分别设置，各个属性的具体含义可以自行尝试，这里不再叙述，属性设置如图 5-15 和图 5-16 所示。

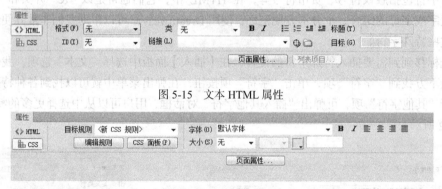

图 5-15 文本 HTML 属性

图 5-16 文本 CSS 属性

5.3.4 插入多媒体

1. 插入图像

1）网页图像格式

当前比较流行的网页图像格式主要有 GIF、JPEG 和 PNG 等。

GIF 图像的特点是最多只能包含 256 种颜色，支持透明背景色，支持动画格式。它的这些特点决定了它适合于表现包含颜色不多、变化不复杂的图像，以及简单的交替动画，如一些 Logo、文字图片、动态表情等。

JPEG 图像的特点是支持 24 位真彩色，不支持透明背景色。因此，它常用来表现一些色彩丰富、结构复杂的图像。需要说明的是，JPEG 采用的是有损压缩，其图像品质和压缩率成反比，图像品质越好，占用的空间就越大，反之同理。用户可以根据自己的需要选择高、中、低等不同的图像压缩质量。

PNG 图像的开发目标是改善并取代 GIF 作为适合网络传输的格式。PNG 用来存储灰度图像时，灰度图像的深度可多到 16 位，存储彩色图像时，彩色图像的深度可多到 48 位，支持背景透明。PNG 格式可以保留所有原始图层、矢量和颜色，并且在任何时候都可以完全编辑所有元素。

2）插入图像

插入图像的步骤如下。

① 将光标移到需要插入图像的位置。

② 单击【插入】面板中"常用"选项下的"图像"选项，弹出"选择图像源文件"对话框，从中选取所需图像，单击"确认"按钮。

③ 弹出"图像标签辅助功能属性"对话框，可以在"替换文本"中输入图片的注释，当图片出现问题不能显示时，就会出现该说明文字。单击"确定"按钮后，就可以在设计页面中看到所插入的图片了，如图 5-17 所示。

图 5-17　插入图像选项

3）图像编辑

将图像插入到网页以后，用户就可以利用【属性】面板对所插入图像的属性进行设置了，包含的设置有图像大小、图像裁剪、亮度和对比度等，具体使用方法这里不再叙述，图像属性如图 5-18 所示。

图 5-18　图像属性

2. 插入声音

1）网页声音格式

当前比较流行的网页声音格式主要有 MP3、WAV、RAM 等。其中使用最为广泛的是 MP3，是一种压缩格式的声音，可以在保持较小文件的基础上实现高品质的声音效果。而且 MP3 支持流式处理，浏览者不必等待整个文件下载完成，可以边下载文件边收听。WAV 格式具有较高的声音质量，但文件通常较大，限制了它在网页上的使用。RAM 格式文件较小且支持流式处理，但浏览者需要安装 RealPlayer 插件，否则将无法播放。

2）添加背景音乐

添加背景音乐很简单，只要打开需要插入背景音乐的网页，并且切换到代码窗口，然后在"<body>"标签中插入以下代码即可。

```
<body>
    <bgsound src="xxx.mp3" loop="-1">
</body>
```

其中"<bgsound>"标签标识插入的背景音乐，"src"属性指定音乐文件的位置，"loop"属性指定循环模式，-1 表示无限循环播放。

3）嵌入音频

与在页面中添加背景音乐不同，嵌入音频可以在页面上显示播放器外观，包括播放、暂停、停止、音量等控制按钮，方便浏览者操作音频文件。在网页中嵌入音频一般包含以下几个步骤：

① 执行【插入】→【媒体】→【插件】命令，弹出"选择文件"对话框。

② 选择你要插入的音乐文件，单击"确定"按钮，音乐插件图标将显示在页面上。

③ 选中音乐插件图标，并在页面下方的属性栏中进行设置，如宽度和高度等。

4）单击工具栏上的"预览"按钮，选择在 IE 中进行预览。

其结果如图 5-19 所示：

图 5-19　在网页中嵌入音频

3. 插入视频

1）添加 Flash 动画

Flash 是 Adobe 公司推出的动画制作软件，利用它可以制作出小体积的优质动画，特别适用于网络环境，是目前网络上最流行的动画格式，其后缀为.SWF。在网页中添加 Flash 动画一般包含以下几个步骤：

① 执行【插入】→【媒体】→【SWF】命令，弹出"选择 SWF"对话框。

② 选择要添加的 Flash 文件，单击"确定"按钮，弹出"图像标签辅助功能属性"对话框，可以设置插入 Flash 的标题和访问键等。

③ 单击"确定"按钮完成添加。

④ 单击工具栏上的预览按钮，选择在 IE 中进行预览。

2）添加 FLV 视频

FLV 是随着 Flash 系列产品推出的一种流媒体格式。FLV 并不是 Flash 动画，它的出现是为了解决 Flash 对连续视频只能使用 JPEG 图像进行帧内编码压缩压缩率低、文件很大的问题。FLV 采用帧间编码压缩技术，可以有效地减少文件大小，并保证视频质量，很多视频网站都采用这种格式提供各类视频内容。在网页中添加 FLV 视频一般包含以下几个步骤：

① 执行【插入】→【媒体】→【FLV】命令，弹出"选择 FLV"对话框，如图 5-20 所示。

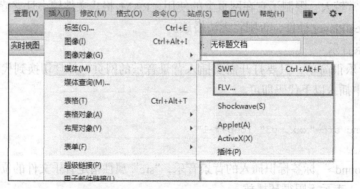

图 5-20　插入 Flash 动画、FLV 视频选项

② 在对话框中选择视频类型为"累进式下载视频"或"流视频"，然后填写 FLV 文件的 URL 或通过浏览选择一个 FLV 文件。

③ 单击"确定"按钮完成添加。

④ 单击工具栏上的预览按钮，选择在 IE 中进行预览。

5.3.5　插入超链接

链接是一个网站的灵魂，不同网页之间就是通过链接组织在一起的。Dreamweaver 提供了多种创建链接的方法，可以链接到文档、图像、多媒体文件，E-mail 地址，以及可下载文件等。链接不仅可以应用在文本上，还可以应用在图像上。

1．链接的种类

按照链接路径的不同，可以分为以下几类：

● 内部链接：指链接到站点内部的文件，链接地址一般为所链接文件的相对路径。

● 外部链接：指链接到远程外部站点的文件，链接地址一般为所链接文件的网址，如"http://www.tyut.edu.cn"。

● 脚本链接：指通过指定脚本来控制链接的结果，一般使用的脚本语言为 JavaScript，如"javascript:window.close()"。

按照产生链接对象的不同，可以分为文本链接和图像链接。

● 文本链接：指网页中带有超链接的文本。

● 图像链接：指网页中带有超链接的图像。

按照链接指向对象的不同，可以分为以下几类：

● 文档链接：指指向各类文档的链接，可以是 HTML 文档，也可以是多媒体文档。

● E-mail 链接：指指向 E-mail 地址的链接，在链接地址中使用"mailto"标记，如"mailto:yourname@sina.com"。

● 锚点链接：锚点是在文档中设置的位置标记，通过创建锚点，可以把链接指向当前文档或不同文档中指定位置。

● 空链接：指不指向任何对象的链接，常用来模拟链接来响应事件，或开发时预留的链接供以后添加。链接地址中使用"#"表示。

2．添加链接

1）添加文本链接

① 选中网页中要添加链接的文字。

② 执行【插入】→【超级链接】命令，弹出"超级链接"对话框。

③ 单击对话框中"链接"项后面的"文件夹"图标，选中要链接到的文件，单击"确定"按钮，如图 5-21 所示。

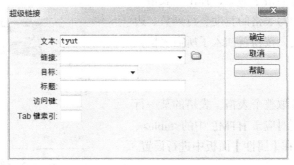

图 5-21　插入超链接对话框

2）添加电子邮件链接

① 选中网页中要添加电子邮件链接的文字。

② 执行【插入】→【电子邮件链接】命令，弹出"电子邮件链接"对话框，如图 5-22 所示。

③ 在"电子邮件链接"对话框中输入 E-mail 地址，输入完成后单击"确定"按钮，如图 5-22 所示。

3）添加锚点链接

① 创建一个锚点，把光标移动到需要添加锚点标记的地方，单击【插入】→【命名锚记】命令，弹出"命名锚记"对话框，输入锚记名称即可，如图 5-23 所示。

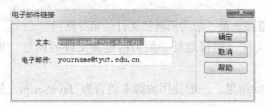

图 5-22　插入电子邮件链接对话框　　　　　　　图 5-23　创建锚点对话框

② 选中网页中要添加锚点链接的文字。

③ 在【属性】面板的"链接"项下输入"#"+锚点名称即可，如图 5-24 所示。

图 5-24　在属性面板中添加锚点链接

5.3.6　页面布局

制作网页时，首要的问题是对页面进行布局，确定页面的排版方式，这至关重要。网页布局是建立页面的总体框架，网页中的内容都是添加在这个框架中的。常用的网页布局方式有表格布局和 div 布局。

1. 表格布局

1）插入表格

执行【插入】→【表格】命令，弹出"表格"对话框。在对话框中填写表格的宽度、行列数、边框粗细等。单击"确定"按钮就插入了所需表格，如图 5-25 所示。

2）表格设置

用户可以用鼠标选取整个表格，表格的某一行或某一个单元格，分别对应于 HTML 中的<table>、<tr>和<td>标签，然后在【属性】面板中进行设置，如图 5-26 所示。

图 5-25　插入表格对话框

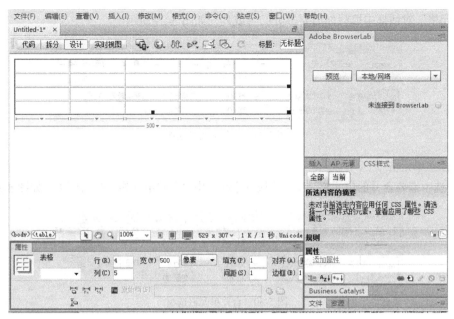

图 5-26 表格属性设置面板

3）调整表格结构

根据布局需要，除了对表格的大小、外观进行设置外，有时还需要调整表格的结构，如增加和删除某些行或列、拆分或合并单元格等。

- 增加表格的行或列

要增加行或列，在【插入】面板中选择"布局"项，将光标停留到所要添加行或列的单元格中，这时就可以利用相关按钮在此单元格的上下左右插入行或列，如图 5-27 所示。

- 删除表格的行或列

选中表格中需要删除的行或列，鼠标右键单击菜单中"表格"下的"删除行/列"项，就可以快速进行删除操作，用这种方法也可以进行插入操作，如图 5-28 所示。

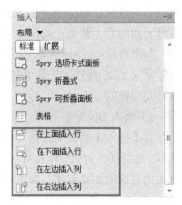

图 5-27 在表格中插入行或列选项

图 5-28 删除表格中的行或列选项

- 拆分单元格

首先将光标移到需要拆分的单元格中，单击【属性】面板中"拆分单元格"按钮，在弹出的

"拆分单元格"对话框中填写你需要拆分的行或列，如图 5-29 所示。

图 5-29 拆分单元格选项

- 合并单元格

首先选中需要合并的单元格，单击【属性】面板中"合并单元格"按钮即可，如图 5-30 所示。

图 5-30 合并单元格选项

2．div 布局

Div 是一个标准的 HTML 标签，专门用于网页布局，作为 Web 标准来代替 Table 标签用于网页的布局设计。<div>标签在文档内定义了一个区域，可以包括文本、表格、表单、图像、插件等各种页面内容，甚至在<div>标签内还可以包含子<div>标签。

如果要使<div>标签显示特定的效果，或者在某个特定位置上显示 HTML 内容，就要为<div>标签定义 CSS 样式。如果单独使用<div>标签，而不加任何 CSS 样式，那么它的效果和使用<p>标签是一样的。

1）插入 Div 标签

在【插入】面板中选择"布局"项，单击"插入 Div 标签"图标，弹出"插入 Div 标签"对话框，选择插入位置，以及对应的 CSS 类或 ID，也可以不做选择或创建新的 CSS 规则，关于 CSS 有关内容这里不再叙述。如图 5-31 所示。

图 5-31 插入 Div 标签选项

2）插入 AP Div

使用了 CSS 样式表中的绝对定位属性的<div>标签就叫作 AP Div。AP Div 可以理解为浮动在网页上的一个页面，可以放置在页面中的任何位置，可以随意移动这些位置，而且它们的位置可以相互重叠，也可以任意控制 AP Div 的前后位置、显示与隐藏，因此大大加强了网页设计的灵活性。

要插入 AP Div，在【插入】面板中选择"布局"项，单击"绘制 AP Div"图标，这时鼠标形状变为十字形，在页面中要插入 AP Div 的地方单击鼠标左键，拖动鼠标划出矩形区域，然后松开鼠标即可，如图 5-32 所示。

图 5-32　绘制 AP Div 选项

5.4　实验内容与要求

以"我的大学生活"为主题，创作一个个人网站。具体要求如下：

1．主页要求有明晰的导航、和谐的画面、丰富的媒体元素。

2．要合理地利用表格、div 进行网页布局，灵活地运用超链接实现主页与各网页之间的跳转。

3．设计的网页至少十页，链接结构二到三层，下一层必须有返回上一层的按钮或链接。

4．个人网站中必须包含介绍个人信息的页面，其他内容自定（可以根据自己的爱好进行选择，比如个人爱好、家乡发展介绍、专业相关的介绍、外出实习、校园文化、社团活动等等），尽量突出个性，内容鲜明，页面版式及色调风格统一。

第 6 章
Web3D 三维网页制作

6.1 三维网页制作基础知识

6.1.1 三维网页的概念

三维网页是相对于二维网页而言的，传统的二维网页以平面的文字和图像来表述内容，通过超链接形成内容有机地交织。三维网页是指三维立体的交互式网页，或能够在线实时访问的三维虚拟环境。该环境提供了同二维网页相等或相似品质和数量的静态甚至动态的网络资源，可以实现诸如参观旅游、网上聊天和购物等行为。

从表现形式来看，无论网页的形式是二维还是三维，都是显示在电脑屏幕上的，只不过三维网页利用了眼睛的视觉功能来达到三维效果，是在网络上模拟三维空间，具有比二维网页更强的交互性和娱乐性。从技术层面来看，二维网页是基于 HTML 的网页形式，三维网页是基于 Web3D 技术的网页形式。

6.1.2 三维网页的特征

1. 三维网页以实现三维场景漫游为基本特征

三维网页要在浏览器中实现三维世界。而最基本的三维环境就目前来讲有三维物体的 360°展示、全景环视、第一或第三视角的漫游等形式。这应该是三维网页应实现的最基本功能。

2. 三维网页需要在场景漫游的基础上实现互动设计

与二维网页的超文本属性相似，三维网页可以实现空间与空间的转换。而这种可转换的空间可以是同时间的，也可以超越时间的局限，因此是超空间的。简单的网络三维环境能够通过单击三维环境中的某一个特定区域，实现某物件的运动，显示针对某事件的文字说明或文本链接，以及实现该环境与外部站点的链接等功能。

3. 三维页面需要与二维页面互为补充

二维网页的形式在以三维世界为特征的网络中很可能会保留一席之地。原因在于三维网页目前还并不适用于所有的领域，而目前客户对网络三维的需求度还不高。毕竟二维网页的读写方式在某些情况下更简单、更快捷。三维网页具有很强的娱乐性和交互性，适合虚拟博物馆、网上商店以及网络游戏领域；而二维网页的可读性较强，对于一些仅提供数据资料和新闻信息的网站，二维形式的网页已经足够用了。当然，二维和三维两种技术也可能同时嵌入到一个页面中，互为补充。

4．声音、影像和动画成为交互性的多媒体因素

三维网页是使用虚拟现实技术模仿真实世界，声音、影像和动画因素则必不可少。因此三维网页同样具备超媒体的特征。二维网页的声效是单调的、装饰性的，或者说是既定的、不可更改的。而三维网页中的声效则是立体的、随机的，有些特定的场景还可能会强调声效的真实感。在三维场景中，动态视频影像仍然是不可或缺的媒体要素，以 MPEG-4 为代表的交互式媒体流技术会得到更大的发展。例如目前全景视频已经成为全景图技术发展的方向。二维网页中的动画是客观的，而三维网页中的动画是主观的。与传统动画不同，三维网页中的场景动画需要人的参与，所以是互动式的动画。

5．三维网页更加强调艺术设计

提高三维网页的亲和力，不仅要在互动性上下工夫，同时也应着力提升场景的美感和艺术氛围，不能忽视设计师的品味给虚拟环境带来的巨大变化。在现今网络带宽相对较低的情况下，一个极具艺术感染力的三维网页作品一定会使众多来访者倾心，反之则难以调动起访问者的积极性。

6.1.3　Web3D 技术

三维网页是基于 Web3D 技术的网页形式。因此，要开发三维网页，就必须要掌握 Web3D 技术。没有人对 Web3D 技术做过明确的定义，我们可以理解为是基于网络的 3D 图形渲染技术。

1．Web3D 技术的发展

网络三维技术的出现最早可追溯到 VRML（Virtual Reality Modeling Language），即虚拟现实建模语言，它是 HTML 的三维模型。VRML 开始于 20 世纪 90 年代初期，1994 年在芝加哥召开的第二届 WWW 大会上公布了 VRML1.0 标准，并在 1997 年作为国际标准正式发布。VRML 规范支持纹理映射、全景背景、雾、视频、音频、对象运动和碰撞检测，包括一切用于建立虚拟世界的东西。当时互联网上的 3D 图形和场景都是使用 VRML 来搭建，但是 VRML 最终并没有像预期那样得到推广运用，是因为当时 14.4k 的 modems 是普遍的联网方式，而 VRML 是几乎没有得到压缩的脚本代码，加上庞大的纹理贴图等数据，要在当时的互联网上传输简直是场噩梦。

为了改进和发展 VRML，1998 年 VRML 组织把自己改名为 Web3D 组织，同时制订了一个新的标准，Extensible 3D (X3D)，到了 2000 年春天，Web3D 组织完成了 VRML 到 X3D 的转换。X3D 整合正在发展的 XML、JAVA、流技术等先进技术，包括了更强大、更高效的 3D 计算能力、渲染质量和传输速度。虽然 X3D 出身名门，但和最流行的 Web3D 引擎比较，VRML 和 X3D 的市场占有率始终都不高。

Web3D 技术的竞争一直在进行着，目前国内外较流行的 Web3D 技术加起来仍有十多种，如 Unity3D、Virtools、Java3D、Quest3D、Flash3D、TurnTool、Webmax、Converse3D、VRP、Cult3D、VRML（X3D）、WebGL 等。随着时间的推移，有的已逐渐被淘汰，而且随时有新的成员加入，至今始终没有一个统一的技术标准。

2．Web3D 技术的应用

目前 Web3D 技术主要应用于商业、教育、娱乐和虚拟社区等方向。

1）对企业和电子商务

三维的表现形式，能够全方位的展现一个物体，具有二维平面图像不可比拟的优势。企业将其产品发布成网上三维的形式，能够展现出产品外形的方方面面，加上互动操作，演示产品的功能和使用操作，充分利用互联网高速迅捷的传播优势来推广公司的产品。对于网上电子商务，将销售产品展示做成在线三维的形式，顾客通过对其进行观察和操作能够对产品有更加全面的认识

了解，决定购买的几率必将大幅增加，为销售者带来更多的利润。

2）对教育业

现今的教学方式不再是单纯的依靠书本、教师授课的形式。计算机辅助教学（CAI）的引入弥补了传统教学所不能达到的许多方面。在表现一些空间立体化的知识，如原子、分子的结构、分子的结合过程、机械的运动时，三维的展现形式必然使学习过程形象化，学生更容易接受和掌握。许多实际经验告诉我们，"做比听和说更能接受更多的信息"。使用具有交互功能的 3D 课件，学生可以在实际的动手操作中得到更深的体会。

3）对娱乐游戏业

娱乐游戏业是一个永远不衰的市场。现今，互联网上已不是单一静止的世界，动态 HTML、Flash 动画、流式音视频，使整个互联网生机盎然。动感的页面较之静态页面能吸引更多的浏览者。三维的引入，必将造成新一轮的视觉冲击，使网页的访问量提升。娱乐站点可以在页面上建立三维虚拟主持这样的角色来吸引浏览者。游戏公司除了在光盘上发布 3D 游戏外，现在可以在网络环境中运行在线三维游戏。利用互联网络的优势，受众和覆盖面得到迅速扩张。

4）对虚拟现实展示与虚拟社区

使用 Web3D 实现网络上的 VR 展示，只须构建一个三维场景，人以第一视角在其中穿行。场景和控制者之间能产生交互，加之高质量的生成画面使人产生身临其境的感觉，为虚拟展厅、建筑房地产虚拟漫游展示提供了解决方案。

6.2 常用 Web3D 技术介绍

由于网络带宽的不断提升和网络媒体特别是电子商务对图形、图像技术、视频技术提出更高的要求，各个 3D 图形公司纷纷推出了自己的 Web3D 制作工具，使得 Web3D 虚拟现实技术操作更为简单，使用更加便捷。目前 Web3D 的开发技术除了传统的 VRML/X3D 以外，常见的还有 Viewpoint、Cult3D、Java3D、Virtools、Unity3D、WebGL 等，下面分别进行介绍。

1. Viewpoint

Viewpoint 是美国 Viewpoint 公司推出的，Viewpoint Experience Technology（VET）生成的文件格式非常小，三维多边形网格结构具有可伸缩（Scaleable）和流质传输（Steaming）等特性，使得它非常适合于在网络上应用。可以在它的 3D 数据下载的过程中看到一个由低精度的粗糙模型逐步转化为高精度模型的完整过程。VET 可以和用户发生交互操作，通过鼠标或浏览器事件引发一段动画或是一个状态的改变，从而动态地演示一个交互过程。VET 除了展示三维对象外还犹如一个能容纳各种技术的包容器，它可以把全景图像作为场景的背景，把 Flash 动画作为贴图使用。Viewpoint 的主要应用领域是物品展示的产品宣传和电子商务。

2. Cult3D

Cult3D 是瑞典的 Cycore 公司开发的应用软件，是一种跨平台的 3D 渲染引擎，它支持目前主流的各种浏览器，从 PC 到苹果的各种机型和 Unix、Linux、Windows 等各种常用的操作系统。Cult3D 为 3D 产品添加交互性动作并把完成后的 3D 文件压缩，它可以把 3D 产品嵌入到 Office、Adobe 的 Acrobat 和网页以及用于支持 ActiveX 的软件开发中。由于采用了先进的压缩算法，Cult3D 最后生成的以.co 为扩展名的文件很小，非常适合于在网络上传输。由于 Cult3D 是使用 Java 语言开发出来的，所以它生成的文件可以无缝地镶嵌到网页中。Cult3D 可以应用到多媒体制作上，但

Cult3D 更多应用在电子商务以及企业网站的产品介绍上。

3. Java3D

Java3D 实际上是 Java 语言在三维图形领域的扩展，是面向对象的编程。它可以实现生成物体、颜色贴图和透明效果、模型变换及动画等功能。Java3D 技术不需要安装插件，最初在客户端用一个 Java 解释包来解释就行了。不过，后来 Microsoft 公司宣布不再支持 Java，其常用的操作系统 Windows XP 也没有内建 Java 虚拟机，所以如果在 Windows XP 上使用 Java3D 也必须安装 Java 虚拟机。Java3D 除了插件瓶颈，也仅适用于产品展示领域，因为场景规模过大，Java3D 对运算的要求比较高。

4. Virtools

Virtools 是法国 Virtools 公司推出的国外专业游戏、3D/VR 设计及企划人员广泛使用的软件及开发平台，Virtools 之所以会受到专业人士的青睐，是因为利用其完全可视化接口与高度逻辑化编辑方式，可以轻松地将互动模块加入到一般的 3D 模块中，非常适合非程序设计出身的设计人员。Virtools 开放式的架构十分灵活，允许开发者使用模块的脚本，方便有效地实现对象的交互设计和管理。普通的开发者用鼠标拖放脚本的方式，通过人机交互图形化用户界面，同样可以制作高品质图形效果和互动内容的作品。Virtools 是一套具备丰富的互动行为模块的实时 3D 环境虚拟实境编辑软件，可以制作出许多不同用途的 3D 产品，如计算机游戏、多媒体、建筑设计、教育训练、仿真与产品展示等。

5. Unity3D

Unity3D 是由 Unity Technologies 开发的一个让玩家轻松创建诸如三维视频游戏、建筑可视化、实时三维动画等类型互动内容的多平台的综合型游戏开发工具，是一个全面整合的专业游戏引擎。使用 Unity3D 可发布游戏至 Windows、Mac、Wii、iPhone 和 Android 平台，也可以利用 Unity web player 插件发布网页游戏和手机游戏，支持 Mac 和 Windows 的网页浏览。Unity3D 依靠本身强大的引擎以及跨平台、简单易学的开发特点使其得到市场的青睐，成为近年来最炙手可热的 Web3D 技术之一。但从根本上来说，Unity3D 还是没有解决一个统一标准的问题。也就是说，它没法成为各大浏览器的默认组成部分，不可避免地还需要用户下载插件才能在浏览器中运行。

6. WebGL

WebGL 是一种 3D 绘图标准，这种绘图技术标准允许把 JavaScript 和 OpenGL ES 2.0 结合在一起，通过增加 OpenGL ES 2.0 的一个 JavaScript 绑定，WebGL 可以为 HTML5 Canvas 提供硬件 3D 加速渲染，这样 Web 开发人员就可以借助系统显卡在浏览器里更流畅地展示 3D 场景和模型了，还能创建复杂的导航和数据视觉化。由此可见，WebGL 技术标准免去了开发网页专用渲染插件的麻烦，可被用于创建具有复杂 3D 结构的网站页面，甚至可以用来设计 3D 网页游戏等。

WebGL 由非营利的 Khronos Group 管理，成员包括 Mozilla、Opera、Apple 和 Google，就连一直对 WebGL 持抵制态度的 Microsoft 也在 2013 年 6 月的 BUILD 2013 大会上宣布 IE11 也将支持 WebGL 标准。这样所有的主流浏览器包括 IE、Firefox、Chrome、Safari 和 Opera 均支持 WebGL。

WebGL 完美地解决了现有的 Web 交互式三维动画的两个问题：第一，它通过 HTML 脚本本身实现 Web 交互式三维动画的制作，无需任何浏览器插件支持；第二，它利用底层的图形硬件加速功能进行的图形渲染，是通过统一的、标准的、跨平台的 OpenGL 接口实现的。因此 WebGL 可以说是 Web3D 真正的发展方向。

本章以 WebGL 技术为基础，讲解三维网页的具体制作过程。

6.3 WebGL 三维网页制作

6.3.1 WebGL 基础

1. WebGL 技术依赖

在讲解 WebGL 之前，我们首先要了解 WebGL 所依赖的几项技术，分别是 HTML5、Javascript 以及 OpenGL。

HTML5 是目前构成 Web 页的主流的 HTML4 和 XHTML 的后续语言，2008 年制定了草案、约定各大浏览器提供商一起力争在 2014 年前形成正式的版本。HTML5 近年来受到开发者和用户的极大关注，其中重要原因是随着 iPhone 和 Android 等智能手机的崛起，人们期待 HTML5 能够对各种各样的 Web 内容跨平台化做出重要的贡献。在智能手机登上舞台之前，Adobe 公司的 Flash 在动画和音频等多媒体内容领域已成为了事实上的标准，通过导入 Flash 插件在各种操作系统或者浏览器中都能够支持 Flash 格式，事实上通过 Flash 应该是可以构建一个跨平台的执行环境，但是因为 Apple 公司的 iPhone 和 iPad 上拒绝支持 Flash 使得这一构想成为了泡影。于是，一个崭新的跨平台执行环境闪耀登场，这就是 Web 标准化团体的作为下一代 Web 页面开发语言的 HTML5。HTML 从此由单纯的支持静态文本内容的语言开始，进化成为支持动画和音频，而且还可以直接操作画像数据的语言。并且，因为不再需要导入插件了，当然可以实现包括智能手机在内的大多数环境中的跨平台应用。虽然 HTML5 现在还处于草案阶段，没有正式发布，但各大浏览器都已经提供了对 HTML5 的支持。这里要强调的是在 HTML5 中新登场的 <canvas> 元素，即画布元素，在它所定义的空间里可以以像素为单位指定颜色。这意味着不依靠插件也能在 HTML 中直接绘制二维和三维图像。WebGL 就是利用这一点才能在浏览器中绘制出精美的 3D 图像的。

JavaScript 是一种基于对象和事件驱动并具有相对安全性的客户端脚本语言。同时它也是一种广泛用于客户端 Web 开发的脚本语言，常用来给 HTML 网页添加动态功能，比如响应用户的各种操作，可以由浏览器直接解释执行。JavaScript 功能强大，已经是事实上的 Web 客户端脚本语言标准，现存几乎所有的浏览器都提供了对 JavaScript 的支持。WebGL 就是通过 JavaScript 来进行具体的 3D 绘图动作的。所以在进行 WebGL 开发之前，应该对 JavaScript 有一定的了解，没接触过的可以参考相关书籍。

OpenGL 是行业领域中最为广泛接纳的 2D/3D 图形 API。OpenGL 的前身是 SGI 公司为其图形工作站开发的 IRIS GL。IRIS GL 是一个工业标准的 3D 图形软件接口，功能虽然强大但是移植性不好，于是 SGI 公司便在 IRIS GL 的基础上开发了 OpenGL。OpenGL 是个与硬件无关的软件接口，可以在不同的平台如 Windows 95、Windows NT、Unix、Linux、MacOS、OS/2 之间进行移植。因此，支持 OpenGL 的软件具有很好的移植性，可以获得非常广泛的应用。而且因为可以直接操作计算机的图形卡，OpenGL 能够非常高速和高精度地描绘三维图像。2009 年，Khronos Group 把这样的 OpenGL 技术运用到 Web 浏览器并制定了 WebGL。WebGL 所提供的 API 就是来自 OpenGL 的。

因此，我们可以说 WebGL 是这样的一门技术，它在 HTML5 的<canvas>元素里使用和 OpenGL 同样的 API，利用 JavaScript 来绘制出高精度的三维图像。

2．WebGL 定义

WebGL 是由 Khronos Group 开发和管理的，以下是 Khronos Group 官方网站提供的对 WebGL 的定义：

WebGL 是一个免专利费并且跨平台的 API，它作为在 HTML 中的一个 3D 绘图环境将 OpenGL ES 2.0 带入 Web，并公开为一个低级别的 DOM 接口。它使用 OpenGL 渲染语言 GLSLES，并且能够方便地与位于 3D 内容之上或之下的其他 Web 内容整合。它非常适合于在 JavaScript 编程语言中的动态 3D Web 应用，并且将会完全集成于主流的各 Web 浏览器中。

从这个定义我们可以归纳出 WebGL 具有以下一些特性：

① WebGL 是一组 API 的集合。

② WebGL 是基于 OpenGL 的。

③ WebGL 可以与其他 Web 内容相结合。

④ WebGL 是用来创建动态 Web 应用的。

⑤ WebGL 是跨平台的。

⑥ WebGL 是完全免费的。

3．WebGL 开发方法

进行 WebGL 开发有两种方法：原生 WebGL 开发和第三方 Javascript 库的开发。虽说直接通过 API 进行原生 WebGL 的绘制效果甚至可能达到本地的高性能游戏专用机的绘制效果，但如果没有非常精通 OpenGL 的人还是不太现实的，因为它的 API 实在太多而且很复杂。为了能够更加简单地利用 WebGL，很多第三方的 Javascript 库被开发出来，利用这些库可以隐藏大量 WebGL 的底层操作，使用方便。其中最著名的当属 "Three.js"，另外还有 "J3D" 和 "SceneJS" 等。本节就以 "Three.js" 库为基础来讲解如何使用 WebGL 来开发三维网页，在此之前，首先介绍一下基本的 3D 绘图知识。

4．3D 绘图基础

在进行真正的 3D 网页开发之前，我们需要知道关于 3D 绘图的一些基本知识，这些基本的概念帮助我们了解 3D 绘图到底是在做什么，以下是关于整个交互式 3D 绘图的基本概念和原则。

- 三维坐标系统

三维绘图本身是在一个三维坐标系统里进行的。任何熟悉二维坐标系统的人都知道其中的 x 和 y 值代表什么。类似地，三维绘图发生在三维坐标里，其中增加了一个额外的坐标 z，它用来描述深度。WebGL 所使用的坐标系统就是三维坐标系统，如图 6-1 所示。其中 x 在水平方向上自左向右，y 在垂直方向上自底向上，z 与屏幕垂直自里向外。如果你熟悉二维坐标系统，那么三维坐标系统一定不难理解。

- 网格、多边形和顶点

虽然绘制三维图像的方法有很多，但是到目前为止最常见的是使用网格。网格是一个由一个或多个多边形组成的对象。由此构造出一个顶点集来定义其在三维空间中的坐标位置。其中每一个顶点用其三维坐标 (x, y, z) 来表示。在网格中通常使用的多边形是三角形或四边形。我们通常称三维网格为模型。图 6-2 展示了一个人脸的三维网格，我们可以看到网格由大量的四边形所组成。网格中所有顶点的集合只是定义的网格的形状，网格的表面属性，像颜色或阴影，是由另外的属性所定义的，我们下面来介绍。

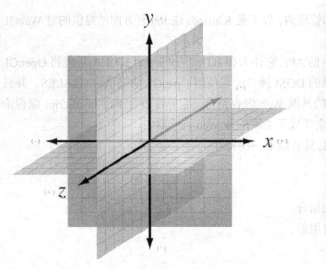

图 6-1　三维坐标系统

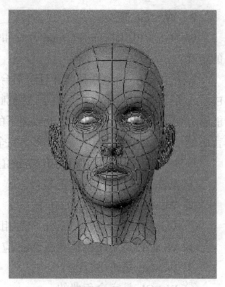

图 6-2　三维人脸网格

- 材料、纹理和亮光

网格的表面属性可以很简单，比如只是一个单一的颜色。也可以很复杂，有多条信息一起来定义，比如光是如何从对象表面反射的，对象看上去的亮度如何等。网格的表面信息可以由一个或多个位图来表示，我们称之为纹理。纹理可以定义表面特性，就比如像 T 恤上印的文字，也可以由多个纹理共同定义更复杂的效果，比如突起或渐变色等。在大多数图像系统中，网格的表面属性的集合统称为材料。材料通常依赖于一种或多种光的存在，用来定义一个场景是如何被照亮的。

- 变换和矩阵

三维网格是由组成它的所有顶点的位置来决定的。因此，每次你想移动网格到一个不同的视图位置都会变得异常繁琐，因为要一一改变网格中顶点的位置。特别是当网格在屏幕中持续移动时，这种改变尤为困难。因此，大多数的三维系统都支持变换，指移动网格一定相对量的操作，而不需要遍历每个顶点就能精确地移动顶点的位置。通过变换，可以使得一个网格被缩放、旋转或移动，而不需要去改变它所包含顶点的坐标值。

变换通常由一个矩阵来表示，是包含了一组数组的数学对象，它们用来计算顶点变换后的位置。这看上去是很复杂的数学问题，但是不要担心，我们要使用的工具及 "Three.js" 会帮助我们隐藏具体的细节，我们只需要发出命令就可以了。

- 镜头、透视图、视点和投影

每一个渲染的场景都需要一个用户用来观测的视点。三维系统通常使用一个镜头，指用来定义用户观察场景所在位置的对象，同时包含像真实世界中的镜头一样的一些属性，如视觉范围的大小，用以定义透视图。镜头的各项属性结合在一起，用来提供 3D 场景的最终渲染图像，并转化成被窗口或画布定义的 2D 视点。

镜头通常是由一组矩阵来表示的，第一个矩阵定义了镜头的位置和方向，这和变换中使用的矩阵作用一样。第二个矩阵用来表示从镜头的三维坐标到视点的二维绘图空间的变换。我们不用去深究这些数学内容，这些镜头矩阵的具体细节都被 "Three.js" 库很好地隐藏起来，我们可以直接去拍摄或渲染。

镜头是个十分强大的概念，它最终定义了三维场景和观测者之间的关系，以提供具有真实感的场景。它们还为动画师提供了另一种武器，通过动态移动镜头，你可以创建影院效果和叙述体验。

- 着色器

为了渲染一个网格的最终图像，开发者必须严格定义顶点、变换、材料、光照和镜头之间是如何交互的。这就得通过着色器来实现。着色器通常用一大块代码来实现算法，以得到网格映射到屏幕上的所有像素点。着色器通常用一种类似于 C 语言的高级语言来定义，并且编译后的代码可被图形处理单元（GPU）使用。大多数现代计算机都配备有 GPU，它是一个独立于 CPU 的处理器，专门用于渲染 3D 图形。

着色器在 WebGL 中是必需的，你必须定义自己的着色器，否则你绘制的图形将无法显示。WebGL 假设 GPU 是默认存在的，GPU 本身只可以理解顶点和纹理等简单概念，而无法理解材料、光亮和变换等。这些上层的概念和 GPU 绘制在屏幕上的具体内容之间的翻译必须通过着色器来完成，而着色器是由开发人员来定义的。

这看上去又是很复杂的数学内容，但还是请放心，大多数流行的工具库，如"Three.js"，都配备有预设的着色器，可以直接用在代码里，而且它们足够强大，可以覆盖能想到的渲染需求。

5. WebGL 实例

许多开发者和公司都使用 WebGL 相继开发出了大量优秀的三维网页应用，应用于各个行业。最近的很多应用侧重在学习的实用性上，如化学构造的三维绘制库"ChemDoodle"和三维人体解剖图"BIODIGITAL HUMAN"等，如图 6-3 和图 6-4 所示。近期教育界正在议论的教材数字化，也在考虑是不是可以直接推进到类似这样的层次。

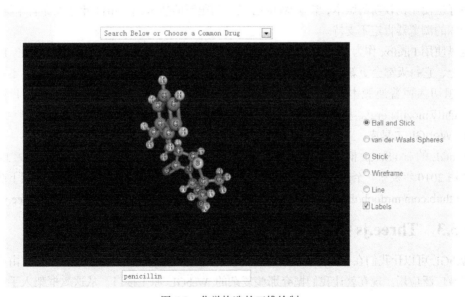

图 6-3　化学构造的三维绘制

这些应用能够在浏览器中实现如此精致的三维图形，而且还有动画效果，真是让人惊叹。那么下面我们就开始进行 WebGL 开发的学习吧。由于原生 WebGL 开发的复杂性，我们选择使用最近流行的"Three.js"工具库来进行开发。

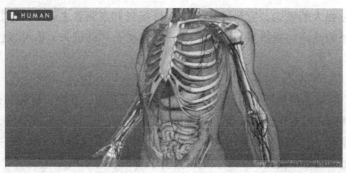

图 6-4　人体解剖图三维绘制

6.3.2　WebGL 开发环境搭建

基于工具库进行 WebGL 开发所需要的环境很简单，包括以下内容。

1. 文本编辑器

WebGL 提供的 API 是用 JavaScript 来调用的，Javascript 是一种脚本语言，可以用任何纯文本编辑器来编写，如记事本等，推荐使用支持 Javascript 语法、能够对其中关键字等特殊显示的高级编辑器，如 EditPlus、UltraEdit 等。

这里使用 EditPlus 作为开发编辑器，它是一个十分小巧的支持 HTML 和 Javascript 的文本编辑器，可以从其官方网站下载 30 天试用版本，下载地址为 http://www.editplus.com/download.html。

2. 运行 WebGL 的浏览器

现在几乎所有的主流浏览器都支持 WebGL，注意 IE 用户需要使用最新的版本 IE11，其他浏览器最好也使用比较新的版本，毕竟 WebGL 是一门很新的技术，在 2011 年才发布首个标准版本，过旧版本的浏览器肯定不支持。

这里使用 Firefox 作为 WebGL 浏览器，WebGL 工作在 Firefox 的每日构建（Nightly Build）开发版本上，它每天都会更新。同时也可以安装一个普通版本的 Firefox。因此，如果你不想用它或者只是想切换回普通版本一段时间，你不必去卸载。Firefox 的 Nightly 版本的下载地址是 http://nightly.mozilla.org/。从网页中选择你使用的操作系统下载即可。

3. WebGL 工具库

WebGL 的 javaScript 框架有不少，如 "glMatrix.js"、"SceneJS"、"gl.enchant.js"、"J3D" 等。我们使用 2010 年发布、至今使用最广泛的工具库 "Three.js" 来进行 WebGL 开发。其下载地址为 https://github.com/mrdoob/three.js/。进入页面中的 "build" 文件夹，选择下载文件 "three.js" 即可。

6.3.3　Three.js 绘制三维物体

WebGL 可以让我们在<canvas>上实现 3D 效果，而 three.js 是一款 WebGL 框架，由于其易用性所以被广泛应用。现在就让我们抛弃那些复杂的 WebGL 原生接口，从这款框架入手开始网页的开发。

现在我们使用 three.js 来开发一个简单的三维立体模型，可以分为以下七个步骤来实现。

1. 画布的准备

在 Web 页面中准备和画布框大小一致的区域用于 WebGL 绘制。这里我们并不需要在页面中写一个<canvas>标签，我们只需要定义好盛放 canvas 的 div 就可以了，canvas 可以由 three.js 动态生成。具体可分两步来完成：

（0）body 标签中添加 id 为 canvas3d 的 div 元素。

（1）style 标签中指定 canvas3d 的 CSS 样式。

其 HTML 代码如下：

```html
<html>
    <head>
        <meta charset="UTF-8">
        <title>Three.js example</title>
        <!--引入 Three.js-->
        <script src="Three.js"></script>
        <style type="text/css">
            div#canvas3d {
                border: none;
                cursor: move;
                width: 1400px;
                height: 600px;
                background-color: #EEEEEE;
            }
        </style>
    </head>
    <body onload='threeStart();'>
        <!--盛放 canvas 的容器-->
        <div id="canvas3d"></div>
    </body>
</html>
```

2. 设置 three.js 渲染器

三维空间里的物体映射到二维平面的过程被称为三维渲染。一般来说，我们把进行渲染操作的软件都叫作渲染器。具体来说要进行下面这些处理：

（0）声明全局变量（对象）。

（1）获取画布 canvas-frame 的高和宽。

（2）生成渲染器对象（属性：抗锯齿效果为设置有效）。

（3）指定渲染器的高和宽（和画布框大小一致）。

（4）追加【canvas】元素到【canvas-frame】元素中。

（5）设置渲染器的清除色（clearColor）。

其 Javascript 代码如下：

```javascript
//开启 Three.js 渲染器
var renderer;//(0)
function initThree() {
  width = document.getElementById('canvas3d').clientWidth;        //(1)
  height = document.getElementById('canvas3d').clientHeight;      //(1)
  renderer=new THREE.WebGLRenderer({antialias:true});            //(2)
  renderer.setSize(width, height );             //(3)
  document.getElementById('canvas3d').appendChild(renderer.domElement);   //(4)
  renderer.setClearColorHex(0xFFFFFF, 1.0);        //(5)
}
```

3. 设置摄像机 camera

WebGL 里三维空间中的物体投影到二维空间的方式中，存在透视投影和正投影两种相机。

透视投影就是从视点开始越近的物体越大，远处的物体绘制得较小的一种方式，这和日常生活中我们看物体的方式是一致的。正投影就是不管物体和视点的距离，都按照统一的大小进行绘制，在建筑和设计等领域需要从各个角度来绘制物体，因此这种投影被广泛应用。在 Three.js 中也能够指定透视投影和正投影两种方式的相机。下面是利用 Three.js 设置透视投影方式的步骤。

（0）声明全局的变量（对象）。

（1）设置透视投影的相机。

（2）设置相机的位置坐标。

（3）设置相机的上为 z 轴方向。

（4）设置视野的中心坐标。

其 Javascript 代码如下：

```
//设置相机
var camera;   //(0)
function initCamera() {
    camera = new THREE.PerspectiveCamera( 45, width / height , 1 , 5000 );
    //(1)
    camera.position.x = 0;                    //(2)
    camera.position.y = 50;                   //(2)
    camera.position.z = 100;                  //(2)
    camera.up.x = 0;                          //(3)
    camera.up.y = 1;                          //(3)
    camera.up.z = 0;                          //(3)
    camera.lookAt( {x:0, y:0, z:0 } );        //(4)
}
```

在透视投影中，会把称为视体积领域中的物体作成投影图。视体积是通过以下 4 个参数来指定的，其含义如图 6-5 所示。

视野角：fov

纵横比：aspect

相机离视体积最近的距离：near

相机离视体积最远的距离：far

代码中的 PerspectiveCamera 类就是通过接收上面 4 个参数的值来生成透视投影相机对象的，其声明代码如下。默认情况下相机的上方向为 y 轴，右方向为 x 轴，沿着 z 轴朝里。

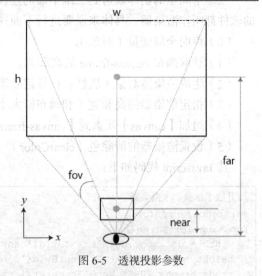

图 6-5　透视投影参数

```
var camera = new THREE.PerspectiveCamera
( fov , aspect , near , far );
```

在 Three.js 中还有其他一些类用来实现透视投影、正投影或者复合投影这样的相机。其声明代码如下。

```
var camera = THREE.OrthographicCamera = function ( left, right, top, bottom, near, far )
//正投影
```

```
var camera = THREE.CombinedCamera = function ( width, height, fov, near, far, orthonear,
orthofar ) //复合投影
```

4. 声明场景 scene

场景就是一个三维空间。用 Scene 类声明一个叫 scene 的对象。其 Javascript 代码如下：

```
var scene;
function initScene() {
  scene = new THREE.Scene();
}
```

5. 设置光源 light

WebGL 的三维空间中，存在点光源和聚光灯两种类型。而且，作为点光源的一种特例还存在平行光源（无限远光源）。另外，作为光源的参数还可以进行"环境光"等设置。作为对应，Three.js 中可以设置"点光源（Point Light）"、"聚光灯（Spot Light）"、"平行光源（Direction Light）"和"环境光（Ambient Light）"。和 OpenGL 一样，在一个场景中可以设置多个光源，基本上都是环境光和其他几种光源进行组合。如果不设置环境光，那么光线照射不到的面会变得过于黑暗。设置光源有以下几个步骤。

（0）声明全局变量（对象）。

（1）设置平行光源。

（2）设置光源向量。

（3）追加光源到场景。

其 Javascript 代码如下：

```
//设置光源
var light;          //(0)
function initLight() {
    light = new THREE.DirectionalLight(0xff0000, 1.0, 0);    //(1)
    light.position.set( 200, 200, 200 );    //(2)
    scene.add(light); //(3)
}
```

本例中使用 DirectionalLight 类的对象来代表平行光源。其声明代码如下。

```
var light = new THREE.DirectionalLight( hex, intensity)
```

其中，参数 hex 是用 16 进制数指定光源的颜色，默认是白色 0xFFFFFF。参数 intensity 是指光源的强度，默认为 1。

在 Three.js 中还有其他一些类用来实现各种不同的光源，其声明代码如下。

```
var light = new THREE.AmbientLight( hex );          //环境光源
var light = new THREE.PointLight( hex, intensity, distance );                //点光源
var light = new THREE.SpotLight( hex, intensity, distance, castShadow ); //聚光光源
```

6. 设置物体 object

这一步我们要向之前定义好的三维空间里追加物体了。在已有的三维空间里添加物体有以下几个步骤。

（0）声明全局变量（对象）。

（1）生成一个 Mesh 类的对象。

（2）把生成的对象添加到场景中。

（3）设置添加对象的位置坐标。

其 JavaScript 代码如下：

```
var cube;     //(0)
function initObject(){
  cube = new THREE.Mesh(   //(1)
    new THREE. CubeGeometry (20,20,20),
    new THREE.MeshLambertMaterial({color: 0xff0000})
  );
  scene.add(cube);   //(2)
  cube.position.set(0,0,0);   //(3)
}
```

其中，生成 Mesh 类的对象需要两个参数，第一个参数设置形状对象（geometory），第二个参数设置材质对象（material）。本例中第一参数设置的是立方体对象。通过 CubeGeometry 类来构建，其声明代码如下。

```
var geometry = THREE. CubeGeometry ( width, height, depth)
```

其中，width、height、depth 分别代表立方体的宽、高及深度。第二个参数中代入材质对象，本例中使用的是反射来自光源的光线的材质，通过 MeshLambertMaterial 类来构建，其声明代码如下。

```
var material = THREE.MeshLambertMaterial( parameters );
```

其中，传入参数是联想队列。

除了立方体，Three.js 还为我们提供了其他各种各样的形状类型，常用的有以下一些。

```
THREE.CubeGeometry ( width, height, depth, segmentsWidth, segmentsHeight,
segmentsDepth, materials, sides );//立方体
    THREE.CylinderGeometry ( radiusTop, radiusBottom, height, segmentsRadius,
segmentsHeight, openEnded );//锥体型
    THREE.OctahedronGeometry ( radius, detail ) //八面体
    THREE.PlaneGeometry ( width, height, segmentsWidth, segmentsHeight ); //平面型
    THREE.SphereGeometry ( radius, segmentsWidth, segmentsHeight, phiStart, phiLength,
thetaStart, thetaLength );//球型
    THREE.TorusGeometry ( radius, tube, segmentsR, segmentsT, arc );//花型
```

7. 执行渲染

最后，按照用已设定的相机观察场景中的物体的方式来进行实际绘制。其 JavaScript 代码如下：

```
function threeStart() {
    initThree();
    initCamera();
    initScene();
    initLight();
    initObject();
    renderer.clear();
    renderer.render(scene, camera);
}
```

把以上各步骤结合在一起，生成完整的源代码如下：

Three-model.html

```
<html>
    <head>
        <meta charset="UTF-8">
        <title>lesson1-by-shawn.xie</title>
            <!--引入 Three.js-->
            <script src="Three.js"></script>
```

```html
<script type="text/javascript">
    var renderer;
    function initThree() {
      width = document.getElementById('canvas3d').clientWidth;
      height = document.getElementById('canvas3d').clientHeight;
      renderer=new THREE.WebGLRenderer({antialias:true});
      renderer.setSize(width, height );
    document.getElementById('canvas3d').appendChild(renderer.domElement);
      renderer.setClearColorHex(0xFFFFFF, 1.0);
    }
    var camera;
    function initCamera() {
      camera = new THREE.PerspectiveCamera( 45, width / height , 1 , 5000 );
      camera.position.x = 0;
      camera.position.y = 50;
      camera.position.z = 100;
      camera.up.x = 0;
      camera.up.y = 1;
      camera.up.z = 0;
      camera.lookAt( {x:0, y:0, z:0 } );
    }
    var scene;
    function initScene() {
      scene = new THREE.Scene();
    }
    var light;
    function initLight() {
      light = new THREE.DirectionalLight(0xff0000, 1.0, 0);
      light.position.set( 200, 200, 200 );
      scene.add(light);
    }
    var cube;
    function initObject(){
      cube= new THREE.Mesh(
      new THREE.CubeGeometry(20,20,20),
      new THREE.MeshLambertMaterial({color: 0xff0000})
      );
      scene.add(cube);
      cube.position.set(0,0,0);
    }
    function threeStart() {
      initThree();
      initCamera();
      initScene();
      initLight();
      initObject();
      renderer.clear();
      renderer.render(scene, camera);
    }
</script>
<style type="text/css">
        div#canvas3d{
            border: none;
            cursor: move;
            width: 1400px;
```

```
            height: 600px;
            background-color: #EEEEEE;
          }
    </style>
  </head>
  <body onload='threeStart();'>
    <!--盛放 canvas 的容器-->
    <div id="canvas3d"></div>
  </body>
</html>
```

执行以上程序，浏览器窗口中应该显示出了你所绘制
的立方体模型，如图 6-6 所示。

图 6-6　用 Three.js 绘制的三维立方体

6.3.4　Three.js 绘制三维动画

传统的 JavaScript 动画无非就是用 setInterval 函数来实现，这在较为简单或对流畅性要求不高
时不会有什么问题，但现在随着对用户体验的关注度不断提高，对动画的复杂程度和流畅性都有
了更高的要求，传统动画显得捉襟见肘了。为解决此问题浏览器提供了一个统一帧管理、提供监
听帧的 API，即 requestAnimationFrame 函数。此函数能够在一定时间间隔后调用指定函数，最大
可以支持 60fps，而且这个函数只有在所在浏览器页面正在被浏览的时候才会执行，因此更加节省
资源。

在 WebGL 中利用 requestAnimationFrame 函数实现动画效果有多种方法。下面介绍比较常用
的两种方法。

1. 追加物体的回转角度

以上节例子为基础，我们只需稍作改变即可。主要是增加了 loop()函数，并在主函数 threeStart()
中增加调用 loop()函数。loop()函数具体内容如下：

```
var t=0;
function loop() {
  t++;
  cube.rotation.set( t/100, t/100, t/100 );
  renderer.clear();
  renderer.render(scene, camera);
  window.requestAnimationFrame(loop);
}
```

该函数首先定义一个自增量 t，并应用在 rotation.set()函数中使三维空间中的物体不断地改变
姿势。renderer.clear()函数用于清除画布，否则上一帧绘制的内容就会遗留下来。renderer.render()
函数对画布进行重新渲染。window.requestAnimationFrame(loop)实现对自身的无限循环调用。

修改后的源代码如下：

Three-move-position.html

```
<html>
  <head>
    <meta charset="UTF-8">
    <title>lesson1-by-shawn.xie</title>
    <!--引入 Three.js-->
    <script src="Three.js"></script>
    <script type="text/javascript">
```

```
var renderer;
function initThree() {
  width = document.getElementById('canvas3d').clientWidth;
  height = document.getElementById('canvas3d').clientHeight;
  renderer=new THREE.WebGLRenderer({antialias:true});
  renderer.setSize(width, height );
  document.getElementById('canvas3d').appendChild(renderer.domElement);
  renderer.setClearColorHex(0xFFFFFF, 1.0);
}
var camera;
function initCamera() {
  camera = new THREE.PerspectiveCamera( 45, width / height , 1 , 5000 );
  camera.position.x = 0;
  camera.position.y = 50;
  camera.position.z = 100;
  camera.up.x = 0;
  camera.up.y = 1;
  camera.up.z = 0;
  camera.lookAt( {x:0, y:0, z:0 } );
}
var scene;
function initScene() {
  scene = new THREE.Scene();
}
var light;
function initLight() {
  light = new THREE.DirectionalLight(0xff0000, 1.0, 0);
  light.position.set( 200, 200, 200 );
  scene.add(light);
}
var cube;
function initObject(){
  cube = new THREE.Mesh(
    new THREE.CubeGeometry(20,20,20),
    new THREE.MeshLambertMaterial({color: 0xff0000})
  );
  scene.add(cube);
  cube.position.set(0,0,0);
}
var t=0;
function loop() {
    t++;
    cube.rotation.set( t/100, t/100, t/100 );
    renderer.clear();
    renderer.render(scene, camera);
    window.requestAnimationFrame(loop);
}
function threeStart() {
  initThree();
  initCamera();
  initScene();
  initLight();
  initObject();
  loop();
  }
```

```
        </script>
        <style type="text/css">
            div#canvas3d{
                    border: none;
                    cursor: move;
                    width: 1400px;
                    height: 600px;
                    background-color: #EEEEEE;
                }
        </style>
    </head>
    <body onload='threeStart();'>
        <!--盛放 canvas 的容器-->
        <div id="canvas3d"></div>
    </body>
```

执行以上程序，其运行结果如图 6-7 所示。

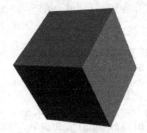

图 6-7　用 Three.js 绘制的旋转立方体

2. 追加相机的指定位置

和上面的例子类似，也是通过 loop()函数来实现动画效果。不过这次不是改变物体的旋转角度，而是改变相机的指定位置。loop()函数具体内容如下：

```
var t=0;
function loop() {
    t++;
  renderer.clear();
  camera.position.set( 400*Math.cos(t/100), 400*Math.sin(t/200), 50*Math.cos(t/50));
  camera.lookAt( {x:0, y:0, z:0 } );
  renderer.render(scene, camera);
  window.requestAnimationFrame(loop);
}
```

此 loop()函数利用 camera.position.set()函数，通过传入自定义的自增变量不断地改变相机的视角位置来实现动画效果。用此 loop()函数替换掉上例中的 loop()函数，其运行结果如图 6-8 所示。

图 6-8　用 Three.js 绘制的不同视角立方体

Three.js 的功能非常强大，这里只是介绍了最基本的一些功能和应用，有兴趣的同学可以参阅相关资料学习。

6.3.5　Three.js 动画制作实例

上文已经讲述了使用 Three.js 进行三维动画绘制的基本方法，下面绘制一个空间粒子从屏幕内向屏幕外发射的效果实例。其主要步骤如下。

1. 创建 HTML 文件并引入 Three.js 包

```html
<!DOCTYPE HTML>
<html>
    <head>
        <meta charset="utf-8">
        <title>Three.js 实现 3D 空间粒子效果</title>
        <style type="text/css">
            body{
                background-color:#000000;
                margin:0px;
                overflow:hidden;
            }
        </style>
        <script src="scripts/three.js"></script>
    </head>
    <body >
    </body>
</html>
```

2. 声明全局变量并定义初始化函数

需要声明的全局变量除了必需的相机、场景和渲染器外，还有跟踪鼠标位置的变量，以及存储粒子的数组。对变量进行初始化后，我们使用自定义函数 makeParticles()创建粒子，并为其添加 mousemove 侦听器来跟踪鼠标的位置，最后我们建立一个间隔调用 update 函数一秒 30 次。

```javascript
//定义应用所需的组件:相机,场景,渲染器
var camera, scene, renderer;
//跟踪鼠标的位置
var mouseX = 0, mouseY = 0;
//定义存储粒子的数组
var particles = [];
//数据初始化
function init(){
    //相机参数:
    camera = new THREE.PerspectiveCamera(80, window.innerWidth / window.innerHeight, 1,
4000 );
    //设置相机位置,默认位置为:0,0,0
    camera.position.z = 1000;
    //声明场景
    scene = new THREE.Scene();
    //将相机加载到场景
    scene.add(camera);
    //生成渲染器的对象
    renderer = new THREE.CanvasRenderer();
```

```
//设置渲染器的大小
renderer.setSize( window.innerWidth, window.innerHeight );
//追加元素
document.body.appendChild(renderer.domElement);
//调用自定义的生成粒子的方法
makeParticles();
//添加鼠标移动监听
document.addEventListener('mousemove',onMouseMove,false);
//设置间隔调用 update 函数,间隔次数为每秒 30 次
setInterval(update,1000/30);
}
```

3. 生成粒子函数

```
function makeParticles(){
    var particle,material;
    //粒子从 z 轴产生区间在-1000 到 1000
    for(var zpos=-1000;zpos<1000;zpos+=20){
        material = new THREE.ParticleCanvasMaterial( { color: 0xffffff, program:
particleRender } ); //调用粒子绘制函数 particalRender
        //生成粒子
        particle = new THREE.Particle(material);
        //随即产生 x 轴和 y 轴,区间值为-500 到 500
        particle.position.x = Math.random()*1000-500;
        particle.position.y = Math.random()*1000-500;
        //设置 z 轴
        particle.position.z = zpos;
        //向上调整一些
        particle.scale.x = particle.scale.y = 10;
        //将产生的粒子添加到场景,否则我们将不会看到它
        scene.add(particle);
        //将粒子位置的值保存到数组
        particles.push(particle);
    }
}
```

4. 粒子绘制函数

```
function particleRender( context ) {
    //获取 canvas 上下文的引用
    context.beginPath();
    context.arc( 0, 0, 1, 0, Math.PI * 2, true );
    //设置原型填充
    context.fill();
}
```

5. 鼠标移动监听函数

```
function onMouseMove(event){
    mouseX = event.clientX;
    mouseY = event.clientY;
}
```

6. 间隔调用函数

```
function update() {
    updateParticles(); //移动粒子，产生粒子从内向外发射的效果
    renderer.render( scene, camera );
}
```

7. 移动粒子函数

```
function updateParticles(){
    //遍历每个粒子
    for(var i=0; i<particles.length; i++){
        particle = particles[i];
        //设置粒子向前移动的速度依赖于鼠标在平面 y 轴上的距离
        particle.position.z += mouseY * 0.1;
        //如果粒子 z 轴位置到 1000,将 z 轴位置设置到-1000,即移动到原点,这样就会出现无穷尽的星域效果
        if(particle.position.z>1000){
            particle.position.z-=2000;
        }
    }
}
```

完成以上这些步骤后的完整源代码如下：

```
<!DOCTYPE HTML>
<html>
    <head>
            <meta charset="utf-8">
    <title>Three.js 实现 3D 空间粒子效果</title>
        <style type="text/css">
            body{
            background-color:#000000;
            margin:0px;
        overflow:hidden;
        }
    </style>
    <script src="scripts/three.js"></script>
    <script>
                //定义应用所需的组件:相机,场景,渲染器
        var camera, scene, renderer;
        //跟踪鼠标的位置
        var mouseX = 0, mouseY = 0;
        //定义存储粒子的数组
        var particles = [];
        //数据初始化
        function init(){
            //相机参数:
            camera = new THREE.PerspectiveCamera(80, window.innerWidth / window.
innerHeight, 1, 4000 );
            //设置相机位置,默认位置为:0,0,0
            camera.position.z = 1000;
            //声明场景
            scene = new THREE.Scene();
```

```
            //将相机加载到场景
            scene.add(camera);
            //生成渲染器的对象
            renderer = new THREE.CanvasRenderer();
            //设置渲染器的大小
            renderer.setSize( window.innerWidth, window.innerHeight );
            //追加元素
            document.body.appendChild(renderer.domElement);
            //调用自定义的生成粒子的方法
            makeParticles();
            //添加鼠标移动监听
            document.addEventListener('mousemove',onMouseMove,false);
            //设置间隔调用update函数,间隔次数为每秒30次
            setInterval(update,1000/30);
        }
    function update() {
            //调用移动粒子的函数
            updateParticles();
            //重新渲染
            renderer.render( scene, camera );
        }
        //定义粒子生成的方法
    function makeParticles(){
            var particle,material;
            //粒子从z轴产生区间在-1000到1000
            for(var zpos=-1000;zpos<1000;zpos+=20){
            //生成粒子物质，并传递颜色和自定义粒子绘制函数
            material = new THREE.ParticleCanvasMaterial( { color: 0xffffff, program:
particleRender } );
            //生成粒子
            particle = new THREE.Particle(material);
            //随即产生x轴和y轴,区间值为-500到500
            particle.position.x = Math.random()*1000-500;
            particle.position.y = Math.random()*1000-500;
            //设置z轴
                    particle.position.z = zpos;
                //向上调整一些
                        particle.scale.x = particle.scale.y = 10;
                            //将产生的粒子添加到场景
                            scene.add(particle);
                //将粒子位置的值保存到数组
                            particles.push(particle);
        }
        }
        //定义粒子渲染器
    function particleRender( context ) {
    //获取canvas上下文的引用
        context.beginPath();
        context.arc( 0, 0, 1, 0, Math.PI * 2, true );
```

```
        //设置原型填充
            context.fill();
        }
        //移动粒子的函数
function updateParticles(){
        //遍历每个粒子
            for(var i=0; i<particles.length; i++){
            particle = particles[i];
            //设置粒子向前移动的速度依赖于鼠标在平面 y 轴上的距离
        particle.position.z += mouseY * 0.1;
        //如果粒子 z 轴位置到 1000,将 z 轴位置设置到-1000
        if(particle.position.z>1000){
            particle.position.z-=2000;
            }
            }
        }
        //鼠标移动时调用
function onMouseMove(event){
            mouseX = event.clientX;
            mouseY = event.clientY;
        }
    </script>
    </head>
    <body onload="init()">
    </body>
</html>
```

其运行效果如图 6-9 所示。

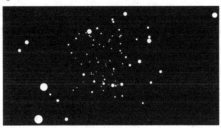

图 6-9　用 Three.js 绘制的粒子发射效果

6.4　实验内容与要求

以"360 度商品展示"为主题,创作一个可旋转商品展示 3D 动画。具体要求如下:

1. 展示商品可以是任意你感兴趣的东西,如房屋、汽车、手机等。

2. 展示商品的形状不能只是简单的圆形、方形等基本形状,可以是复杂的不规则形状,最少实现两种基本形状的组合。

3. 展示商品的材质不能只是单一的颜色。除了颜色,你需要在创建材质时指定其他属性,比如顺滑度或环境贴图等。

4. 商品的展示要实现 360°旋转效果,具体旋转角度和度旋方式不限。

第7章
Authorware 多媒体系统制作

    Authorware 是美国 Macromedia 公司开发的多媒体制作软件，与其他编程工具的不同之处在于，它采用基于设计图标和流程的程序设计方法，具有易学易用、简洁高效、功能强大等特点，广泛应用于多媒体教学、游戏娱乐、导游导购以及商业宣传等场合，在交互式多媒体系统制作领域享有很高的声誉。本章将从基础入手循序渐进地讲解 Authorware 7.0 在多媒体系统制作中的方法和技巧。

7.1　多媒体著作工具简介

7.1.1　多媒体著作工具及其功能

    20 世纪 80 年代以来，国内外一些大型的软件公司相继推出了一系列工具软件，这些软件能够集成处理和统一管理多媒体信息，并能根据用户的需要生成多媒体应用系统，我们把这类软件称作多媒体著作工具。多媒体著作工具是介于多媒体操作系统与应用软件之间的可视化编辑软件，具有概念清晰、界面简洁、操作简单、功能伸缩性强等特点。

    目前，较为流行的多媒体著作工具普遍具有以下功能：

    ① 具有良好的、面向对象的编程环境。

    多媒体著作工具提供了对导入的各类媒体对象进行有效控制的编程环境，能够对媒体元素进行基本信息和信息流的控制操作，如条件转移、循环、数学计算、逻辑运算和数据管理等。

    ② 有较强的多媒体数据输入/输出能力。

    多媒体数据输入/输出能力是衡量著作工具功能强弱的一个重要标志，一般的著作工具都支持多种类型不同格式的数据输入，作品完成后还能生成脱离编辑环境、独立运行的可执行文件，从而方便用户的使用。

    ③ 具有一定的动画处理能力。

    多媒体著作工具不仅可以插入、播放动画素材，还可以运用系统自带的工具创建对象运动及添加运动效果。

    ④ 提供超媒体链接功能。

    一般的著作工具都基于超文本/超媒体技术，能够设置由一个静态对象向另一个相关数据对象的跳转。

    ⑤ 具有连接外接应用程序的能力。

    多媒体著作工具具有与外部程序连接的能力。当一个多媒体应用程序激发另一个多媒体应用程序并加载数据运行后，能够返回原多媒体应用程序。实现连接的方法主要有：

- 通过函数完成与外部应用程序的连接。
- 建立程序级通信（DDE，Dynamic Data Exchange）。
- 对象的链接和嵌入（OLE，Object Linking Embeding）。

⑥ 支持模块化设计。

一般的著作工具都允许将复杂的设计任务分解为几个独立的子模块，这些子模块可由多人分别采用不同的应用程序设计完成，最后通过多媒体著作工具合成为一个完整的作品。

⑦ 界面友好、易学易用。

多媒体著作工具具有友好的人机交互界面，其屏幕元素的布局及操作不仅标准、规范，而且易学易用，用户通过联机检索和导航就能快速有效地掌握著作工具的基本使用方法。

7.1.2　典型的多媒体著作工具

随着多媒体计算机技术的发展和应用的普及，各类多媒体创作工具如雨后春笋般不断涌现，市面上商品化的多媒体著作工具已近百个，每一种多媒体著作工具都提供了不同的应用开发环境，并具有各自的创作方法和功能特点，适用于不同的应用领域。

表 7-1 列出了几种典型多媒体著作工具的功能对比，在开发多媒体应用系统时要根据作品的需求特点选择合适的著作工具。

表 7-1　　　　　　　　　　　　　　　　典型的多媒体著作工具

著作工具	Authorware	ToolBook	Director
创作方法	像编制程序流程一样，将媒体图标置于流程线上，通过设置图标位置及参数的方法实现对媒体素材的有序组织和控制	像写书一样，先建立书的整体框架，然后将页加入书中，再将文字、图像、按钮等对象放入页中，运用系统提供的程序设计语言 Open Script 编写脚本，实现对媒体素材的有序组织和控制	像拍电影一样，按照角色对象呈现的时间顺序设计规划各媒体元素在时间线上的相对关系，运用系统提供的脚本语言 Lingo 实现对媒体素材的有序组织和控制
功能特点	提供了十三类图标，实现包括显示、移动、擦除、等待、框架、导航、判断、交互、计算、群组及插入音/视频等操作功能；提供了 200 多个系统变量和函数，使捕获、处理和显示数据以及控制应用程序的运行变得简单易行；具有应用程序的动态连接能力	提供了功能强大的工具条，可在相当于书页的屏幕上绘制对象、编辑文字，并按 OLE 标准嵌入各种媒体；可将书页中的对象与一段用 Open Script 语言编写的控制程序关联，当对象被选中或触发时，将引发对象间的联动，从而产生丰富的交互效果；具有很强的超文本功能，支持动态数据交互 DDE	提供一个称为总谱的编辑窗口，可设置角色上场和下场的路径以及出现和消失的效果；提供基于角色的动画制作功能，可与其他媒体角色在一个舞台上融洽地呈现；Lingo 语言提供了相当丰富的操作指令，可控制媒体角色实现灵活的交互
应用领域	用于开发交互式教育培训类的多媒体应用系统	用于制作百科全书型的多媒体应用系统	用于制作演示型的多媒体应用系统

7.1.3　多媒体作品的开发过程

多媒体作品是指利用多媒体开发工具开发的，通过对各种单媒体数据的处理、整合生成的一种可以在多媒体操作系统的支持下具有良好交互能力的多媒体应用系统。多媒体作品的最大特点是其灵活的交互性和高度的集成性，而多媒体著作工具本身就具有强大的媒体集成能力和交互界面制作能力，因此特别适合开发这类结构简单、数据计算处理不多、不需要直接访问底层功能的多媒体应用系统。

运用多媒体著作工具进行多媒体作品开发一般要经过需求分析、总体设计、脚本设计、素材采集与加工、作品集成、测试与发行等过程。

1. 需求分析

需求分析是制作多媒体作品的第一步，其主要任务是通过广泛的市场调查，论证作品开发的必要性和可行性，写出多媒体作品的计划任务书。在计划任务书中，要对作品名称、开发目的、使用对象、内容结构、人员分工、开发过程、开发环境、运行环境等做出明确的说明。

2. 总体设计

总体设计是在需求分析的基础上对作品的系统结构、功能模块和界面样式进行设计的过程。

多媒体作品的结构可以是线性结构、树形结构或网状结构，要根据作品的类型进行恰当地选择。线性结构比较适合演示类的多媒体作品，系统顺序执行，用户仅能线性地控制前进、后退、暂停、到最前页或最后页，交互功能比较差。树形结构比较适合教育或培训类的多媒体作品，系统可根据用户选择的分支运行，用户可通过返回操作退出当前分支，并通过目录导航进入其他分支。网状结构比较适合图书出版或查询类的多媒体作品，系统提供了灵活多变的交互方式，用户可以根据需要随时查看相关的链接，达到随机获取信息的目的。

多媒体作品的功能是根据需求分析的结果来设计的，要以用户潜在的需求和功能成本规划为依据，将作品需实现的功能划分为若干个相对独立的功能模块，以便于制作人员分工合作，降低制作的复杂度，提高作品的可维护性。

多媒体作品的界面是用户与程序交互的窗口，作品的功能都是通过界面体现和操作的。因此，在界面布局和风格的设计上，要以用户为中心，遵循交互性、一致性、简洁性和结构性等原则，力求使作品的操作界面布局合理、美观大方、生动形象、便于使用。

3. 脚本设计

脚本设计是多媒体作品设计特有的内容，它是设计者和制作者的桥梁，是制作多媒体作品的直接依据。脚本不仅要描述所有可见的活动，规划各项内容的显示顺序和步骤，而且还要陈述其间环环相扣的流程以及每一步骤的详细内容。

脚本的编写包括文字脚本和制作脚本两部分。文字脚本是在总体设计的基础上，根据制作目的和预计的功能，按照内容之间的联系对各种素材进行组织和编排，要求从演示内容、演示策略、交互活动、表现方式和软件的总体结构等方面进行明确的描述。制作脚本是在文字脚本的基础上进一步细化的设计，要根据各种媒体的表现特点描述每个界面的组成，以及各种素材在界面中的位置、大小、效果和交互方式等。

4. 素材采集与加工

脚本设计完成后，要根据设计要求进行素材的采集与加工，这是多媒体作品创作过程中最为耗时费力的工作。素材的来源很广，素材类型、大小及文件格式都各不相同，因此，要根据开发工具的要求，对收集到的素材进行必要的编辑处理，将素材转换为开发工具支持的文件格式。此外，对已编辑好的素材还应进行系统化管理，规范素材的命名，根据其属性进行归类，以避免素材的混淆、重复或遗漏，提高作品的制作效率。

5. 作品集成

根据制作脚本的设计要求，将准备好的素材用多媒体著作工具进行集成和连接，从而生成多媒体作品。

6. 测试与发行

测试是多媒体作品制作的最后环节，其目的是尽可能多地发现作品中的错误和缺陷，针对发现的问题进行反复的调整和修改，直至符合设计需求。经过测试、试用、完善后的多媒体作品，可在多媒体著作工具中选择不同的发行方式打包成可独立运行的版本。

7.2　Authorware 7.0 基础

Authorware 是一种以图标和流程来组织内容的多媒体著作工具，其面向对象的流程设计结构，以及丰富灵活的交互功能，使之成为公认的"多媒体制作大师"。

本节将以 Macromedia 公司推出的 Authorware 7.0 为基础，介绍其基本操作和一些使用技能。

7.2.1　Authorware 7.0 概述

1. Authorware 7.0 的主要功能

Authorware 采用面向对象的设计思想，提供了一个以图标为基础、以流程图为结构的程序开发平台，能将文字、图形、声音、电影、图像、动画等素材有机地组合成一套完美的多媒体系统。

Authorware 7.0 是在 Authorware 6.5 的基础上开发的，不仅保留了早期版本的特点，还兼容 Javascript 脚本语言，支持 DVD 媒体类型和网络应用。新增的主要功能如下：

① 采用 Macromedia 通用用户界面。

② 能导入 Mircrosoft Office 组件中的 PowerPoint 文件。

③ 能整合并播放 DVD 视频文件。

④ 为无编程能力的设计者提供了更多的帮助。

⑤ 支持 XML 的输出和导入。

⑥ 支持 Javascript 脚本。

⑦ 增加了学习管理系统的知识对象。

⑧ 可一键发布学习管理系统功能。

⑨ 完全的脚本属性支持。

⑩ 生成的作品可在苹果机的 Mac OS X 上兼容播放。

2. Authorware 7.0 对系统的要求

Authorware 7.0 对计算机硬件的要求不高，按照目前最基本的配置购买的计算机，都可以运行 Authorware 7.0，下面列出的是用 Authorware 7.0 编著作品和运行作品时系统硬件应满足的要求。

（1）编著多媒体作品时

CPU：具有浮点运算的 Pentium 300 以上。

操作系统：Windows 98 SE/2000/ME/XP 及 Windows NT4.0 以上，或 Mac OS 8.1 以上。

内存：至少 32MB，推荐 64MB 以上。

硬盘：200MB 硬盘空间。

（2）运行多媒体作品时

CPU：486DX/66 或 SX。

操作系统：Windows 98 SE/2000/ME/XP 及 Windows NT4.0 以上，或 Mac OS 8.1 以上。

内存：至少 32MB，推荐 64MB 以上。

硬盘：没有限制。

3. Authorware 7.0 的工作界面

Authorware 7.0 的工作界面由标题栏、菜单栏、工具栏、图标面板、设计窗口、属性面板和知识对象窗口等组成，如图 7-1 所示。

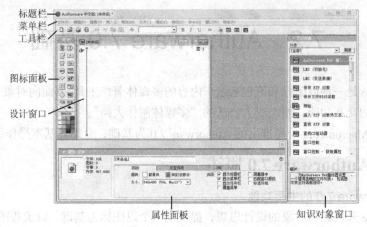

图 7-1　Authorware 界面

图标面板提供了 13 个基本图标和 2 个测试范围选择图标，其功能说明如表 7-2 所示。

表 7-2　　　　　　　　　　　　　　　　　Authorware 图标及功能

名称	图标	功能
显示图标	🖼	用于显示文本、图形、图像和变量值
移动图标	✍	用于移动显示对象以产生平面位置动画的效果
擦除图标	✍	用于擦除演示窗口中任何显示的对象
等待图标	(WAIT)	用于设置一段等待时间，可通过键盘按键、鼠标单击或等待时间到等方式来结束等待
导航图标	▽	用于设置并控制图标之间的跳转，常与框架图标配合使用
框架图标	▣	提供一种页式管理的框架结构，通过一组定向控制按钮实现页面间的超链接
判断图标	◇	用于设置分支结构，并根据逻辑判断的结果执行对应的分支
交互图标	⟨?⟩	用于设置交互结构，并根据用户操作的结果显示对应分支的内容
计算图标	=	用于计算函数、变量和表达式的值，还可编写代码以辅助程序的运行
群组图标	🔢	用于将一部分程序图标组合在一起，实现模块化子程序结构的设计
数字电影图标	🎞	用于加载并播放 MOV、AVI、FLC、DIR 和 FLI 等常见格式的影片及动画文件
声音图标	🔊	用于加载并播放 AIF、WAV、SND 和 VOX 等常见格式的声音文件
DVD 图标	(DVD)	用于控制外部 DVD 视频设备，播放视盘或录像带中的视频
知识对象图标	KO	用于创建一个包含有向导程序的程序模块，以帮助编程者轻松创建复杂的应用程序
开始图标	⌐	用于设置程序运行的起始点
终止图标	◣	用于设置程序运行的终止点
图标色盘	▦	用于为流程线上的图标着色

设计窗口是进行程序设计的主要工作区，程序流程的设计和各种媒体的组合都是通过编辑流程线上的图标内容及属性实现的。

属性面板用于设置流程线上正在编辑的图标属性，图标不同，属性面板上显示的属性也不同。

知识对象窗口提供了一些可实现某一完整功能的程序模块，这些模块都为用户提供一个设置向导，以引导用户完成知识对象的设置，实现特定的功能。

4．Authorware 作品的制作步骤

运用 Authorware 进行多媒体作品制作主要有以下几个步骤：

① 启动 Authorware7.0，创建新文件。

② 设计程序逻辑结构，将图标按程序执行的顺序拖到流程线上。

③ 按图标要求输入或导入多媒体素材，设置图标的属性。

④ 运行与调试程序。

⑤ 保存程序文件。

⑥ 打包程序。

7.2.2　Authorware 7.0 操作基础

1．Authorware 7.0 的启动和退出

启动 Authorware 7.0 的方法很简单，通常的方法有两种：一是单击任务栏的"开始"按钮，通过"所有程序"|"Macromedia"|"Macromedia　Authorware　7.0"命令启动程序；二是双击桌面上 Authorware 7.0 程序的快捷图标 来启动程序。

启动 Authorware 7.0 后，系统会自动新建一个 Authorware 文件并打开"新建"对话框，单击"取消"按钮便进入 Authorware 7.0 界面。

如果要退出 Authorware，可选用下列任一方法：

（1）单击标题栏上的"关闭"按钮。

（2）执行菜单栏"文件"|"退出"命令。

（3）双击标题栏左上角的 Authorware 图标。

（4）按下 Alt+F4 组合键。

2．文件属性的设置

文件属性的设置是用 Authorware 进行多媒体作品创作的第一步，可通过菜单栏中"窗口"|"面板"|"属性"命令，打开属性面板，默认情况下系统首先打开的即为文件属性面板。

文件属性面板包含三个选项卡：回放、交互作用和 CMI。回放选项卡用于设置演示窗口的属性；交互作用选项卡用于设置交互类图标的相关属性；CMI 选项卡用于设置计算机管理教学中的相关属性。

（1）演示窗口的设置

在文件属性面板的回放选项卡中可以设置演示窗口的屏幕大小、颜色以及演示窗口的外观选项。

① 设置演示窗口的屏幕大小。

单击"大小"下拉列表，可选择演示窗口的屏幕大小。屏幕大小有三种类型：根据变量、使用全屏和固定的分辨率，各类选项的含义如下：

• "根据变量"：演示窗口的大小和位置可按用户的需求调整。当运行程序后，用户可以用鼠标按住演示窗口的边界或四角，通过拖曳来改变演示窗口的大小。

• "使用全屏"：演示窗口占据整个屏幕。

• "512×342（Mac 9″）"：演示窗口的分辨率为水平 512 像素、垂直 342 像素，相当于 Macintosh 9 英寸屏幕上标准 Windows 窗口的大小。

• "512×384（Mac 12″）"：演示窗口的分辨率为水平 512 像素、垂直 384 像素，相当于

Macintosh 12 英寸屏幕上标准 Windows 窗口的大小。

- "640×350（EGA）"：可将一个交互式应用程序在配有 EGA 显示器的计算机上按照 640 像素×350 像素的窗口标准显示。
- "640×400（Mac Portable）"：设置一个在便携式 Macintosh 计算机上创建的、固定大小为 640 像素×400 像素的演示窗口。
- "640×480（VGA，Mac 13″）"：可将一个交互式应用程序在配有 VGA 显示器的计算机上按照 640 像素×480 像素的窗口标准显示，相当于 Macintosh 13 英寸屏幕上标准 Windows 窗口的大小。
- "640×870（Mac Portable）"：设置一个在便携式 Macintosh 计算机上创建的、固定大小为 640 像素×870 像素的演示窗口。
- "800×600（SVGA）"：可将一个交互式应用程序在配有 SVGA 显示器的计算机上按照 800 像素×600 像素的窗口标准显示。
- "832×624（Mac 16″）"：演示窗口的分辨率为水平 832 像素、垂直 624 像素，相当于 Macintosh 16 英寸屏幕上标准 Windows 窗口的大小。
- "1024×760（SVGA，Mac 17″）"：设置一个在配有 SVGA 显示器和 Macintosh 17 英寸的计算机上按照 1024 像素×768 像素的窗口标准显示。
- "1152×870（Mac 21″）"：演示窗口的分辨率为水平 1152 像素、垂直 870 像素，相当于 Macintosh 21 英寸屏幕上标准 Windows 窗口的大小。

② 设置演示窗口的颜色。

在回放选项卡中有一个颜色选项组，可用来设定演示窗口的背景色和色彩浓度关键色。

- 背景色：单击"背景色"左边的颜色框，可打开对应的颜色设置对话框，在该对话框中选择一种颜色，单击"确定"按钮，所选定的颜色就被设置为演示窗口的背景颜色了。
- 色彩浓度关键色：如果用户的视频重叠卡支持色彩浓度关键色，可以单击"色彩浓度关键色"左边的颜色框，可打开对应的颜色设置对话框，在该对话框中选择一种颜色，单击"确定"按钮，就可以将选定的颜色填充至一个特殊的区域，使视频对象按照这个定义的关键色在指定的区域中放映。

③ 演示窗口的外观选项。

通过文件属性面板中回放选项卡的"选项"复选框组可以对演示窗口的外观进行定制，选项复选框组中的各个选项的功能说明如下：

- 显示标题栏：该选项可显示标题栏。当程序在 Windows 环境下运行，演示窗口小于当前屏幕大小时，可显示标题栏，否则标题栏将无法显示。
- 显示菜单栏：该选项可使演示窗口的左上角出现一个文件菜单。
- 显示任务栏：该选项可使演示窗口的下方出现任务栏。
- 覆盖菜单：该选项将使标题栏覆盖在菜单栏上。
- 屏幕居中：该选项使演示窗口处于屏幕中央。
- 匹配窗口颜色：该选项可使演示窗口的背景颜色设置成 Windows 系统的窗口颜色。
- 标准外观：该选项可使演示窗口中三维对象按照用户设置的颜色显示。

（2）交互作用的设置

在文件属性面板中单击交互作用，可进入交互作用属性的设置，如图 7-2 所示。在该选项卡中可以设置交互事件完成后的返回方式、返回特效；可以设置外部文件的搜索路径、函数或变量的返回路径及文件的命名风格；还可以设置等待按钮的标签及风格样式。

图 7-2　交互作用选项卡

① "在返回时"的设置。

"在返回时"用于设置交互事件完成后当前窗体返回的位置，其选项由两个单选钮组成："继续执行"和"重新开始"。

- 继续执行：该选项表示交互事件完成后，程序继续执行。
- 重新开始：该选项表示交互事件完成后，使变量置初值并从头开始运行。

② "特效"的设置。

"特效"用于指定交互事件完成后当前窗体返回时的过渡显示效果。Authorware 7.0 提供了 17 类共 140 多个交互性的特效，可通过单击"特效"右侧的操作按钮，打开"返回特效方式"对话框，在该对话框中按分类及对应的特效进行选择，如图 7-3 所示。

③ 搜索路径的设置。

"搜索路径"文本域用于设置运行程序时所需外部文件的存储位置。如果所用的外部文件存放在不同的目录下，可将这些目录用分号隔开，例如：

E:\Authorware\Graphic;F:\Movie

④ 窗口路径的设置。

"窗口路径"用于设定函数和变量返回路径的类型，可通过单击"窗口路径"右侧的下拉列表进行选择。如果返回路径基于 Windows 操作系统中的本地路径，应选

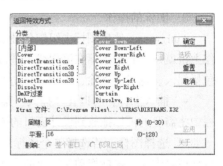

图 7-3　返回特效方式对话框

择 DOS 格式（Drive　Based）；如果返回路径是基于局域网的路径，则应选择 UNC 格式。

⑤ 窗口名称的设置。

"窗口名称"用于设置函数和系统变量返回的文件命名风格，可通过单击"窗口名称"右侧的下拉列表进行选择。如果发布的应用程序在 Windows95 之前的操作平台播放，只能支持 DOS（8.3 格式），即允许用户设置 8 个字符的文件名和 3 个字符的扩展名；如果发布的应用程序在 Windows95 之后的操作平台播放，则可支持长文件名，即允许用户设置超过 400 个字符的文件名和扩展名。

⑥ 等待按钮和标签的设置。

单击"等待按钮"右侧的操作按钮，可打开如图 7-4 所示的"按钮"对话框。在该对话框中提供了很多系统按钮的风格样式，可通过"系统按钮"右侧的两个下拉列表设置按钮标签文字的字体和大小。如果要创建自定义按钮，可单击"添加"打开按钮编辑对话框，如图 7-5 所示，在该对话框中可以设定按钮的操作状态、导入自定义按钮的图案及音效，还可以设置其标签文字的显示状态。

（3）CMI 的设置

在文件属性面板中单击 CMI，可进入 CMI 属性的设置。在该选项卡中可以设置与教学有关的各种交互限制条件，以及退出多媒体应用程序时进行的操作。该选项卡由 5 个复选框组成，各选项的功能如下：

- 全部交互作用：该选项可跟踪多媒体程序运行中知识对象的所有交互过程。
- 计分：该选项可记录学习者在整个测试程序中所做题目的总分。

- 时间：该选项可自动记录学习者从进行测试程序到退出测试程序所用的时间。
- 超时：该选项可使知识通道在设定的时间到达时关闭测试程序，而转向系统函数 TimeOutGoto 中设置的图标继续执行。
- 在退出：该选项可使学习者在退出多媒体应用系统的同时注销 CMI 系统。

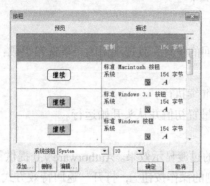

图 7-4　按钮对话框

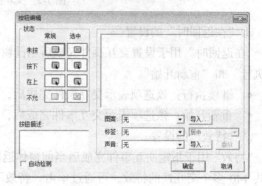

图 7-5　按钮编辑对话框

3. 图标的操作

Authorware 使用图标去组织各种多媒体素材，用 Authorware 进行多媒体作品创作从具体的操作上讲就是将各种图标在流程线上进行有序的排列，并设置相应的属性。对图标的基本操作主要包括插入、选择、删除、复制、移动、命名和着色。

- 插入图标：可以在"插入"菜单中的"图标"列表中选择要插入的图标，或直接从图标栏中将需要的图标拖放到设计窗口的流程线上。
- 选择图标：若选择单个图标只需在被选图标上单击鼠标左键；若选择连续的图标，可在设计窗口中通过鼠标拖动而形成的虚线进行选择；若选择不连续的图标，可按住 Shift 键，同时在需要的图标上单击鼠标左键。
- 删除图标：首先选中需要删除的图标，再通过"编辑"菜单中的"删除"命令删除相应的图标，或单击鼠标右键在弹出的快捷菜单中选择"删除"命令删除图标。
- 复制图标：首先选中需要复制的图标，再通过"编辑"菜单中的"复制"命令复制相应的图标，或单击鼠标右键在弹出的快捷菜单中选择"复制"命令复制图标。
- 移动图标：若只移动一个图标，可在选中图标后直接用鼠标拖动到目标位置；若移动多个图标，可在选中这些图标后，通过"编辑"菜单中的"剪切"命令把要移动的图标剪切到剪贴板中，然后将鼠标指针置于目标位置，单击"编辑"菜单中的"粘贴"按钮放置图标。
- 给图标命名：单击需要命名的图标，直接输入新的名称。
- 给图标着色：首先选中需要着色的图标，再单击图标着色板中的某一颜色即可。

4. 多媒体素材管理

在用 Authorware 进行多媒体作品创作时，要经常使用大量的、不同类型的多媒体素材，管理这些素材并充分发挥其作用就显得非常重要了。

Authorware 中提供了 4 种管理多媒体素材的工具，分别是外部媒体内容文件、外部媒体浏览器、媒体库和模块。巧妙地使用这些工具可以减少复制内容的次数，利于媒体的刷新以及实现项目组中设计人员之间的协同工作。

（1）外部媒体内容文件及其管理

采用链接方式导入到 Authorware 中的外部文件称为外部内容文件。这种方式下，Authorware

程序记录的只是该文件的名称和路径,文件的内容仍保存在程序之外,因此,无论是在作品开发过程中,还是在作品发布之后,只要更新了外部媒体文件,就可刷新作品的相关内容,而不需要对 Authorware 程序再做任何形式的修改。

① 外部链接的建立。

要将外部媒体内容文件链接到 Authorware 程序中,可以通过文件菜单中的"导入和导出"|"导入媒体"命令打开如图 7-6 所示的导入对话框,选中文件并勾选"链接到文件"复选框,单击"导入"按钮即可。

② 外部媒体内容文件的管理。

在作品创作过程中,可以使用外部媒体浏览器管理已链接的外部媒体内容文件。操作方法是:选择窗口菜单中的"外部媒体浏览器"命令,打开如图 7-7 所示的"外部媒体浏览器"对话框,在该对话框中可以方便地修改、修复已经建立的外部链接。

图 7-6　导入外部链接的对话框

图 7-7　外部媒体浏览器界面

修改或修复被链接的外部媒体文件的方法是:在外部媒体浏览器的媒体列表中选中需要修改或修复的文件,单击"浏览"按钮,在弹出的导入外部链接对话框中,选择新文件并单击"导入"按钮即可。

（2）媒体库

媒体库是一个特殊的 Authorware 文件,它由图标和图标内容组成。这些可存储于媒体库的图标有 5 种类型,分别是显示图标、计算图标、数字电影图标、声音图标和交互图标。与外部媒体文件类似,媒体库管理的各种图标内容与应用程序之间也是一种链接关系,因此,使用媒体库去管理媒体素材可以有效地减小程序容量、提高运行速度,同时也便于内容刷新和异地协同创作。

对媒体库的基本操作主要有创建、保存、打开及关闭等。

● 创建媒体库:选择文件菜单中的"新建"|"库"命令,可创建一个标题为"未命名-1"的库窗口。

● 保存媒体库:执行文件菜单中的"保存"命令,在"保存"对话框中输入文件名,单击"保存"按钮,则系统将以默认的".a71"为扩展名保存库文件。

● 打开媒体库:执行文件菜单中的"打开"命令,在"打开"对话框中选取已建立的一个媒体库,单击"打开"按钮即可。

● 关闭媒体库:单击库窗口右上角的"关闭"按钮 ✕ ,即可关闭媒体库。

对媒体库中的图标操作主要包括添加、复制、移动、删除及修复等操作。

● 添加图标:从工具箱中或流程线上直接将图标拖至库窗口中释放,则媒体库中就添加了相应的图标。其中,通过流程线添加的图标,在媒体库中对应的图标前会出现链接标记 ,与此同时,流程线上该图标的标题页会自动改为斜体字,如图 7-8 所示。

- 复制图标：先在第一个媒体库中选中图标，执行编辑菜单中的"复制"命令，再激活第二个媒体库，执行编辑菜单中的"粘贴"命令，则该图标就复制到第二个媒体库中了。

- 移动图标：将第一个媒体库中的图标直接拖动到第二个媒体库窗口中释放即可。若移动的是与流程线有链接关系的图标，则弹出如图 7-9 所示修复链接的对话框。当选择"修正链接"时，该图标及其与流程线的链接关系就都出现在第二个媒体库窗口中；若选择"断开链接"，则在第二个媒体库窗口中只有移过来的无链接的图标，同时流程线上对应图标的名称左侧会出现断开链接的标记。

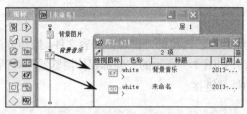

图 7-8　添加图标的两种方式

图 7-9　修正链接的对话框

- 删除图标：在媒体库中选取要删除的图标，按 Delete 键，可直接删除无链接的图标。当按 Delete 键后弹出终止链接的警告框时，选择"继续"可删除有链接的图标，此时流程线上被删除的图标名称左侧也会出现断开链接的标记。

- 修复链接：在流程线上选中已经断链的图标，将它拖曳到与它建立链接关系的库图标上，释放鼠标，则流程线上的图标与库图标的链接关系就重新建立起来了。

除了可以对媒体库中的图标做上述操作以外，还可以对库图标的内容和属性进行修改，其修改结果不会影响流程线上与之相链接的图标属性，但是对库图标的内容进行修改后，与之相链接流程线上的图标内容也随之更改。如果想将流程线上的图标属性也随着库图标属性的改变而更新，可执行"其他"菜单中的"库链接"命令，弹出如图 7-10 所示的"库链接"对话框，选中需要更新的图标，单击"更新"按钮，将弹出如图 7-11 所示的更新确认对话框，单击"更新"即可。

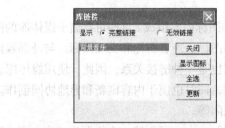

图 7-10　库链接对话框

图 7-11　更新确认对话框

（3）模块

模块是一组有逻辑关系的图标集合，使用模块有利于对已经建立的各种程序结构进行保存和利用，实现程序设计的标准化和资源共享。

对于模块的基本操作主要有创建、保存、使用及卸载等。

① 创建和保存模块。

打开一个新文件，建立一段流程，如图 7-12 所示。按住鼠标左键拖曳，用形成的虚线框框住模块中要包含的图标后，松开鼠标，执行文件菜单中的"存为模板"命令，将弹出如图 7-13 所示的"保存在模板"对话框，输入文件名，单击"保存"按钮，则一个以".a7d"为扩展名的模型文件就在"Knowledge Objects"中创建了。

② 使用模块。

执行窗口菜单中的"面板"|"知识对象"命令，激活"知识对象"窗口，单击"刷新"按钮，找到之前建立的模块文件，如图 7-14 所示。双击该模块图标或直接将该图标拖曳到流程线上，则该模块中的流程就完整地复制到流程线上了。

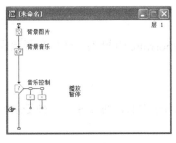

| 图 7-12　建立流程 | 图 7-13　保存为模型文件 | 图 7-14　知识对象窗口 |

③ 卸载模块。

当已建立的模块不需要时就可以进行卸载。卸载的方法是：在 Authorware 7.0 安装目录下，打开 Authorware 7.0 文件夹中的 "Knowledge Objects" 文件夹，找到需要卸载的模块文件，使用"删除"命令删除即可。

5. 知识对象的使用

知识对象是一些能实现某一完整功能的程序模块，每个知识对象都提供了一个向导，从而使用户可以轻松地完成那些需要编写复杂代码才能完成的开发项目。

在 Authorware 7.0 中提供了 9 种类型的知识对象，分别是 Internet、LMS、RTF 对象、界面构成、评估、轻松工具箱、文件、新建和指南类。

● Internet：实现常用的互联网络功能，包含发送邮件、运行默认浏览器和 Authorware Web 播放器安全设置 3 个知识对象。

● LMS：实现学习管理功能，包含 LMS（初始化）和 LMS（发送数据）两个知识对象。

● RTF 对象：用于控制 RTF（Rich Text Format）对象，包含对 RTF 对象的创建、查找、显示（或隐藏）、获取 RTF 对象文本区以及插入 RTF 对象热文本交互等功能。

● 界面构成：用于创建各种用户界面及其控制，包含各类型的消息对话框，鼠标控制，文件的打开、浏览、保存对话框，滚动条和 Windows 窗口属性控制等 13 个知识对象。

● 评估：可实现知识系统测试，提供了包括是非题、单选题、多选题、简答题等类型的题目设计模板，还提供了登录、答案判断、分数记录等测试系统功能。

● 轻松工具箱：提供了一系列有利于程序开发的工具，包括轻松框架模型、轻松窗口控制、轻松反馈和轻松屏幕 4 个知识对象。

● 文件：由一些与文件操作相关的知识对象组成，包括添加-移除字体资源、复制文件、光驱盘符查找、Authorware 文件跳转、INI 文件的存取以及文件属性的设置等 7 个知识对象。

● 新建：提供了一套完整的程序流程模板，包括帮助用户创建 Authorware 应用程序、创建测试类应用程序和创建 Authorware 程序轻松工具 3 个知识对象。

● 指南：提供了导航控制相关的知识对象，包含拍照和相机部件两个知识对象。

在 Authorware 中使用知识对象的方法步骤如下：

① 执行窗口菜单中的"面板"|"知识对象"命令，打开"知识对象"窗口。

② 在分类的下拉列表中选择需要添加的知识对象类别。

③ 在知识对象列表中选中要使用的对象，将其拖至流程线上的相应位置，释放鼠标，这时所选的知识对象就添加到流程线上并同时启动其设置向导。

④ 按照向导的提示，一步一步地完成知识对象的设置。

7.2.3 变量和函数

作为一款基于图标流程线进行多媒体创作的著作工具，Authorware 也提供了变量和函数应用功能，从而使程序控制更加灵活，功能更加强大。

1. Authorware 的变量

变量就是在程序执行过程中取值可以改变的量。在 Authorware 中有两种变量，一种是系统变量，另一种是用户自定义的变量。

（1）变量的两种分类

系统变量是 Authorware 自身所提供的一套变量，主要用来跟踪各图标中的相关信息或系统信息。Authorware 中有 11 个种类 200 多个系统变量，即 CMI（计算机管理教学）、Decision（决策判断）、File（文件管理）、Framework（框架管理）、General（常规）、Graphics（绘图）、Icons（图标管理）、Interaction（交互管理）、Network（网络管理）、Time（时间管理）和 Video（视频管理）。

用户变量是由用户自己定义的变量，通常用于记录或暂存特定的信息。在 Authorware 中使用自定义变量需遵循先定义后使用的原则，变量定义的内容包括变量名称和变量的初始值两部分，变量命名必须注意以下几点：

- 变量名必须唯一，不能使用系统变量名。
- 变量名必须以字母开头，可以包含任何英文字母、数字、下划线和空格等。
- 对于含有空格的变量名，在使用的时候不能省略空格。例如 user 1 与 user1 是两个不同的变量。

自定义变量可以利用赋值号"：="进行赋值，例如 x：=1。

（2）变量的基本类型

按照存储数据的类型不同，Authorware 的变量可以分为 7 种：数值型变量、字符型变量、逻辑型变量、数组型变量、符号型变量、矩形变量和点变量。

- 数值型变量：用于存储具体的数值，数值的类型可以是整型或实型。
- 字符型变量：用于存储字符串。当将字符串赋值给一个变量时，必须给字符串加上双引号。
- 逻辑型变量：用于存储开关量的数值，其取值只能是 TRUE 或 FALSE 两种。在 Authorware 中系统认为数字 0 就是 FALSE，而其他任何非 0 数字就是 TURE。
- 数组型变量：用于存储一组数据或变量值。在 Authorware 中有线性列表和属性列表两种数组型变量。线性列表中，所有元素都是单个的数值，例如{2,4,"Z"}。而属性列表中，每个元素都由属性名和属性值组成，两者之间以冒号分隔，例如{#firstname:Wangyu,#lastname:Linan}。
- 符号型变量：这是一种以"#"开头的字符串变量，在 Authorware 中使用符号变量的速度要比使用字符串变量快。
- 矩形变量：用于存储由 Authorware 的系统函数 Rect 返回的数据。在利用矩形变量定义一个矩形区域时，它存储的是矩形区域的左上角坐标点和右下角坐标点。
- 点变量：用于存储由系统函数 Point 返回的一个点的坐标值。

（3）变量窗口

变量窗口是 Authorware 用来管理程序中所有系统变量和自定义变量的窗口。通过窗口菜单中

的"面板"|"变量"命令可以打开如图 7-15 的变量窗口，在这里可以完成系统变量的查看和粘贴操作，还可以新建自定义变量以及对已建立的变量进行修改或删除操作。

2. Authorware 的函数

函数用于执行某种特殊的操作。与变量一样，函数也分为系统函数和自定义函数两种类型。

（1）函数的两种分类

系统函数是 Authorware 自身提供的一系列函数，主要用来对图形、文本、图标、网络和学习管理等进行直接操作。Authorware 中共有 18 个类别 300 多个系统函数，即字符、CMI、文件、框架、常规、图形、图标、跳转、语法、列表、数学、网络、OLE、平台、目标、时间、视频和 Xtras。

自定义函数主要用来完成系统函数无法完成的某种特定的操作。Authorware 并不支持在其内部自定义函数，但是可以调入用其他高级语言开发的外部函数。

（2）函数窗口

在 Authorware 中使用和载入函数是通过函数窗口来完成的。单击快捷工具栏上的"函数"按钮或执行窗口菜单中的"面板"|"函数"命令，可打开如图 7-16 所示的"函数"窗口。

图 7-15　变量窗口

图 7-16　函数窗口

在"函数"窗口中可以查看系统函数的功能说明和用法，可将选择的系统函数粘贴到光标所在处。当分类列表选择"未命名"时，可载入外部函数。

（3）函数的参数和返回值

使用函数必须遵循一定的语法规则，如函数的命名规则、函数的调用规则。函数一般由函数名称和紧跟其后并用括号括住的一个或多个参数组成，这些参数是 Authorware 为完成某一特定任务所必须输入的信息。函数中的参数在使用时要注意以下几点：

- 带双引号的参数：若输入的参数是字符串，必须给该字符串加上双引号。
- 任选项参数：当函数带有多个参数，而有些参数是由用户根据具体情况选用的，称为任选项参数。在系统函数中，任选项参数一般用中括号"[ ]"括起来。

函数的返回值是指函数运算后的返回结果。在 Authorware 提供的系统函数中有些函数有返回值，有些函数没有返回值，详细情况可通过函数窗口查阅相关函数的描述。

3. 运算符和表达式

运算符是执行某种操作的功能符号。Authorware 中有 5 种不同类型的运算符，它们是赋值运算符、关系运算符、逻辑运算符、算术运算符和连接运算符，如表 7-3 所示。

表 7-3　　　　　　　　　　　　　Authorware 中的运算符

类型	运算符	意义	运算结果
赋值运算符	:=	把运算符右边的值赋给左边的变量	运算符右边的值
关系运算符	=	等于	TRUE 或 FALSE
	>	大于	
	<	小于	
	<>	不等于	
	>=	大于等于	
	<=	小于等于	
逻辑运算符	~	非	TRUE 或 FALSE
	&	与	
	|	或	
算术运算符	+	加	数值
	-	减	
	*	乘	
	/	除	
	**	乘方	
连接运算符	^	将两个字符串连接成一个	字符串

表达式是由运算符将常量、变量和函数组合而成的语句，用于执行某个计算过程或执行某种特殊操作。

当一个表达式中含有多个运算符时，Authorware 按照各运算符优先级别由高到低的顺序进行运算，对同级别的运算符 Authorware 按照从左至右的顺序依次执行。运算符的优先级顺序如下：

第 1 级：( )
第 2 级：~
第 3 级：**
第 4 级：*
第 5 级：+　-
第 6 级：^
第 7 级：=　<　>　<>　>=　<=
第 8 级：&　|
第 9 级：:=

4. 控制语句

条件语句和循环语句是 Authorware 中非常有用的两个控制语句。

（1）条件语句

条件语句能进行条件判断并执行响应的操作。条件语句由条件、任务和一些关键字组成，其语句格式如下：

```
if 条件 1 then
    任务 1
else
```

```
    任务 2
  end if
```

（2）循环语句

循环语句可以在满足条件的情况下重复执行一段程序代码。循环语句格式为：

```
repeat with 条件
  任务
end repeat
```

还可使用自定义变量控制循环次数，例如：

```
repeat with count:=2 to 10
  beep( )
end repeat
```

5. 变量、函数、表达式和控制语句的应用场合

变量、函数、表达式和控制语句主要使用在以下 3 种场合：

- 在计算图标的计算窗口中使用。
- 在属性面板的"激活条件"文本框中使用。
- 在显示图标中使用。

7.2.4　ActiveX 控件

ActiveX 是一组包含控件、DLL 和 ActiveX 文档的组件，通常以动态链接库的形式存在。作为控件，它具有两个特征：一是具有接受用户的输入并对用户进行反馈的功能，二是具有数据处理的能力。一个典型的控件有 3 个与外界联系的接口，即属性、事件和方法。属性是指控件所具有的一些特性，例如按钮控件所具有的按钮位置、大小及标签等属性。事件是指与控件相关的消息，如属性参数的改变、鼠标左键的单击与双击、键盘输入字符、系统时钟中断等。方法是指控件内部自己定义的函数，这些函数可用于数据处理并完成特定的功能。

1. ActiveX 控件的注册

使用某种 ActiveX 控件之前，必须保证该 ActiveX 控件在系统中已经注册。有两种注册 ActiveX 控件的方法，即手动注册和利用 Authorware 中的系统函数进行注册。

（1）手动注册

手动注册 ActiveX 控件的方法步骤如下：

① 将 ActiveX 控件文件（扩展名为.ocx 的文件）复制到 C:\WINDOWS\SYSTEN32 的目录下，或者复制到软件所需的目录下。

② 单击开始菜单中的"运行"项，在"打开"文本框中输入注册命令，格式为：regsvr32 <控件名>。例如注册一个名为 mp3play.ocx 的 ActiveX 控件，可输入

regsvr32 c:\windows\system32\mp3play.ocx

③ 单击"确定"按钮，当弹出提示注册成功的消息框后，说明该 ActiveX 控件已注册成功。

如果要解除已经注册的 ActiveX 控件，可单击开始菜单中的"运行"项，在"打开"文本框中输入解除注册的命令，格式为：regsvr32 | u <控件名>。

（2）利用函数注册

在 Authorware 中提供了一系列用于 ActiveX 控件注册的系统函数，这些函数的功能说明如表7-4 所示。

表 7-4   用于 ActiveX 控件的注册函数

函数	功能说明
ActiveXInstalled( )	用于检查 Authorware 的 ActiveX 支持文件（ActiveX.X32）是否存在。如果存在，其返回值为-1，反之返回值为 0
ActiveXControlQuery("CLASSID")	检查 ActiveX 控件是否注册。如果已经注册则返回值为-1，反之返回值为 0
ActiveXControlRegister("FILENAME")	注册 ActiveX 控件。注册成功返回值为-1，反之返回值为 0
ActiveXControlUnRegister("FILENAME")	撤销 ActiveX 控件的注册。撤销成功返回值为-1，反之返回值为 0
ActiveXDownloadSetting()	检查系统是否允许下载 ActiveX 控件。如果允许则返回值为 Enabled，反之返回值为 Disabled
ActiveXSecuritySetting()	检查系统的安全属性设置。可以有 High、Medium 和 None 三种返回值，返回值为 High 或 Medium 时，系统才允许下载 ActiveX 控件
ActiveXSecurityDialog()	显示一个供用户修改系统安全属性的对话框
ActiveXControlDownload("CLASSID","URL",ver1,ver2,ver3,ver4)	从 URL 下载一个指定版本的 ActiveX 控件。若下载成功返回值为-1，反之返回值为 0

在 Authorware 应用程序中注册 ActiveX 控件的方法步骤是：

① 使用 ActiveXInstalled 函数检查系统是否支持 ActiveX。

② 获取 ActiveX 控件的 ID 号：单击插入菜单中的"控件"|"ActiveX"命令，调出系统选择 ActiveX 控件的对话框，找到需要插入的控件，单击"OK"后打开该插件的属性对话框，单击"URL"按钮就可以查看并复制其"CLASSID"了。

③ 使用 ActiveXControlQuery 函数检查该 ActiveX 控件是否已经注册，如果没有注册就使用 ActiveXControlRegister 函数对该插件进行注册。

例如，如果通过 ActiveX 控件的对话框查到"Microsoft Web 浏览器"控件的 ID 号是 {8856F961-340A-11D0-A96B-00C04FD705A2}，就可以按照如图 7-17 所示程序流程中的条件交互图标对该插件进行注册检查，如果没有注册，将进入"注册 ActiveX 控件"的计算图标对该控件进行注册。

图 7-17   ActiveX 控件的注册检查与注册流程

2. ActiveX 控件的使用

ActiveX 控件注册后，就可以向程序中添加 ActiveX 控件了。添加 ActiveX 控件的操作步骤如下：

① 在设计窗口中，将鼠标定位在需要放置 ActiveX 控件的流程线处，执行插入菜单中的"控件" | "ActiveX"命令。

② 在弹出的选择 ActiveX 控件的对话框中，找到需要插入的控件，单击"OK"。

③ 在弹出的 ActiveX 属性对话框中完成其属性、方法、事件、命令字符等的设置，单击"OK"。这样流程线上就出现添加进去的 ActiveX 控件图标。

下面就通过一个使用 ActiveMovie 控件来播放视频文件的例子来说明在 Authorware 中使用 ActiveX 控件的方法。其步骤如下：

① 将网上下载的 amovie.ocx 文件复制到 C:\WINDOWS\system32 目录下，单击"开始"菜单中的"运行"项，在"打开"文本框中输入注册命令 regsvr32 amovie.ocx。

② 新建一个 Authorware 文件，在流程线上放置一个计算图标，命名为"调整演示窗口大小"，双击计算图标，在计算编辑窗口中输入 ResizeWindow(300, 280)，关闭窗口并确定保存。

③ 将粘贴指针置于计算图标下方，执行插入菜单中的"控件" | "ActiveX"命令，将弹出选择 ActiveX 控件的对话框，从该对话框中选择 ActiveMovieControl Object 选项，单击"OK"。

④ 弹出 ActiveX 属性对话框后，保持默认属性设置，单击"OK"。此时，流程线上就出现 ActiveX 控件图标，将其命名为"Amovie"。

⑤ 在流程线上放置一个计算图标，命名为"打开文件"，双击该图标，在计算编辑窗口中输入如下代码：

```
SetSpriteProperty(@"Amovie", #filename, "C:\\Program Files\\Macromedia\\Authorware
7.0\\视频演示.wmv")
SetSpriteProperty(@"Amovie", #showcontrols, FALSE)
```

关闭窗口并确定保存。

⑥ 在"打开文件"的计算图标下放置一个交互图标，命名为"控制"，接着在该图标的右侧放置三个计算图标，分别命名为"播放"、"暂停"和"停止"。响应分支属性均设置为"重试"。双击计算图标，在相应的计算编辑窗口中分别输入代码：CallSprite(@"Amovie", #run)；CallSprite(@"Amovie", #pause)；CallSprite(@"Amovie", #stop)。

⑦ 保存该文件，然后运行。该实例的程序流程图及运行结果分别如图 7-18 和图 7-19 所示。

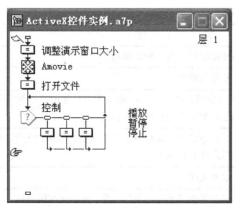

图 7-18   ActiveX 控件实例流程图

图 7-19   ActiveX 控件实例运行界面

191

7.2.5　程序调试与打包

1. Authorware 程序的调试

多媒体作品制作完成以后，还需要对程序的各个模块和整个程序进行调试，以便能及时发现问题并进行修改，最大限度地满足用户需求和设计者的设计想法，这项工作的成败将直接影响作品的质量。

在 Authorware 中，调试程序有两种方法：使用标志旗和控制面板。

（1）使用标志旗调试程序

将"开始"标志旗拖放至调试程序段的起始位置处，再将"终止"标志旗拖放至该段程序的结尾位置，如图 7-20 所示。此时程序运行按钮将变为"从标志旗开始执行"的图标，单击"运行"按钮，则程序将按标志旗设定的起止位置运行。

当程序运行结果与设计想法不一样，或者在演示窗口中显示的内容与设计预期不同，可首先使用"终止"标志旗使程序定位在出现问题的位置，再使用"开始"标志旗逐步缩小出错范围，进而查出原因，修正错误。

（2）使用控制面板调试程序

当调试的程序比较复杂，或者因程序运行过快而难以发现问题时，可以采用 Authorware 提供的控制面板来跟踪程序。

执行窗口菜单中的"控制面板"命令，打开控制面板，单击控制面板右侧的"显示跟踪"按钮，可打开如图 7-21 所示的跟踪窗口。在跟踪窗口中提供了 6 个功能键，其作用如表 7-5 所示。运用这些功能键就可以跟踪程序的执行情况，据此可进一步确定出错的位置。

图 7-20　添加标志旗的流程线

图 7-21　跟踪窗口

表 7-5　　　　　　　　　　　　　　Authorware 跟踪窗口的功能键

按钮名称	功　　能
从标志旗开始执行	使跟踪窗口从程序流程线上的开始旗帜处重新跟踪执行
初始化到标志旗处	清除跟踪窗口中的信息，回到开始旗帜处
向后执行一步	单击该按钮可运行下一个图标。当遇到群组图标时，跟踪窗口只显示进入群组图标和执行完群组图标两种状态，不显示群组内的具体执行情况
向前执行一步	单击该按钮可运行下一个图标。当遇到群组图标时，会顺次执行群组内的每个图标，并在跟踪窗口中清楚地显示群组内的具体执行情况
打开跟踪方式	该按钮用于控制跟踪信息的显示和关闭
显示看不见的对象	该按钮用于控制程序在演示窗口上是否显示不可见的对象，例如交互的热区、文本输入框、目标区域等

跟踪窗口中显示的是已经执行过的设计图标的信息，信息格式为 "Number:Class:Title"。其中，"Number" 代表该设计图标在流程线上的层次，"Class" 代表跟踪记录的图标缩写，"Title" 是图标名。例如 "1:DIS:背景图片" 的含义是位于层 1 的名为 "背景图片" 的显示图标。跟踪记录的图标缩写如表 7-6 所示。

表 7-6　　　　　　　　　　　　Authorware 跟踪记录的图标缩写

图标类型	缩写	图标类型	缩写
显示图标	DIS	交互图标	INT
移动图标	MTN	计算图标	CLC
擦出图标	ERS	群组图标	MAP
等待图标	WAT	数字电影图标	MOV
导航图标	NAV	声音图标	SND
框架图标	FRM	DVD 图标	DVD
判断图标	DEC	知识对象图标	KNO

在使用控制面板跟踪 Authorware 程序时，若遇到 "等待"、"交互"、"框架" 等需要用户输入交互响应的图标，跟踪窗口会自动停下来，等候用户与程序的对话，然后从该处继续执行跟踪任务。

2．Authorware 程序的打包

程序的打包就是将其源程序进行封装处理，使交付给用户的程序仅能使用，而不能被修改。

（1）需要打包的文件

打包多媒体作品时，不仅需要主程序，还需要其他的支持文件，如 xtras 插件、外部函数文件、外部媒体文件、字体文件、外部数据文件等，缺少了所需的文件，作品将不能正常运行。

① Xtras 插件：指程序中使用的、支持一些扩展功能的文件，包括可处理过渡效果的 "Transition Xtras"、可导入更多类型媒体的 "Sprite Xtras"、可提供特定功能函数的 "Scripting Xtras"、可提供一些 Authorware 实用工具的 "Tool Xtras" 和支持多种媒体的 "MIX service and Viewer Xtras" 五种类型，这些 Xtras 文件必须置于程序文件同一目录下的 Xtras 文件夹中。

② 外部函数文件：指程序中使用的数字电影驱动文件、ActiveX 控件、自定义函数文件。

③ 外部媒体文件：指程序中以链接方式使用的各种媒体文件。

④ 字体文件：指程序中使用的专用字体文件。

⑤ 外部数据文件：指程序中以文本方式读取的外部数据文件以及通过 ODBC 查询的数据库文件。

（2）程序文件打包

对程序文件进行打包的操作步骤如下：

① 打开程序文件，执行文件菜单中的 "发布" | "打包" 命令，将弹出如图 7-22 所示的对话框。

② 在打包文件下拉列表中选择打包方式。该下拉列表有两个选项，一是 "无需 Runtime"，即该选项生成的文件中不包含以 ".exe" 为扩展名的可执行文件，而是生成只能在 Authorware 编辑环境中执行的、以 ".a7r" 为扩展名的程序文件。另一个选项是 "应用平台 Windows XP，NT 和 98 不同"，该选项生成扩展名为

图 7-22　打包文件对话框

".exe"的文件,可在 Windows XP、NT 和 98 这些 32 位操作系统中独立运行。

③ 勾选复选框中需要的选项,单击"保存文件并打包"按钮。

④ 在弹出的"打包文件为"对话框设定文件存放的目录和文件名,单击"保存"按钮完成程序打包。

(3)库文件打包

当一个 Authorware 程序使用了媒体库时,除了打包程序文件,还必须提供打包的媒体库。在 Authorware 中既可以将库文件打包到作品中,也可以单独打包库文件。单独打包媒体库的好处是能够减小可执行文件的大小,但在发行时必须附带打包后的库文件。

单独进行库文件打包的操作步骤如下:

① 打开库文件,执行文件菜单中的"发布"|"打包"命令,将弹出如图 7-23 所示的对话框。

② 勾选复选框中需要的选项,单击"保存文件并打包"按钮。

③ 在弹出的"打包库为"对话框设定库文件存放的目录和文件名,单击"保存"按钮完成库文件的打包。

图 7-23　打包库对话框

3. Authorware 程序的发布设置

作品打包后,就可以使用 Authorware 提供的"一键发布"功能以磁盘、光盘或网络的形式进行发布。但在发布之前,首先要通过文件菜单中"发布"|"发布设置"命令,在打开的如图 7-24 所示的对话框中对打包发布的各项参数进行设置,经过初次设置,所有的选择都会保存下来,以后再次发布时就可以使用一键发布命令完成发布。

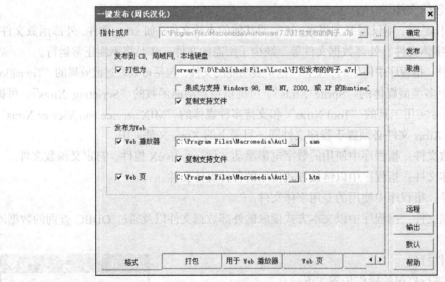

图 7-24　一键发布设置对话框

在如图 7-24 所示的一键发布设置对话框中有 5 个选项卡,分别是格式、打包、用于 Web 播放器、Web 页和文件等选项卡。

(1)格式选项卡

该选项卡用于设置文件的发布格式,该选项卡中各选项内容的含义如下:

● 指针或库列表框:用于选择要发布的程序或媒体链接库,默认是当前文件,还可单击其右侧的按钮选择其他文件。

● 发布到 CD、局域网、本地硬盘选区：用于设置发布到 CD、局域网、本地硬盘上时的相关内容。勾选"打包为"复选框，可在其后的文本框中设置发布后文件的存放位置。勾选"集成为支持 Windows 98，ME，NT，2000，或 XP 的 Runtime 文件"，将生成一个扩展名为".exe"的可执行文件，否则将生成一个扩展名为".a7r"的文件。勾选"复制支持文件"，可在发布程序的过程中将所有的支持文件一起打包。

● 发布为 Web 选区：用于设置在 Web 上发布程序时的相关内容。勾选"Web 播放器"复选框，表示将程序生成可被 Web 播放器调用的 AAM 文件，这样，在用户机上安装 Web 播放器软件后就可以播放该文件了。勾选"Web 页"复选框，将生成一个 HTML 网页文件，用户使用 Web 浏览器就可以浏览该文件。

（2）打包选项卡

打包选项卡用于设置文件打包时的选项。在"打包"选项卡的设置界面中有 4 个复选框，其含义如下：

● 打包所有库在内：勾选该选项可将与当前程序文件有关的库文件加入到程序文件中一起打包。

● 打包外部媒体在内：勾选该选项可将程序中引用的所有外部媒体文件加入到程序文件中一起打包。

● 仅引用图标：勾选该选项将仅对媒体库中被程序引用的图标进行打包。

● 重组在 Runtime 断开链接：勾选该选项将在程序运行时自动恢复被断开的链接。

（3）用于 Web 播放器

"用于 Web 播放器"选项卡用于网络打包的设置，其设置界面包含两个选项组，即映射文件和高级横幅选项组。

映射文件选项组可用于设置分割的程序片段的属性，包括片段前缀名的设置、片段大小的选择以及安全警告对话框显示与否的设置。

选择高级横幅选项组可用于改善网络的下载特性，其中 CGI-BIN URL 文本框用于输入本地服务器 CGI 运行的目录地址。

（4）Web 页

Web 页选项卡可对网络打包中产生的标准 HTML 网页文件进行设置，其设置界面包含两个选项组，即模板和回放选项组。

模板选项组中的"HTML 模板"下拉列表框提供了 7 种可供使用的模板，在"页面标题"文本框中可输入网页文件的标题。

回放选项组用于设置网页播放的属性，包括以下设置：

● 宽和高：用于设置程序窗口的尺寸，单击右侧的"匹配块"按钮可使程序窗口的大小自动与演示窗口的大小相匹配。

● 背景色：用于设置程序窗口的背景颜色，单击右侧的"匹配块"按钮可使程序窗口的背景色自动与演示窗口的背景色相匹配。

● Web 播放器：用于设置选择 Web 播放器的版本。

● 调色板：用于设置程序中使用的调色板，选择"前景"表示使用 Authorware 应用程序的调色板，选择"背景"表示使用浏览器的调色板。

● Windows 风格：用于选择程序窗口如何放置，有 inPlace（在指定位置）、onTop（置顶）和 onTopMinimize（程序最小化）3 个选项。

（5）文件

文件选项卡用于对程序发布时支持的文件进行管理，其中包括"发布文件"、"查找文件"、"删除文件"、"清除文件"、"更新"、"上传到远程服务器"、"远程"和"输出"等操作按钮，以及"本地"和"Web"两个选项卡。"本地"选项卡可以对文件列表中所选文件来源、打包后的目标位置及该文件的描述信息进行修改。"Web"选项卡可对发布文件列表中的特定文件的发布设置进行修改，相应的设置选项及功能如表 7-7 所示。

表 7-7   Web 选项卡的选项及功能

选项	功能
"Include with .aam"复选框	勾选该选项，将使文件列表中选定的文件添加到用于网络播放器的映射文件中
"PUT"文本框	文件在发布时可在该文本框中输入存放在本地硬盘上的目标路径
"平台"下拉列表框	提供了 5 种发行文件的运行平台
"优先"复选框	勾选该选项，将优先从网上下载该扩展文件
"于请求时"复选框	勾选该选项，仅当程序需要扩展文件时才进行下载
"再生"复选框	勾选该选项，程序运行结束后不删除程序文件，从而使得第 2 次运行该程序时无需再次下载而直接使用该文件
"MacBinary"复选框	勾选该选项，会生成一个集成了资源和数据信息的 AAB 文件

7.3 综合制作实例

本节通过一个多媒体技术实验导学的课件制作，介绍运用 Authorware 进行多媒体作品创作的方法。

7.3.1 作品的总体规划

1. 需求分析

本实例是以"多媒体技术实验导学"为主题的交互式多媒体课件。根据教学内容和用户需要进行需求分析，分析结果如表 7-8 所示。

表 7-8   作品的制作需求

作品名称	多媒体技术实验导学
制作目标	学习多媒体技术常用软件，测试学习结果，欣赏多媒体作品
使用对象	学生及需要了解常用多媒体编辑与制作软件的工程技术人员
内容结构	主界面→基础理论、虚拟实验、作品展示、单元测试、退出
素材准备	片头视频、按钮、背景图片及音乐、学生作品及与课件相关的文字内容
开发软件	Authorware7.0

2. 总体规划

作品的运行结构大致呈金字塔形，以并行分支的形式向横、纵方向延伸。作品的整体结构如图 7-25 所示。

整个作品由 5 个 Authorware 程序构成，即"start.a7p"、"jichu.a7r"、"shiyan.a7r"、"zuopin.a7r"和"ceshi.a7r"。

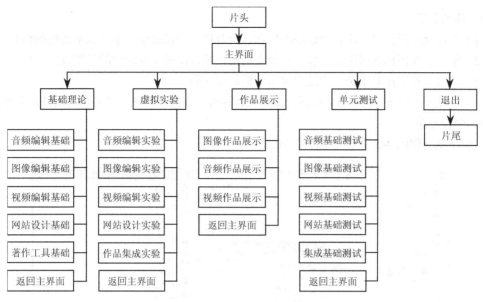

图 7-25　多媒体实验导学作品的整体结构

● start.a7p：用于开启本软件，并通过主界面中的各个交互按钮跳转到不同的分支程序中，执行不同的软件内容，当分支程序执行完毕后，可返回该程序。

● jichu.a7r：用于实现基础理论的学习，每个学习模块都设置了基本概念、基本参数和软件常识 3 个选项，可分别打开相应的查询列表页面，通过热字链接方式，对相关学习内容进行显示。

● shiyan.a7r：用于多媒体技术实验的导学，通过导向式的交互操作引导学生在虚拟平台上完成实例的操作。

● zuopin.a7r：用于展示优秀的多媒体作品，可浏览图片，也可交互式地控制音频和视频作品的播放。

● ceshi.a7r：用于对学生的学习效果进行检测，测试题型可以是填空、单选和判断等形式，测试结束并提交后系统可自动评分。

7.3.2　主程序的制作

1. 任务描述

主程序 start.a7p 是连接各分支程序的综合跳转平台，运行时，首先显示片头视频，当延时 5 秒、单击鼠标或按任意键后，将进入主界面。此时界面上会出现 5 个操作按钮，单击相应的操作按钮，界面将显示该模块的功能简介。每个简介页面中都包含两个操作按钮，即返回和跳转。单击返回按钮程序回到主界面；单击跳转按钮程序将转入相应的子程序。如果单击主界面中的退出按钮，程序将显示片尾字幕动画，并关闭程序。程序演播效果如图 7-26 所示。

图 7-26　主程序演播画面

2. 任务目标

（1）学习显示图标的用法，理解层的概念，能合理布局显示层，掌握显示属性的设置方法。

（2）学习交互图标的用法，理解交互分支结构，掌握按钮交互属性的设置方法。

（3）学习计算图标的用法，能运用函数面板添加函数。

（4）学习声音图标、数字电影图标、擦除图标和移动图标的用法，掌握相关属性的设置方法。

3. 制作步骤

主程序流程如图 7-27 所示，操作步骤如下：

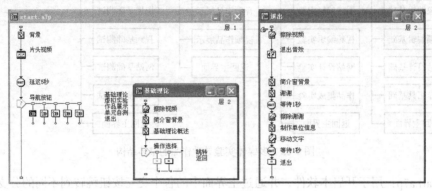

图 7-27　主程序流程

（1）新建一个 Authorware 程序文件，向流程线添加一个显示图标，命名为"背景"。双击该显示图标，打开演示窗口，单击"导入"按钮 🔘，导入背景图片，调整好其大小和位置，关闭演示窗口。

（2）向流程线添加一个数字电影图标，命名为"片头视频"。通过属性面板中的"导入"按钮导入"片头.mpg"文件。单击计时选项卡，将"执行方式"设置为"同时"，"播放"设置为"重复"。通过调试菜单中的"调试窗口"命令打开演示窗口，单击"运行"按钮 ◀▶，双击视频画面，通过拖拉其四周的控制点和拖动画面的方法调整好画面的大小及其在演示窗口中的位置，关闭演示窗口。

（3）向流程线上添加一个等待图标，命名为"延迟 5 秒"。在属性面板中，勾选"单击鼠标"和"按任意键"两个事件的复选框，将时限设置为 5。

（4）向流程线上添加一个交互图标，命名为"导航按钮"。单击交互图标 ⚱，在属性面板中的显示选项卡中将交互按钮的显示层设置为 1，即让按钮图标处于背景图层的上方。

（5）拖动一个群组图标至交互图标的右侧，在弹出的"交互类型"对话框中选择"按钮"，并将该群组图标命名为"基础理论"。单击响应类型符号，在属性面板的左侧，单击"按钮"，打开"按钮"对话框，再单击"添加"按钮，在打开的按钮编辑对话框中，通过"导入"按钮将事先准备好的按钮图标添加进来，单击"确定"按钮。

（6）返回交互属性面板，通过单击"按钮"选项卡中"鼠标"右边的按钮，在弹出的"鼠标指针"对话框中将鼠标形状设置为手形，以提示用户该图标可操作。单击"响应"选项卡，勾选"永久"工作范围；单击"擦除"选项右边的下拉列表，选择"不擦除"；单击"分支"选项右边的下拉列表，选择"返回"。

（7）双击"基础理论"群组图标，向流程线上添加一个擦除图标，命名为"擦除视频"。单击"运行"按钮，在程序运行过程中，先单击擦除图标，再单击需要擦除的视频对象，关闭演示窗口。

（8）向流程线上添加一个显示图标，命名为"简介窗背景"，打开该显示图标，插入对应的背景图标，调整好其大小和位置，在属性面板中将其显示层设置为 1，即该图片处于背景图层的上方。再向流程线上添加一个显示图标，命名为"基础理论概述"。双击该图标打开演示窗口及绘图工具箱，选择"文本"工具，在演示窗的适当位置单击鼠标左键，输入相应的文本内容。通过属性面板将其显示层设置为 2，然后按照下面的方法编辑文本：

* 通过文本菜单中的"字体"|"其他"命令，打开"字体"对话框，选择合适的字体后单击"确定"按钮。

* 通过文本菜单中的"大小"|"其他"命令，打开"字体大小"对话框，选择合适的字体大小后单击"确定"按钮。

* 选择全部文本，通过窗口菜单中的"显示工具盒"|"颜色"命令，或单击绘图工具箱中的"文本色彩"按钮，选择需要设置的文本颜色。

* 单击绘图工具箱中的"模式"工具图标，选择"透明"模式将文字背景设置为透明。

（9）向流程线上添加一个交互图标，命名为"操作选择"。单击交互图标，在属性面板的"显示"选项卡中将交互按钮的显示层设置为 2，即让按钮图标处于简介窗背景图层的上方。

（10）拖动一个计算图标至"操作选择"交互图标的右侧，在弹出的"交互类型"对话框中选择"按钮"，并将该图标命名为"跳转"。单击响应类型符号，在属性面板的左侧，单击"按钮"，在打开的"按钮"对话框中选择一种按钮样式，单击"确定"按钮。单击"响应"选项卡，将"擦除"选项设置为"在下一次输入之后"；将"分支"选项设置为"重试"。

（11）双击"跳转"计算图标，在打开的编辑窗口中输入"JumpFileReturn("jichu.a7p")"命令，或者通过窗口菜单中的"面板"|"函数"命令，打开函数面板，在分类下拉列表中选择"跳转"函数类型，选择"JumpFileReturn"函数，将光标置于计算图标的编辑窗中，再单击函数面板中的"粘贴"命令，则计算图标的编辑窗中将出现"JumpFileReturn("filename", "variable1, variable2, ...","folder")"的函数样式，将"filename"改为本设计中要跳转的目标文件名"jichu.a7p"，然后删除其他可选参数。

（12）再拖动一个计算图标至"操作选择"交互图标的右侧，将其命名为"返回"。双击"返回"图标，在打开的编辑窗中参照与步骤（11）相同的方法，添加命令"GoTo(IconID@"片头视频")，该按钮交互有效后，将使程序返回到"片头视频"的图标位置处。

（13）关闭"基础理论"群组图标，复制"基础理论"图标，将光标置于该图标的右侧，执行"粘贴"命令，将新的群组命名为"虚拟实验"。双击"虚拟实验"群组图标，将"基础理论概述"显示图标改名为"虚拟实验概述"，打开该显示图标，将其中的文字内容按设计要求进行更改。双击"跳转"计算图标，在其编辑窗中，将跳转的目标文件名改为"shiyan.a7p"。采用同样的方法，继续添加"作品展示"群组和"单元自测"群组。

（14）在"单元自测"群组图标的右侧再粘贴一个群组图标，命名为"退出"。双击打开"退出"群组，删除"简介窗背景"显示图标以下的所有图标，将光标置于"擦除视频"图标的下方，添加一个声音图标，命名为"退出音效"。通过属性面板中的"导入"按钮导入"片尾音乐.mp3"文件。单击计时选项卡，将"执行方式"设置为"同时"，"播放"方式设置为"播放次数"，取值设置为 1。

（15）在"简介窗背景"图标下方添加一个显示图标，命名为"谢谢"，按照步骤（8）所述的方法，在演示窗口中添加相应的文字，并设置好文字的显示样式及显示层。接着在流程线上添加"等待 1 秒"的图标和"擦除谢谢"的图标，其属性设置方法同前。

（16）在流程线上再添加一个显示图标，命名为"制作单位信息"，设置好显示文字、显示层及显示样式，将文字位于演示窗口中下部。

（17）在流程线上添加一个移动图标，命名为"移动文字"。单击移动图标，在其属性面板中将移动的"类型"设置为指向固定点，然后拖动"制作单位信息"图标中的文字至演示窗口中央位置处释放。这样就设置了一个将文字对象由演示窗口中下部向中央位置移动的动画效果，并通过等待 1 秒的图标让文字在演示窗口中央停留 1 秒。

（18）在流程线上添加一个计算图标，命名为"退出"。双击计算图标，在编辑窗中输入"QuitRestart()"代码，从而使程序执行退出命令后，Authorware 把所有的变量都置为初值。

（19）执行"运行"命令，查看程序的运行情况，无误后保存，完成主程序的设计。

7.3.3 基础理论模块的制作

1. 任务描述

子程序 jichu.a7p 是一个用于展示知识的独立程序模块，可从主程序跳转并执行，执行"退出"命令后将返回主程序。运行时，首先显示学习模块的目录列表，通过热对象交互可以打开相应模块的子目录，进一步单击子目录中的热对象，可打开相应的热字列表，通过热字链接在屏幕的右半个区域显示相应的知识内容。此外，程序中设置了背景音乐及其控制开关，为了方便用户浏览，还设置了"上一页"、"下一页"及"查找"按钮。程序演播效果如图 7-28 所示。

图 7-28　基础理论模块操作画面

2. 任务目标

（1）学习声音图标的用法，理解变量的定义和用法，能运用计算图标更改变量。

（2）学习热对象交互用法，掌握热对象交互的属性设置方法。

（3）学习框架图标的用法，能合理选择框架图标提供的交互工具实现浏览的控制。

（4）学习文字样式的设置与添加方法，能运用文字样式实现热字超链接。

3. 制作步骤

jichu.a7p 子程序流程如图 7-29 所示，操作步骤如下：

（1）新建一个 Authorware 程序文件，向流程线添加一个显示图标，命名为"背景图片"。双击该显示图标，打开演示窗口，单击"导入"按钮，导入背景图片，调整好其大小和位置，关闭演示窗口。

（2）向流程线添加一个群组图标，命名为"背景音乐"。双击该群组图标，按照图 7-30 所示流程添加相应的图标并命名。单击"背景音乐"声音图标，通过属性面板中的"导入"按钮导入"月光奏鸣曲.mp3"文件。单击计时选项卡，将"执行方式"设置为"永久"。在"开始"框中输入"x=1"，即背景音乐开始播放的条件是变量 x 取值为 1；将"播放"设置为"直到为真"，并在下面的文本框中输入结束播放的条件"x=0"。单击背景音乐设计窗口的空白处，会弹出"新建变量"对话框，在"初始值"右边的文本框中输入 1，说明背景音乐初始时为播放状态。

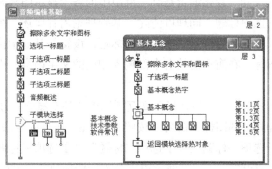

图 7-29　基础理论模块程序流程

（3）背景音乐的控制采用热对象交互方式。首先通过两个显示图标导入开音乐 ⧉和关音乐 ⧉的图像，设置好其大小和位置；再单击"音乐控制"交互中"开"分支的响应类型符号，打开"开音乐图标"，单击演示窗中的图像对象；接着在其属性面板的"响应"选项卡中，将"范围"设置为"永久"，将"擦除"设置为"在下一次输入之后"，将"分支"设置为"返回"。双击"开"分支的计算图标，在打开的编辑窗里输入"x:=1"。用同样的方法设置"关"分支的交互及属性，并在"关"分支的计算图标编辑窗口中输入"x:=0"。

（4）在主流程线上依次添加"退出按钮"显示图标、"模块选择热对象"群组图标和"基础理论内容概述"显示图标。双击"退出按钮"图标，导入按钮图像 ⧉，调整好其大小和位置。双击"模块选择热对象"群组图标，按照图 7-31 所示流程添加相应的显示图标并命名。分别打开显示图标，导入相应的按钮图像 ⧉，并在该图像旁输入相应的标题文字（如"音频编辑基础"），设置好它们的显示位置及相关属性。双击"基础理论内容概述"显示图标，在演示窗的右半部输入相应的文字内容，设置好其显示位置及文字属性。

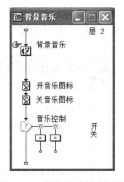

图 7-30　背景音乐控制流程　　　　　　图 7-31　群组图标内的流程

（5）向主流程线上添加一个交互图标，命名为"模块选择"。在该交互图标的右侧拖放一个群组图标，命名为"音频编辑基础"，交互方式设置为"热对象"。单击"音频编辑基础"群组图标上的交互类型按钮，打开"模块选择热对象"群组中的"选项一标题"图标，单击演示窗中的文字对象，完成热对象交互的设置。返回属性面板，在"响应"选项卡中勾选"永久"工作范围，设置"擦除"选项为"不擦除"，设置"分支"选项为"返回"。

（6）双击"音频编辑基础"群组图标，按照图7-29所示层2的流程添加相应的图标并命名。双击打开"模块选择热对象"群组，单击"音频编辑基础"群组中的"擦除多余文字和图标"图标，依次打开"音频编辑基础"群组中的各个显示图标并单击其中的文字对象，从而清除了原有画面中的选项标题，同理可清除"基础理论内容概述"图标中的内容。接着在后面的四个显示图标中导入标题项目符号并输入新的标题，设置好其显示位置及属性，关闭演示窗口。打开"音频概述"图标，在演示窗的右半部输入相应的文字内容，设置好其显示位置及文字属性，关闭演示窗口。

（7）双击"子模块选择"交互图标中"基本概念"分支的群组图标，按照图7-29所示层3的流程添加相应的图标并命名。按照步骤（6）所述的方法，在"擦除多余文字和图标"的设置中，擦除"子选项一标题"、"子选项二标题"、"子选项三标题"和"音频概述"图标中的内容。打开"子选项一标题"图标，在演示窗中导入标题项目符号并输入标题文字，设置好其显示位置和属性，关闭演示窗口。双击"基本概念热字"图标，在演示窗口中分别使用文字工具输入每个概念词条，设置好它们的位置和属性，关闭演示窗口。

（8）执行"文本"菜单中的"定义样式"命令，在弹出的"定义风格"对话框中单击"添加"按钮，输入要添加的热字名称（如采样频率），在交互性选区中选中"单击"、"自动加亮"、"指针"和"导航到"选项，单击"导航到"复选框右侧的图标，打开"属性：导航风格"对话框，选中"基本概念"框架中的"第1.1页"后单击"确定"按钮，其设置界面如图7-32所示。

图7-32 热字导航的设置

（9）双击"基本概念热字"图标，选中"采样频率"文字，执行文本菜单中的"应用样式"命令，在弹出的"应用样式"对话框中勾选"采样频率"就完成了热字的链接设置。采用同样的方法定义其他热字的样式并设置应用。

（10）双击"基本概念"框架图标，将打开如图7-33所示的框架结构。删除灰色导航面板图标，删除不需要的导航交互分支，只留下"上一页"、"下一页"、"查找"和"退出框架"四个交互分支。单击各个交互分支对应的响应类型符号，在属性面板中单击左侧的"按钮"，通过"按钮"对话框添加准备好的按钮，调整好各个按钮的位置，关闭基本概念框架结构图。此外，单击"上一

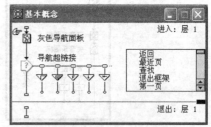

图7-33 框架图标的内部结构

页"按钮的响应类型符号，在"响应"选项卡中的"激活条件"栏输入"CurrentPageNum>1"限制条件，再单击"下一页"按钮的响应类型符号，在"响应"选项中的"激活条件"栏输入"CurrentPageNum <PageCount"的限制条件，这样就避免了"回绕"现象的发生。

（11）向"基本概念"框架图标的右侧拖放若干个显示图标，分别命名为"第1.1页"、"第1.2页"……，为各个显示页面添加相关的文字内容，设置好显示文本的属性及位置。

（12）向流程线上添加一个计算图标，命名为"返回模块选择热对象"。双击该计算图标，在编辑窗中输入"GoTo(IconID@"模块选择热对象")"，以使程序在退出"基本概念"框架后，可以返回到主流程线上的"返回模块选择热对象"群组图标位置处，从而允许用户重新选择学习内容。

（13）复制"基本概念"群组图标，在该图标的右侧粘贴两次，分别命名为"技术参数"和"软件常识"。按照设计要求更改其中的显示内容及热字链接，操作方法同前。

（14）复制"音频编辑基础"群组图标，在该图标的右侧粘贴四次，分别命名为"图像编辑基础"、"视频编辑基础"、"网站设计基础"和"著作工具基础"。按照设计要求更改其中的显示内容及热字链接，操作方法同前，这里也不再赘述。

（15）在"模块选择"交互图标的右侧再拖放一个计算图标，命名为"退出"，通过属性面板左侧的"按钮"打开"按钮"对话框，添加退出按钮。双击该计算图标，在编辑窗中输入"QuitRestart()"代码，从而使程序执行"退出"命令后，Authorware 把所有的变量都置为初值。

（16）执行"运行"命令，查看程序的运行情况，无误后保存，完成基础理论模块子程序的设计。

7.3.4 作品展示模块的制作

1. 任务描述

子程序 zuopin.a7p 是一个用于播放图像和音/视频作品的独立程序模块，可从主程序跳转并执行，执行"退出"命令后将返回主程序。运行时，首先显示作品模块的主选界面，通过热对象交互可进入相应类别的作品分支。每一类作品的浏览页面中都设置了"上一页"、"下一页"和"退出"交互按钮，可方便用户操作。程序演播效果如图 7-34 所示。

图 7-34 作品展示模块操作画面

2. 任务目标

（1）进一步熟悉声音图标、框架图标、计算图标的用法。

（2）学习创建并使用模块。

（3）学习使用 activemovie 控件播放和控制视频。

3．制作步骤

zuopin.a7p 子程序流程如图 7-35 所示，操作步骤如下：

（1）新建一个 Authorware 程序文件，向流程线添加一个显示图标，命名为"背景图片"。双击该显示图标，打开演示窗口，单击"导入"按钮，导入背景图片，调整好其大小和位置，关闭演示窗口。

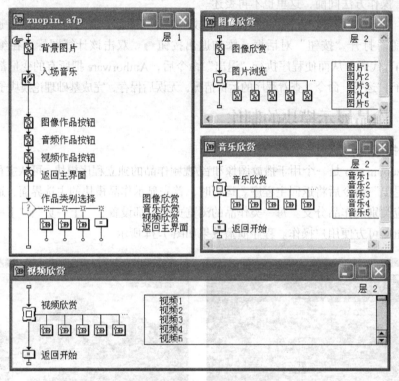

图 7-35　作品展示模块程序流程

（2）向流程线添加一个声音图标，命名为"入场音乐"。单击该声音图标，通过属性面板中的"导入"按钮导入"作品背景音乐.mp3"文件。单击计时选项卡，将"执行方式"设置为"永久"。在"开始"框中输入"x=1"，"播放"设置为"直到为真"，并在下面的文本框中输入结束播放的条件"x=0"。单击"设计"窗口的空白处，在弹出"新建变量"对话框中将变量 x 的"初始值"设置为 1。

（3）向流程线上添加四个显示图标，分别命名为"图像作品按钮"、"音频作品按钮"、"视频作品按钮"和"返回主界面"。打开这四个显示图标，导入相应的按钮图片，调整好它们的大小和位置属性。

（4）向程序流程线上添加一个交互图标，命名为"作品类别选择"。在该交互图标的右侧拖放一个群组图标，响应类型设置为热对象，并将其命名为"图像欣赏"。单击该群组图标上方的响应类型符号，双击打开"图像作品按钮"显示图标，单击按钮对象完成热对象的设置。接着在其属性面板的"响应"选项卡中，将"范围"设置为"永久"，将"擦除"设置为"在下一次输入之后"，将"分支"设置为"返回"。同理，在"图像欣赏"群组图标的右侧再拖放两个群组图标，分别命名为"音乐欣赏"和"视频欣赏"，设置好它们的交互对象及交互属性。

（5）在"视频欣赏"群组图标的右侧拖放一个计算图标，命名为"返回主界面"。按照与步骤（4）相同的方法设置好交互对象和属性，双击打开计算图标，在编辑窗口中输入"QuitRestart()"代码，使程序执行"退出"命令后将所有的变量都置为初值。

（6）双击"图片欣赏"群组图标，按照图 7-35 中"图片欣赏"层的程序流程添加相应的图标并命名。双击"图片欣赏"显示图标，在演示窗口中输入文字"图片欣赏"，设置好文字的属性，关闭演示窗。

（7）双击"图片浏览"框架图标，按照图 7-36 所示重新设置其内部结构。设置方法与 7.3.3 小节中的操作步骤（10）相同，这里不再赘述。在"图片欣赏"框架图标的右侧拖放若干个显示图标，用于显示图片作品。

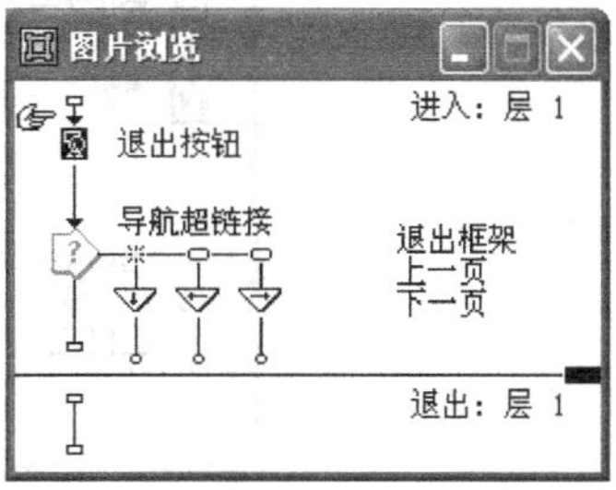

图 7-36　图片浏览框架内部结构

（8）双击"音乐欣赏"群组图标，向流程线上添加一个框架图标，命名为"音乐欣赏"。双击"音乐欣赏"框架图标，按照图 7-36 所示重新设置其内部结构，方法同前。在"音乐欣赏"框架图标的右侧拖放若干个群组图标，用于播放和控制音乐作品。在程序流程线上拖放一个计算图标，命名为"返回开始"，双击该图标，在编辑窗中输入"GoTo(IconID@"入场音乐")"代码，以便在用户退出"音乐欣赏"框架时可以重新选择浏览的作品类别。

（9）双击"视频欣赏"群组图标，向流程线上添加一个框架图标，命名为"视频欣赏"。双击"视频欣赏"框架图标，按照图 7-36 所示重新设置其内部结构，方法同前。在"视频欣赏"框架图标的右侧拖放若干个群组图标，用于播放和控制视频作品。在程序流程线上拖放一个计算图标，命名为"返回开始"，双击该图标，在编辑窗中输入"GoTo(IconID@"入场音乐")"代码，以便在用户退出"视频欣赏"框架时可以重新选择浏览的作品类别。

（10）打开"音乐欣赏"群组图标中"音乐 1"群组，按照图 7-37 所示流程添加图标并命名。其中"擦除多余文字"的图标设置了擦除"图像作品按钮"、"音频作品按钮"和"视频作品按钮"，操作方法与 7.3.3 小节中的制作步骤（6）相同。分别打开四个显示图标，输入作品名称信息、导入播放器插图、输入播放和停止的文字，设置好它们的位置和属性。按照与 7.3.3 小节制作步骤（2）相同的方法，设置音乐的导入和播放音乐的交互，控制变量 x1 的初值设置为 1，即初始状态为播放。双击"播放"分支计算图标，在编辑窗中输入"x1:=1　x:=0"，即播放音乐 1 时关闭背景音乐。同理，在"停止"分支计算图标的编辑窗中输入"x1:=0　x:=1"，这样，在关闭音乐 1 时将继续播放背景音乐。

（11）选中音乐 1 群组流程中的除擦除图标以外的所有图标，执行文件菜单中的"存为模板"命令，在弹出的"存为模板"的对话框中，按照默认路径，命名为"音乐模板"，单击保存。

（12）打开音乐 2 群组图标，通过窗口菜单中的"面板"|"知识对象"命令，激活"知识对象"窗口，单击"刷新"按钮，找到"音乐模板"后双击，则音乐 2 群组中的流程线上就复制了"音乐模板"中的流程。双击"作品名称信息"显示图标，将其中的文字更改为新的内容。单击"音乐"图标，通过属性面板导入新的音乐作品。

（13）按照步骤（12）的方法，完成音乐欣赏框架中其他群组分支的流程实现及内容更新。

（14）打开"视频欣赏"群组图标中"视频 1"群组，按照图 7-38 所示流程添加图标并命名。其中前 6 个图标的设置方法及"视频"交互图标热对象的设置方法与步骤（10）的方法相同。流程中设置"等待"图标的目的是让视频作品的名称信息在屏幕中保留 5 秒，用户可以通过单击鼠标或者按任意键结束等待。

图 7-37 音乐控制流程

图 7-38 视频控制流程

（15）将网上下载的 amovie.ocx 文件复制到 C:\WINDOWS\system32 目录下，单击"开始"菜单中的"运行"项，在"打开"文本框中输入注册命令"regsvr32 amovie.ocx"。

（16）将粘贴指针置于视频 1 群组中"等待 5 秒"图标的下方，执行插入菜单中的"控件"|"ActiveX"命令，将弹出选择 ActiveX 控件的对话框，从该对话框中选择"ActiveMovieControl Object"选项，单击"OK"。在弹出 ActiveX 属性对话框后，保持默认属性设置，单击"OK"。此时，流程线上就出现 ActiveX 控件图标▓，将其命名为"视频插件"。

（17）双击"开启视频"的计算图标，在编辑窗口中输入如下代码：

```
SetSpriteProperty(@"视频插件", #filename, "e:\\教材编写\\视频演示.wmv")
SetSpriteProperty(@"视频插件", #showcontrols, FALSE)
```

关闭编辑窗口并确定保存。

（18）双击"视频"交互中"播放"分支的计算图标，在打开的编辑窗中输入如下代码：

```
x:=0
SetSpriteProperty(@"视频插件", #FullScreenMode, FALSE)
CallSprite(@"视频插件", #run)
```

即关闭背景音乐并取消全屏模式后，运行"视频插件"中设定的视频文件。关闭编辑窗口并确定保存。

（19）双击"视频"交互中的"全屏"分支的计算图标，在打开的编辑窗中输入如下代码：

```
SetSpriteProperty(@"视频插件", #FullScreenMode, TRUE)
CallSprite(@"视频插件", #run)
```

关闭编辑窗口并确定保存。

（20）双击"视频"交互中的"暂停"分支的计算图标，在打开的编辑窗中输入如下代码：

```
CallSprite(@"视频插件", #pause)
x:=1
```

即执行暂停播放视频时，开启背景音乐。关闭编辑窗口并确定保存。

（21）选中视频 1 群组流程中的除擦除图标以外的所有图标，执行文件菜单中的"存为模板"命令，在弹出的"存为模板"的对话框中，按照默认路径，命名为"视频模板"，单击"保存"按钮。

（22）打开视频 2 群组图标，激活知识对象窗口，单击"刷新"按钮，找到"视频模板"后双击，则视频 2 群组中的流程线上就复制了"视频模板"中的流程。双击"作品名称信息"显示图标，将其中的文字更改为新的内容。双击"开启视频"计算图标，将编辑窗口中的视频文件改为新的视频文件，关闭编辑窗并确定保存。

（23）按照步骤（22）的方法，完成视频欣赏框架中其他群组分支的流程实现及内容更新。

（24）执行"运行"命令，查看整个程序的运行情况，无误后保存，完成作品展示模块子程序的设计。

7.3.5　单元自测模块的制作

1. 任务描述

子程序 ceshi.a7p 是一个用于测试各个知识单元学习效果的程序模块，各测验单元都是独立的子程序，是在子程序 ceshi.a7p 中嵌套运行的。设计时，测验程序可运用 Authorware 提供的知识对象来创建。为了使运行的测验程序能够返回调用子程序 ceshi.a7p，需要考虑在知识对象的交互中添加返回按钮。而子程序 ceshi.a7p 主要实现显示测验项目列表及交互跳转的功能。程序运行效果如图 7-39 所示。

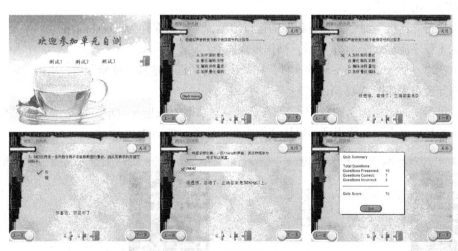

图 7-39　单元自测模块运行界面

2. 任务目标

（1）学习使用知识对象创建测试类子程序。

（2）进一步熟悉子程序调用与返回的方法，实现子程序嵌套。

3. 制作步骤

ceshi.a7p 子程序流程如图 7-40 和图 7-41 所示，操作步骤如下：

（1）新建一个 Authorware 程序文件，按照图 7-40 所示流程添加图标并命名。其中"测试选择"交互图标均采用热对象交互方式，其交互热对象及属性的设置方法前面几节已有阐述，这里从略。

图 7-40　单元自测模块程序流程

图 7-41　测验 1 程序流程

（2）分别双击"跳转至测试 1"、"跳转至测试 2"和"跳转至测试 3"三个计算图标，在各自的编辑窗中输入代码"JumpFileReturn（"测验 1.a7p"）"、JumpFileReturn（"测验 2.a7p"）和 JumpFileReturn（"测验 3.a7p"）。

（3）双击"返回到开始"计算图标，在编辑窗中输入"GoTo（IconID@"欢迎背景"）"。当用户完成某项测试后返回时，程序将跳转到"欢迎背景"显示图标处，重新执行测试选择。

（4）双击"退出"计算图标，在编辑窗中输入"QuitRestart()"，即该交互有效时，程序将退回到主程序"start.a7p"。

（5）执行"运行"命令，查看程序的运行情况，无误后保存为"ceshi.a7p"。

测试 1 程序流程如图 7-41 所示，操作步骤如下：

（1）新建一个 Authorware 程序文件，在弹出的对话框中选择"测验"项，单击"确定"便打开一个向导窗口，如图 7-42 所示。

（2）单击"next"按钮，将打开"发布选项"对话框（Delivery Options），在该对话框中选择程序窗口的尺寸并设置可能用到的媒体文件所在的位置，如图 7-43 所示。

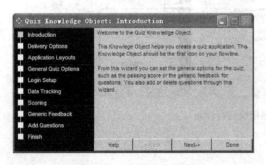

图 7-42　"测验"向导窗口

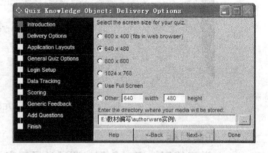

图 7-43　"发布选项"对话框

（3）单击"next"按钮，将打开"程序布局"对话框（Application Layouts），在该对话框中选择一种"教育"类（educational）布局风格。

（4）单击"next"按钮，将打开"测试题一般选项"对话框（General Quiz Options），在该对话框中可以设置测试标题（Quiz title）、默认尝试次数（Default number of tries）、问题数目（Number of questions to ask）、随机提问（Randomize question order）、结束后显示得分（Display score at end）和项目引导标签（Distractor tag），按照图 7-44 所示进行相应的设置。

（5）单击"next"按钮，将打开"登录设置"对话框（Login Setup），在该对话框中可以设置是否在程序开始显示登录界面（Show login screen at start）、是否需要用户 ID（Ask for User ID）、是否要求密码（Ask for Password）、是否限制用户在测试前尝试登录次数（Limit user to…tries before quitting）。本实例是用于学习者自测，因而可免去登录界面，设置界面如图 7-45 所示。

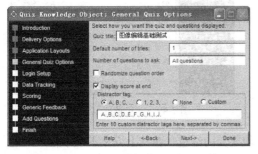

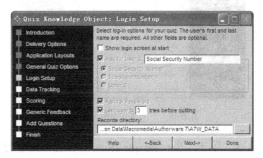

图 7-44　"测试题一般选项"对话框　　　　　图 7-45　"登录设置"对话框

（6）单击"next"按钮，将打开"数据跟踪"对话框（Data Tracking），在该对话框中可以选择是否跟踪用户进程并报告（Track user progress and report to），若希望以文本格式生成一个成绩报告，可按照图 7-46 所示进行设置。

（7）单击"next"按钮，将打开"计分"对话框（Scoring），在该对话框中可以设置判断方式和计分方式选项。在判断（Judging）方式选项区中，有"立即判断用户的响应"（Judge user response immediately)和"显示检查答案按钮"（Display Check Answer button）两个单选项；在其下方还设置有"用户必须回答问题才能继续"（User must answer question to continue）和"问题回答完毕显示反馈结果"（Show feedback after question is judged）的复选框；在"通过分数"（Passing score）文本框中还可输入过关分数。本实例的设置结果如图 7-47 所示。

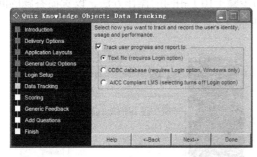

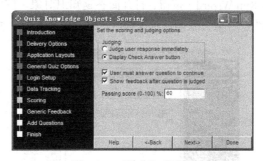

图 7-46　"数据跟踪"对话框　　　　　　图 7-47　"计分"对话框

（8）单击"next"按钮，将打开"一般反馈"对话框（Generic Feedback），在该对话框中可以设置用户回答正确和回答错误时的反馈用语。本实例中不采用，所以可以单击"删除反馈"（Delete Feedback）按钮，依次将系统提供的反馈用语删除。

（9）单击"next"按钮，将打开"添加问题"对话框（Add Questions），在该对话框可以设置"拖放问题"（drag/drop）、"热对象问题"（hot object）、"热点问题"（hot spot）、"多选题"（Multiple Choice）、"简答题"（Short Answer）、"单选题"（Single Choice）、"判断题"（Ture/False）题型。本实例添加了单选题、判断题和简答题三种题型，设置界面如图 7-48 所示。

（10）选中"单选题"，单击"启动向导"（Run Wizard）按钮，打开单选题知识对象。按照下面的步骤设置单选问题及各个选择项目，设置效果如图 7-49 所示。

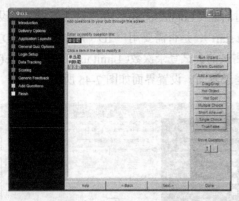

图 7-48 "添加问题"对话框

图 7-49 "单选题"设置界面

● 单击"Sample question:"对应的文本行，使之变为红色，在其上方文本框中输入问题。

● 单击"distractor"行，在其上方的文本编辑区中输入第一个选项的答案，如果这是正确的答案，就在右侧"Set selected item"选区中选择"Right Answer"。接着单击"distractor"行下方的蓝色文字，在上方的文本编辑区中输入该选项的反馈文字。

● 单击"Add Choice"按钮增加一行新的选项，按照上面的方法步骤制作其余三个选项的答案及反馈信息。由于已经设置了第一个选项为正确答案，因此后面三个选项的"Set selected item"设置区中都应选择"Wrong Answer"。

（11）单击"Done"按钮，返回到"添加问题"对话框。选中"判断题"，单击"启动向导"（Run Wizard）按钮，打开判断题知识对象。按照与步骤（10）相同的操作方法，设置判断题的问题、两个不同选择及其反馈语。设置效果如图 7-50 所示。

（12）单击"Done"按钮，返回到"添加问题"对话框。选中"简答题"，单击"启动向导"（Run Wizard）按钮，打开简答题知识对象。按照与步骤（10）相同的操作方法，设置简答题的问题、答案关联词及其反馈语。设置效果如图 7-51 所示。

图 7-50 "判断题"设置界面

图 7-51 "简答题"设置界面

（13）单击"Done"按钮，返回到"添加问题"对话框。单击"next"按钮完成问题设置，单击"Done"按钮，退出"测验"设置导航。

（14）双击流程线上的框架图标，将打开框架图标的内部流程，如图 7-52 所示。分别单击"previous page"群组、"next page"群组和"quit--65604"群组上方的响应类型符号，通过属性面板重新导入新的按钮。执行"调试"菜单中的"调试窗口"命令，单击"运行"后，分别双击窗口中的按钮，调整好这些按钮的位置，关闭演示窗口。在"quit--65604"群组图标的右侧再添加一个计算图标，单击该图标上方的响应类型符号，通过属性面板导入返回按钮图标 ，设置好其位置及属性。双击计算图标，在编辑窗中输入代码"QuitRestart()"，以使程序在该交互生效后能返回到调用它的 ceshi.a7p 子程序中。

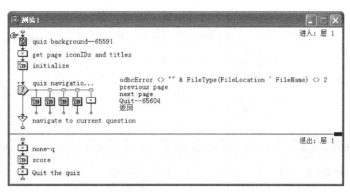

图 7-52　测验 1 框架的内部结构

（15）复制"单选题"知识对象图标，在其右侧粘贴 3 次，分别双击打开这些知识对象，更换其单选问题、各选项内容、正误及反馈语。

（16）复制"判断题"知识对象图标，在其右侧粘贴 3 次，分别双击打开这些知识对象，更换对应的问题、选项、正误及反馈语。

（17）复制"简答题"知识对象图标，在其右侧粘贴 1 次，双击该知识对象，更换简答题的问题、正确答案关联词及其反馈语。

（18）执行"运行"命令，查看程序的运行情况，无误后保存为"测验 1.a7p"。

此外，为了烘托一种轻松的测试氛围，还可以在"音频编辑基础测试"知识对象图标之前添加背景音乐及控制，设计流程如图 7-41 所示。

最后，复制"测验 1.a7p"程序，生成两个副本文件，分别命名为"测验 2.a7p"和"测验 3.a7p"。分别打开这两个文件，将框架图标名称及其中知识对象的测验内容进行更改并保存。这样就完成了单元测试模块的全部程序设计。

7.3.6　虚拟实验模块的制作

1. 任务描述

子程序 shiyan.a7p 是一个用于引导学生实验操作的程序模块，在程序设计中可运用多种交互方式来模拟实验的操作过程。程序运行效果如图 7-53 所示。

2. 任务目标

（1）进一步熟悉声音图标、框架图标、计算图标的用法。

（2）学习菜单交互、目标区交互、文本输入交互和热区域交互的用法。

3. 制作步骤

shiyan.a7p 子程序流程如图 7-54 所示，限于篇幅，这里重点介绍本实例中菜单交互、目标区交互、文本输入交互和热区域交互的实现方法。

（1）菜单交互的实现

主流程线上的 6 个交互图标均采用菜单交互方式，这里仅以"Authorware 应用"交互图标为例进行操作说明。在该图标的右侧拖放两个群组图标，在弹出的"交互类型"对话框中选择"下拉菜单"，分别命名为"实验1"和"实验2"。分别单击"实验1"和"实验2"群组图标上方的响应类型符号，在其属性面板中，单击"响应"选项卡，将"范围"设为"永久"，将"分支"类型设置为"返回"，其他保持默认状态即可。

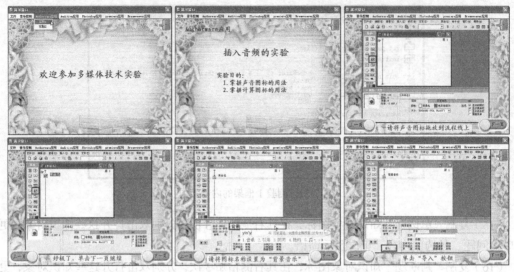

图 7-53　虚拟实验模块运行界面

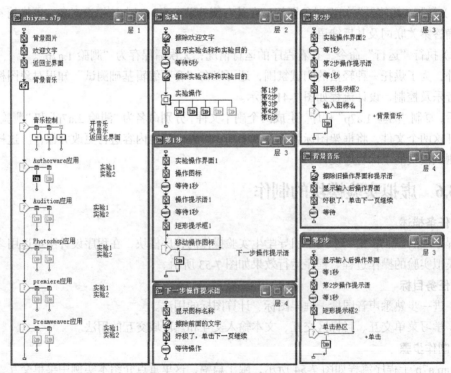

图 7-54　虚拟实验模块程序流程

（2）目标区交互的实现

在"Authorware 应用"的实验 1 中，第一步操作是希望用户将声音图标拖放到程序流程线上。

这种操作可以使用 Authorware 提供的"目标区域"交互来实现。操作步骤如下：

- 双击交互图标"Authorware 应用"|"实验 1"群组|"第 1 步"群组图标，向流程线上添加两个显示图标，命名为"实验操作界面 1"和"操作图标"。分别导入"实验 1"的第一个操作界面图和"声音图标"的截图，调整好这两个图像的大小及位置，使"声音图标"的截图正好覆盖在操作界面中声音图标的位置处。

- 向流程线上添加一个等待图标，命名为"等待 1 秒"。在其属性面板中的事件选区勾选"单击鼠标"和"按任意键"，时限设置为 1 秒。向流程线上添加一个显示图标，命名为"操作提示语 1"，用文字工具输入"请将声音图标拖放到流程线上"。设置好文字属性，关闭演示窗口。接着复制"等待 1 秒"图标，粘贴在"操作提示语 1"图标的下方。

- 向流程线上添加一个交互图标，命名为"移动操作图标"。在该图标的右侧拖放一个群组图标，交互类型选择为"目标区"，并命名为"下一步操作提示语"。打开名为"操作图标"的显示图标，先单击群组图标上方的响应类型符号，再单击演示窗中的图像对象，当出现四周包含有 8 个控制点的虚线框时将其拖移至目标位置，即实验操作界面 1"中对应的流程线的顶部位置。

- 在属性面板的"目标区"选项卡中，将"放下"下拉列表选为"中心定位"；在"响应"选项卡中，将"状态"下拉列表选为"正确响应"，"分支"类型设置为"退出交互"。这样就完成了目标区的交互设置。

（3）文本输入交互

在"Authorware 应用"的实验 1 中，第二步操作是希望用户输入放置在流程线上的图标名称。这种操作可以使用 Authorware 提供的"文本输入"交互来实现。操作步骤如下：

- 复制群组图标"第 1 步"，在其右侧粘贴，并命名为"第 2 步"。双击"第 2 步"群组图标，删除"操作图标"显示图标，将其他图标名称及内容都按照第 2 步操作要求进行更改，如图 7-54 所示。

- 将"输入图标名"交互图标的交互类型改为"文本输入"交互，单击响应类型符号，在属性面板的"文本输入"选项卡中，标题栏内显示的是响应分支线上的图标名，它也是判断能否产生交互响应的匹配字符，本实例中设置为"背景音乐"。

- 在"响应"选项卡中，将"状态"下拉列表选为"正确响应"，"分支"类型设置为"退出交互"。运行程序，当出现文本交互显示时，单击名为"输入图标名"的交互图标，此时将出现一个虚线框，在框内单击，其四周会出现 8 个控制点，将其拖至合适的位置处后（即操作界面中文本输入框的上方），通过四周的控制点调整好文本区域的大小。这样就完成了文本输入交互的设置。

（4）热区域交互

在"Authorware 应用"的实验 1 中，第三步操作是希望用户通过单击指定区域的图标来实现操作界面的更换。这种操作可以使用 Authorware 提供的"热区域"交互来实现。操作步骤如下：

- 复制群组图标"第 2 步"，在其右侧粘贴并命名为"第 3 步"。双击"第 3 步"群组图标，将其中的图标名称及内容都按照第 3 步操作要求进行更改，如图 7-54 所示。

- 将"单击热区"交互图标的交互类型改为"热区域"交互，单击响应类型符号，在属性面板的"热区域"选项卡中，将"匹配"类型设置为"单击"，勾选"匹配时加亮"。

- 在"响应"选项卡中，将"状态"下拉列表选为"正确响应"，"分支"类型设置为"退出交互"。运行程序，当执行到热区交互位置处，单击名为"单击热区"的交互图标，此时将出现一个虚线框，在框内单击，其四周会出现 8 个控制点，将其拖至合适的位置处后（即操作界面中"导入"按钮的上方），通过四周的控制点调整好交互区域的大小。这样就完成了热区域交互的设置。

7.3.7　作品的打包和发布

当所有程序都设计完成并运行无误后，就需要将源文件变成可以在某些系统上运行的应用程序。在 7.2.5 小节我们已经介绍了 Authorware 7.0 的打包和发布方法，这里就不再赘述。在本实例中，程序"start.a7p"是整个软件的开始部分，需要脱离 Authorware 软件环境独立运行，因此需要采用"应用平台 Windows XP，NT 和 98 不同环境"设置，将文件打包成".exe"可执行文件。而其余的程序都是"start.a7p"程序的下属分支程序，打包完毕的"start.exe"文件可以直接跳转执行，所以打包设置为"无需 Runtime"，即保存为".a7r"文件即可。

7.4　实验内容与要求

以"英语学习课件"为主题，创作一个可交互式操作的英语学习课件。具体要求如下：

1. 用菜单交互方式打开不同的章、节。
2. 课文讲解页面，可通过单击热字播放整句或某个单词的朗读，也可显示相应的翻译或解释。
3. 可播放"情景对话"的视频或 falsh。

第8章
SMIL 同步流媒体制作

8.1 SMIL 简介

SMIL 是同步多媒体集成语言（Synchronized Multimedia Integration Language）的缩写。它是由 W3C（万维网协会）组织规定的多媒体操纵语言。最新的 SMIL 版本是 2008 年推出的 SMIL 3.0 版本，它在 SMIL2.1 版本的基础上增加了许多新的功能。

SMIL 语言是一套已经规定好的、非常简单的、基于 XML 的纯文本标记语言。利用 SMIL 语言可以将在 Internet 上不同位置的媒体文件关联到一起，媒体播放器载入 SMIL 文件后，会根据文件中设置的各个媒体文件的播放顺序和位置等属性，将这些多媒体片断集中到同一窗口播放。

8.1.1 SMIL 的产生

在 Web 站点中采用动画或多媒体技术可以使站点更生动，吸引用户的访问。为了在 Web 上创建和显示多媒体内容，您可能使用过 midi、avi、gif 动画或流媒体等。尽管这些技术的确能为站点增值，但它们都是单一的媒体或者已经是集成好的媒体形式。传统的多媒体技术为用户提供了将语音、视频和图像等不同形式的内容结合在一起的能力，但并不能管理与协调这些内容的传输过程。

为了解决与 Web 捆绑的多媒体的限制，包括 Microsoft、RealNetworks 在内的几家公司已经制造出能使浏览器显示流音频和视频的插件或 ActiveX 控件，它们既可以在浏览器中也可以通过一个外部应用使用。RealNetworks 公司的 RealAudio 和 RealVideo 播放器和插件就是这一趋势中非常典型的例子。使用流媒体意味着 Web 客户不必等到整个音频和视频文件下载完，而是可以边下载边播放。然而，站点创建者们一直无法管理协调两个或更多流媒体的传输，而这对于同步几个不同的媒体元素，例如在一个完全独立的叙述中占用屏幕的一部分运行视频是极其重要的。

出于这种需要，1998 年 W3C 正式推荐了同步多媒体集成语言 SMIL。1999 年 8 月 3 日，在第一个草案的基础上，W3C 推出了 smil boston 版本。SMIL Boston 有了许多重要的扩展，包括可重复使用的模块、通用的动画设计、改良的交互功能以及电视综合功能。

事实 SMIL 是 XML 的一种应用，它使 Web 开发者只要使用类似于 HTML 的标记方式，借助于一个简单的文本编辑器，即可很容易地安排网页上的视频、声音及文字各部分的时序，而不需要任何编程。同时，使用 SMIL 也可显著节省带宽，在同一网页中只有被使用的资料才会下载。

8.1.2　SMIL 的优点

SMIL 作为将多媒体集成到 Web 的重要方法，具有以下优点：

（1）避免使用统一的包容文件格式

当用户需要连续播放多个多媒体片段时，常采用播放列表的方法，但是，如果各个媒体片段格式不一样，并且要求多个片断同时播放时，那么以前唯一可行的办法就是用多媒体的编辑软件把这些多媒体文件整合成一个文件，这就必须统一使用某种文件格式。但从合成后的文件再得到源文件就不可能了。而用 SMIL 来组织这些多媒体文件，可以在不对源文件进行任何修改的情形下，获得我们想要的效果。

（2）同时播放在不同服务器上的多媒体片断

假如我们现在想把一段电视采访的实况（视频文件）加上解说（包括声音解说和文字解说）。且假定例子中的视频文件是甲服务器上的 A 文件，音频文件是乙服务器上的 B 文件，而解说文字却是丙服务器上的 C 文件。传统的方法在这里就束手无策了，而 SMIL 可以非常轻松地做到这一点。

（3）时间控制

如果我们不想用整个视频文件，而只想用其中的某一部分。传统的方法中唯一可行的就是用剪辑软件来剪辑，而 SMIL 可以很容易地完成。例如视频文件 A 的时间长度是 10 秒，我们要用的是 2～5 秒，其他部分我们不想要，只要用 SMIL 规定在该视频文件 A 的第二秒开始播放，播放到第五秒结束就可以了。

（4）对整个演示进行布局

例如给一部英文电影加上中文字幕，既有视频，又有文字，这时就可以选择一个区域播放视频，如屏幕的上部，而在另一个区域显示文字，如屏幕的底部。SMIL 可以轻松实现这样的功能。

（5）多语言选择支持

SMIL 可以根据用户环境的语言设置来自动播放对应该语言的文件，而不需要用户来选择。

（6）多带宽选择支持

由于各个用户连接到 Internet 的方式不尽相同，所以其连接的速度差别也较大。为了让大家都能够看到多媒体演示，一般可以制作适应不同传输速度的演示。SMIL 播放器可以检测出用户的连接速度，然后同服务器"协商"，要求传输并播放相应的演示文件。

8.1.3　SMIL 的前景

SMIL 与 HTML 相比较，其主要区别在于，HTML 只能够演示超文本数据，而无法用于多媒体内容。使用 HTML，您只能通过启动辅助应用或使播放器每次都出现在页面的同一位置的方式来提供多媒体。SMIL 是一种机制，也可以看作是一个命令文件，它能控制流音频、视频和图像的显示来利用工作站上已提供的多媒体能力。SMIL 为设计者赋予了更多控制如何时或何处在浏览器中播放视频和音频的能力。SMIL 定义了多媒体 Web 广播使用一个 SMIL 文件的风格设计，这个 SMIL 文件也和 HTML 文件一样安装在浏览器中，并且能够管理协调流媒体的显示。换句话说，SMIL 不能替代 HTML，但却扩展了它的能力。使用简单的 SMIL 脚本，一个 Web 开发者能够在浏览器中结合几个多媒体流来创建一个视听效果极佳的多媒体演示。

SMIL 的潜在应用不计其数。我们将能够更有效地在 Web 上传输基于 Web 的培训，在其中可以借助于传统多媒体培训技术。Web 站点上的产品演示在 CD 品质的音乐和动人画面的衬托下会给人留下更加深刻的印象。创作 SMIL 实际上是创建 SMIL 标签提交给一个支持 SMIL 的浏览器的过程。许

P 多浏览器和平台在支持多媒体方面有它们各自的通常不兼容的方式。SMIL 却提供了一个从平台到平台和从浏览器到浏览器的一致性多媒体演示环境。它作为一个统一的标准被大多数浏览器所支持。

8.1.4　SMIL 开发准备

在进行 SMIL 开发前，用户至少需要一个文本编辑器和一个 SMIL 播放器。

SMIL 3.0 尚未提供具有拖放和时间轴功能的真正的视觉化编辑器，这一点使很多用户觉得丧气。但是，因为 SMIL 规范是基于 XML 的，而 XML 是以纯文本格式编写的，所以任何纯文本编辑器都可行。目前比较好的选择是 Eclipse，Eclipse 能够使用 SMIL DTD 来控制 SMIL 环境下对底层代码的编辑。当然作为初学者，使用 Windows 附件中的记事本，或者编辑性能更好的 EditPlus 等都是可以的。

目前还没有完整的支持 SMIL3.0 的播放器，Realone Player 可以全面支持 2.0 版本，是不错的选择，而且各大网站都提供下载。Ambulant Player 非常接近于完整的 SMIL 3.0 实现，并且是一个开源播放器，是 W3C 组织推荐的播放器。这些播放器都有单机版和浏览器插件，建议开发人员使用单机版，可以提供更全的报告有助于调试。

本章中所有例子使用 EditPlus 作为源文件编辑器，使用 RealOne Player 和 Ambulant Player 作为播放器。

8.2　SMIL 语法基础

8.2.1　SMIL 文档结构

SMIL 和 HTML 语言的文档格式非常相像，SMIL 文档以 <smil> 开始，以 </smil> 结束，其他的一切标记都在这二者之间。整个程序由 body 和 head 两个部分组成，其中 body 是必须要有的，而 head 部分则看实际情况。SMIL 文件的头部除了和 HTML 文件一样，包含了文件的标题、作者、版权等通用信息外，还包含了对播放布局的设置，用<layout>标签指出。Body 部分是主体，存放要播放的内容和方式。其结构如下：

```
<smil>
    <head>
        <meta name="copyright" content="Your Name" />
        <layout>
            <!-- layout标记 -->
        </layout>
    </head>
    <body>
        主体部分
    </body>
</smil>
```

8.2.2　SMIL 语法规范

SMIL 是符合 XML 规范的一种文档形式，和 HTML 有许多相似的地方，但也有很多重要的不同之处。一般来说，SMIL 具有以下一些常用的语法规则：

① SMIL 所有的标记、元素和属性，除了表示关联媒体文件的路径和名称以外，都必须以小

写字母来表示。

② 所有的标记都是封闭类型的，但并不是所有的标记都是成对出现的。有的标记通过 "/" 来表示结束。

③ 所有的属性值都必须封闭在双引号 "" 内。文件路径和名称的属性值可以用大写、小写或者大小写混合来表示，必须和文件的实际情况完全一致。

④ SMIL 文件的后缀名为 ".smil" 或 ".smi"。一般使用 ".smil" 以避免和其他文件类型冲突。文件名中不可含有空格。

⑤ SMIL 文件源代码中也可以含有注释行，注释行在媒体播放器中是不显示的，其格式为<!--注释内容-->。

8.3　SMIL 详细解析

SMIL2.0 规范具有模块化的结构形式，它是由大约 50 个模块构成的，每个模块都定义了具有相关功能的一组标签和属性。这些模块组成了下列 10 个主要的功能域，分别是动画、内容控制、布局、连接、媒体对象、元信息、结构、计时和同步、计时操作、过渡效果。本节介绍其中常用的标签及其使用方法，并给出具体实例。

8.3.1　多媒体关联

在 SMIL 文件中，关联要播放的媒体文件，是通过文件正文部分中的媒体标记来实现的。媒体标记的作用就是将媒体文件引入 SMIL 文件中，通过对该类标记各个属性的设置来描述媒体文件的文件格式和所处的位置，以及媒体文件在 SMIL 文件中的其他行为。例如，以下代码关联了流式声音文件 test.mp3：

```
<audio src="test.mp3"/>
```

SMIL 语言提供了各种媒体标记以适用于不同的媒体格式。媒体标记一般都嵌套在其他标记里使用，是最基本的标记，常用的媒体标记如表 8-1 所示。

表 8-1

标记名称	关联媒体种类
<text.../>	文本文件(.txt 文件)
<textstream.../>	RealText 的流式文本文件 (.rt 文件)
<img.../>	图片文件，可以是 Internet 上使用的所有图片格式，如 JPEG、GIF、PNG 等
<audio.../>	声音文件，如 mp3 文件、wav 文件等
<video.../>	视频文件，如.rm 文件、.mov 文件、.mpeg 文件等
<animation.../>	动画文件，如 GIF 动画、Flash 动画等
<ref.../>	适用于所有格式，尤其是其他媒体标记无法描述的格式，如 RealPix 文件(.rp)

8.3.2　多媒体片段组织

1．< seq></ seq>标记

<seq>标记可以定义序列。<seq>标记中的子元素依次显示在序列中。用户可以使用 <seq>标

记来定义要显示的图像列表、段落列表、视频列表或任何其他的元素。其主要属性如表 8-2 所示。

表 8-2

属性	值	描述
begin	time	在元素被显示之前的延迟
dur	time	设置显示的持续时间
repeatCount	number	设置显示的重复次数

下例展示了<seq>标记的使用。

seq.smil

```
<smil>
    <head>
    </head>
    <body>
        <seq dur="3" repeatCount="2" >
            <img src="image1.jpg"/>
            <img src="image2.jpg"/>
        </seq>
    </body>
</smil>
```

其运行结果为先播放 image1.jpg 文件 3 秒钟，然后接着播放 image2.jpg 文件 3 秒钟，重复播放 2 次，如图 8-1 所示。

图 8-1　seq.smil 运行结果

2. <par></par>标记

<par>标记用来定义需要同步显示的内容。其主要属性如表 8-3 所示。

表 8-3

属性	值	描述
begin	time	设置元素显示之前的延迟
dur	time	设置显示的持续时间
endsync	"first"|"last"|id(clip)	同步元素的停止
repeatCount	number	设置显示的重复次数

其中，endsync="first" 表示会在最短的片段结束时停止所有 <par> 组中的片段，endsync="last" 表示会在所有片段均结束播放时终止 <par> 组，这是默认的。endsync="id(ID)" 表

示会在被标示 (ID) 的片段结束时终止 <par> 组。下例展示了< par>标记的使用。

par.smil

```
<smil>
    <head>
    </head>
    <body>
        <par dur="3">
            <img src="image1.jpg"/>
            <img src="image2.jpg"/>
        </par>
    </body>
</smil>
```

其运行结果为 image1.jpg 和 image2.jpg 同时播放 3 秒，如图 8-2 所示。

图 8-2　par.smil 运行结果

8.3.3　时间控制

1. dur 属性

dur 属性用于控制媒体片段的播放时间，如下例所示。

dur.smil

```
<smil>
    <head>
    </head>
    <body>
        <seq>
            <img src="image1.jpg" dur="3s"/>
            <img src="image2.jpg" dur="5s"/ >
        </seq>
    </body>
</smil>
```

其运行结果为播放 image1.jpg 图像 3 秒，再播放 image2.jpg 图像 5 秒。

2. begin 和 end 属性

begin 属性用来指定所属媒体开始演示后的延迟播放时刻，end 属性用来指定所属媒体开始演示后的结束时刻。如下例所示。

time1.smil

```
<smil>
    <head>
    </head>
    <body>
        <seq>
            <img src="image1.jpg" begin="2" dur="5"/>
            <img src="image2.jpg" begin="2" end="5"/ >
        </seq>
    </body>
</smil>
```

其运行结果为演示开始 2 秒后播放 image1.jpg，并持续 5 秒。然后开始演示 image2.jpg，同样开始 2 秒后播放 image2.jpg，并在演示播放 5 秒以后停止，实际播放每个图片的时间是 5-2=3 秒，总共用时 5+5=10 秒。

3. clip-begin 和 clip-end 属性

begin 和 end 属性指定的时间是相对于整个演示的，而 clip-begin 和 clip-end 属性是用来指定所属媒体内部时间的。这里的内部指的就是多媒体片断自己的时间线。前者规定在什么地方开始播放，后者规定放到什么地方结束播放。如下例所示。

time2.smil

```
<smil>
    <head>
    </head>
    <body>
        <video src="time.rm" begin="2" clip-begin="5" clip-end="10"/>
    </body>
</smil>
```

其运行结果为演示开始后停留 2 秒，然后 time.rm 从自己的 5 秒处开始播放，到自己的 10 秒处停止。

4. fill 属性

当演示中的某个片断播放完成以后，我们可以用 fill 属性来规定它的显示状态。fill 属性有 remove 和 freeze 两个，默认的值为 remove，表示播放完后屏幕变为黑屏，freeze 表示播放完后屏幕上显示的是所播放媒体的最后一帧。

5. repeat 属性

repeat 属性用来指定所播放媒体片段的重复次数。如下例所示。

repeat.smil

```
<smil>
    <head>
    </head>
    <body>
        <video src="time.rm" repeat="2"/>
    </body>
</smil>
```

其运行结果为 time.rm 会重复播放 2 次，然后停止。

8.3.4 布局设计

布局就是在多个媒体片段需要同时演示时,在播放器中定出各个多媒体片断显示的具体位置,使演示内容显得井井有条。

布局标记必须以<layout>开头,以</layout>结束,其他具体的标记都在它们中间。 必须放在 <head> </head> 之间。

1. 定义基本窗口

<root-layout>标记规定了最基本的、最底层的窗口。其他一切窗口都在它的基础上划分出来。其常用属性如表 8-4 所示。

表 8-4

属性	值	描述
width	number	设置窗口的宽
height	number	设置窗口的高
background-color	color	设置窗口的背景色

下例定义了一个白色背景、宽 300 像素、高 200 像素的窗口。

root-layout.smil

```
<smil>
    <head>
        <layout>
            <root-layout width="300" height="200" background-color="white" />
        </layout>
    </head>
    <body>
    </body>
</smil>
```

2. 定义多媒体片段窗口

<region >标记用来定义各个多媒体片段的显示位置,其常用属性如表 8-5 所示。

表 8-5

属性	值	描述
id	text	设置窗口 id 值
left	number	离基本窗口左侧的距离
top	number	离基本窗口上方的距离
width	number	设置窗口的宽
height	number	设置窗口的高
background-color	color	设置窗口的背景色
fit	hidden/meet/fill/scroll/slice	设置媒体与窗口的匹配方式

其中 fit 属性常用于当我们定义的显示窗口的大小和我们的多媒体片断的尺寸大小不一致时的匹配方式选择,有 hidden、meet、fill、scroll 和 slice 五种取值。其中 hidden 是默认的属性值。

(1)hidden 表示保持多媒体片断的尺寸不变,从窗口的左上角开始显示。如果多媒体片断尺寸比窗口的尺寸小,那么空白的地方将用背景色填充。如果多媒体片断尺寸比窗口的尺寸大,那么多媒体片断超出窗口的部分被裁去，不被显示。

（2）meet 表示在保持多媒体片断宽/高比例不变的情况下，对多媒体片断的尺寸进行缩放。从左上角开始显示，缩放到高度和宽度中的一个尺寸等于窗口的相应尺寸，而另外的一个小于窗口的相应尺寸。空白处用背景色填充。

（3）fill 表示缩放多媒体片断使其大小正好与窗口的大小一致。如果多媒体片断的宽/高比例和窗口的宽/高比例不等，那么多媒体片断就会变形。

（4）scroll 表示对多媒体片断的尺寸不做任何修改，它以正常的尺寸大小显示。但是，如果多媒体片断的尺寸超出了窗口的尺寸，那么将会相应出现水平或者垂直滚动条。

（5）slice 表示在保持多媒体片断宽/高比例不变的情况下，对多媒体片断的尺寸进行缩放。从左上角开始显示，缩放到高度和宽度中的一个尺寸等于窗口的相应尺寸，而另外的一个大于窗口的相应尺寸，超出的部分被裁去而不显示。

下面是一个窗口布局的实例。

region.smil

```
<smil>
    <head>
        <layout>
            <root-layout width="300" height="300" background-color="yellow" />
            <region id="img_region" left="5" top="5" width="290" height="260" fit="meet" />
            <region id="text_region" left="5" top="270" width="290" height="25"
background-color="white"/>
        </layout>
    </head>
    <body>
        <par>
            <img src="image1.jpg" region="img_region" />
            <text src="test.txt" region="text_region"/>
        </par>
    </body>
</smil>
```

其运行结果如图 8-3 所示。

图 8-3　region.smil 运行结果

3. z-index 属性

z-index 属性规定相互重叠的窗口的显示次序。取值为任意数字，数字大的显示在上面。值也可以是负数，当然它就得排在 0 以后显示。如下例所示。

Eindex.smil

```
<smil>
    <head>
        <layout>
            <root-layout width="300" height="300" />
            <region id="vedio1_region" width="300" height="300" z-index="0" />
            <region id="vedio2_region" left="270" top="270" width="30" height="30"
z-index="1" />
        </layout>
    </head>
    <body>
        <par>
            <vedio src="testone.rm" region="vedio1_region"/>
            <vedio src="testtwo.rm" region="vedio2_region" />
        </par>
    </body>
</smil>
```

此例中 testtwo.rm 会覆盖 testone.rm 的部分内容，实现画中画效果。

8.3.5 链接制作

传统流媒体的一个最大的弊端是没有交互性，而 SMIL 可以说是解决大部分流媒体交互性的最好工具。

1. <a></a>标记

<a>标记用来对所播放的媒体片段建立超链接。如下例所示。

a.smil

```
<smil>
    <head>
        <layout>
            <root-layout width="300" height="300"/>
            <region id="videoregion" top="0" left="0" width="300" height="300"/>
        </layout>
    </head>
    <body>
        <a href="1.rmvb">
            <video src="2.rmvb" region="videoregion"/>
        </a>
    </body>
</smil>
```

其运行结果是播放器先播放 1.rmvb 文件，如果我们把鼠标放到正在播放的 1.rmvb 上面，鼠标将由指针形状变为小手形状。单击鼠标左键，播放器将停止播放 1.rmvb 转而播放 2.rmvb 这个文件。

2. <anchor></anchor>标记

<anchor>标记和<a>标记类似，区别在于它可以实现内部和外部指定位置跳转和分时段的链接。<anchor>实现分时段链接如下例所示。

anthor.smil

anthor.smil

```
<smil>
    <head>
        <layout>
            <root-layout width="300" height="300"/>
            <region  id="videoregion"  top="0"  left="0"  width="500"  height="300"
fit="meet"/>
        </layout>
    </head>
    <body>
        <video src="1.rmvb" region="videoregion">
            <anchor href="1.jpg" begin="0s" end="5s" />
            <anchor href="2.rmvb" begin="5s" end="10s" />
        </video>
    </body>
</smil>
```

其运行结果是播放器播放 1.rmvb，在 0～5 秒链接到 1.jpg，在 5～10 秒链接到 2.rmvb。

<anchor>实现指定位置跳转如下例所示。

anthor_from.smil

```
<smil>
    <head>
        <layout>
            <root-layout width="400" height="300"/>
            <region  id="videoregion"  top="0"  left="0"  width="400"  height="300"
fit="meet"/>
        </layout>
    </head>
    <body>
        <video src="1.rmvb" region="videoregion">
            <anchor href="anthor_to.smil#testlink"/>
        </video>
    </body>
</smil>
```

anthor_to.smil

```
<smil>
    <head>
        <layout>
            <root-layout width="400" height="300"/>
            <region  id="videoregion"  top="0"  left="0"  width="400"  height="300"
fit="meet"/>
        </layout>
    </head>
    <body>
        <video id="testlink" src="2.rmvb" region="videoregion"/>
    </body>
</smil>
```

可以看到我们在 anthor_to.smil 中为要链接的那部分内容设上 id，然后在 anthor_from.smil 的链接中用"#"来指向该标记 id。其运行结果是在 anthor_from.smil 的展示过程中，单击播放视频，则跳转到 anthor_to.smil 中媒体标记 id 为 testlink 的位置并开始播放该媒体。

3. coords 属性

coords 属性用来从空间上设定媒体的链接区域，可以实现在演示媒体的指定区域上设置链接。

如在地图上的某个省区域内设置链接。coords 属性包含四个值，第一、二个值分别表示的是链接区的左上角点的水平（left）和垂直（top）坐标，第三、四个值分别表示的是链接区的右下角点的水平（right）和垂直（bottom）坐标。如下例所示。

coords.smil

```
<smil>
    <head>
        <layout>
            <root-layout width="300" height="300"/>
            <region id="videoregion" top="0" left="0" width="300" height="300"/>
        </layout>
    </head>
    <body>
        <anchor href="1.rmvb" coords="0,0,150,300">
            <video src="2.rmvb" region="videoregion"/>
        </anchor >
    </body>
</smil>
```

此例中演示空间的大小为 300×300，而设置有超链接的范围是 150×300，也就是说只有左半部分有链接效果，而另外右半部分却没有。

4. 链接地址

最后我们的演示基本上都要放到服务器上。因此，文件位置的规定就非常重要，如果文件位置出错，那么播放器将找不到文件而不能播放。链接地址可分为三种类型：本地文件、HTTP 协议地址和 RTSP 协议地址。例如：

```
<body>
    <video src="video/test.rm"/>
    <audio src="rtsp://www.ydsky.cn:554/audio/test.mp3"/>
    <img src="http//www.ydsky.cn/image/test.jpg"/>
</body>
```

此例中第一个链接是本地服务器上的文件，所以可以使用相对地址。而后面的两个链接使用的是其他服务器上的文件，我们必须给出绝对地址。其中一个采用 RTSP 协议传送，一个采用 HTTP 协议传送。RTSP（Real Time Streaming Protocol，实时流传输协议）是 TCP/IP 协议体系中的一个应用层协议，是用来控制声音或影像的多媒体串流协议，并允许同时多个串流需求控制。HTTP 与 RTSP 相比，HTTP 传送 HTML，而 RTSP 传送的是多媒体数据。HTTP 请求由客户机发出，服务器做出响应；使用 RTSP 时，客户机和服务器都可以发出请求，即 RTSP 可以是双向的。

8.3.6 转场制作

转场是指在多媒体片段的演示过程中，不可避免地会有两个片断之间的切换。如果我们给这个切换加上一个特殊效果，则称为转场效果。转场效果通过<transition>标记来实现，常用的转场效果有 Wipe 和 Fade 两类。

1. Wipe 类型转场

Wipe 指擦去效果，是指一类效果，包含很多种具体类型，有 barWipe、boxWipe、fourBoxWipe 等 36 大类，用<transition>标记的 type 属性指定，每一个大类还有若干子类型，用<transition>标记的 subtype 属性指定。如下例所示。

wipe.smil

```
<smil>
    <head>
        <transition id="wipe1" type="slideWipe" subtype="fromTop"/>
        <transition id="wipe2" type="waterfallWipe"/>
    </head>
    <body>
        <img src="1.jpg" transIn="wipe1" transOut="wipe2" dur="5s"/>
    </body>
</smil>
```

此例定义两个转场效果 wipe1 和 wipe2，并用在图片 1.jpg 中。其中 transIn 属性指定媒体入场时的效果，transOut 属性指定媒体完成后的效果，并设置转场完成时间为 5 秒。

2．Fade 类型转场

Fade 指淡入淡出效果，用<transition>标记的 type 属性指定，它还包含有三个子类型，分别是 fadeToColor、fadeFromColor 和 crossfade，用<transition>标记的 subtype 属性指定。如下例所示。

fade.smil

```
<smil>
    <head>
        <transition id="fade1" type="fade" subtype="fadeToColor"/>
        <transition id="fade2" type="fade" subtype="fadeFromColor"/>
    </head>
    <body>
        <img src="1.jpg" transIn="fade2" transOut="fade1" dur="5s"/>
    </body>
</smil>
```

同上例类似，此例也定义两个转场效果 fade1 和 fade2，并用在图片 1.jpg 中。其中 transIn 属性指定媒体入场时的效果，transOut 属性指定媒体完成后的效果，并设置转场完成时间为 5 秒。

8.3.7　控制元素

用于条件控制的<switch>标签表示一个分支结构，通常用作选择语言和带宽控制，帮助开发者实现更好的用户体验。

1．语言选择

<switch>标签用于语言选择控制，如下例所示。

language.smil

```
<smil>
    <body>
        <switch>
            <video src="English.rm" system-language="en-us"/>
            <video src="Chinese.rm" system-language="zh-cn"/>
        </switch>
    </body>
</smil>
```

运行该 SMIL 文件，播放器会自动检测你的播放器设置的是什么语言，如果是美国英语（en-us），那么就从服务器下载 English.rm 播放；如果是简体中文（zh-cn），那么就从服务器下载 Chinese.rm 文件播放。你也可以设置很多其他国家的选项。

2. 带宽选择

<switch>标签用于带宽选择控制，如下例所示。

bitrate.smil

```
<smil>
    <body>
        <switch>
            <vedio src="highspeed.rm" system-bitrate="250000"/>
            <vedio src="midspeed.rm" system-bitrate="80000"/>
            <vedio src="lowspeed.rm" system-bitrate="20000"/>
        </switch>
    </body>
</smil>
```

运行该 SMIL 文件，播放器会检测用户的联网速度，当用户的联网速度大于 250kb/s 时，播放器就从服务器下载 highspeed.rm 播放；当用户的联网速度大于 80kb/s 小于 250kb/s 时，播放器就从服务器下载 midspeed.rm 播放；当用户的联网速度大于 20kb/s 小于 80kb/s 时，播放器就从服务器下载 lowspeed.rm 播放。

8.3.8 动画效果

这里的动画和我们通常所说的动画不同，我们通常所说的动画指像.swf 格式的 Flash 文件一样的动画视频。而这里所说的动画指由 SMIL 规定的并由 SMIL 播放器解释产生的动画，通常是通过特定的 SMIL 标签来实现的。动画效果有很多种，这里介绍常见的两种动画形式：运动动画和缩放动画。

1. 运动动画

运动动画是指通过对图片的不断移动而产生的动画效果，如下例所示。

animateMotion.smil

```
<smil xmlns="http://www.w3.org/2000/SMIL20/CR/Language">
    <head>
        <layout>
            <root-layout width="800" height="600"/>
            <region id="Images" left="0" width="800" height="600"/>
        </layout>
    </head>
    <body>
        <img region="Images" src="g03.jpg" dur="10s"> <!--视频播放时间 10 秒 -->
            <animateMotion from="0 0" to="600 400" dur="8s"/> <!-- 视频动画运动时间 8 秒-->
        </img>
    </body>
</smil>
```

这个例子里用到的是 SMIL2.0 规范中所规定的内容，所以在第一行里我们必须声明我们所用的规范(xmlns="http://www.w3.org/2000/SMIL20/CR/Language")。不然的话，播放器可能不能正确解码、播放。

其中<animateMotion>标记是用来实现运动动画效果的，它的三个属性也很好理解。from="0 0" to="600 400"属性及其属性值声明的是动画从坐标点(0, 0)运动到坐标点(600, 400)。dur="8s"属性及其属性值声明的是动画在 8 秒内完成。在这个例子中，图片的存在时间是 10 秒，那么动画完成后，将有 2 秒钟的时间静止不动。如果图片的存在时间小于动画存在时间，那么动画运动到半路就的停止，这样的情况是应该避免的。

2. 缩放动画

运动动画是指通过连续改变图片的大小而产生的动画效果，如下例所示。

animate.smil

```
<smil xmlns="http://www.w3.org/2000/SMIL20/CR/Language">
    <head>
        <layout>
            <root-layout width="800" height="600"/>
            <region id="Images" left="0" width="800" height="600" fit="meet"/>
        </layout>
    </head>
    <body>
        <img region="Images" dur="10s" src="g03.jpg" width="400" height="320">
            <animate   attributeName="height"   from="320"   to="160"   fill="freeze"
dur="10s"/>
        </img>
    </body>
</smil>
```

此例中<animate>标签用来实现缩放动画效果，它的几个属性的含义也很好理解，attributeName="height"属性及其属性值指定对原图像缩放的方向为纵向，from="320" to="160"属性及其属性值指定缩放前和缩放后图像的高度从 320 变为 160。dur="8s"属性及其属性值指定该动画在 8 秒内完成。

8.3.9　SMIL 制作实例

基于 SMIL 的同步多媒体技术创造了新的多种媒体流的融合表现形式，提供了网络平台上多媒体内容的同步方案，可以广泛应用于视频点播、远程教学等领域。下面给出了几个 SMIL 的具体实例。

1. 静态生日卡制作

利用我们所学到的基础知识，下面给出一个利用 SMIL 制作的简单演示实例，这是一个为小朋友们制作的静态生日卡，其中集成了 4 幅图片（img0、img1、img2、img3）、1 段视频（video）和 3 段文本媒体（text1、text2、test3）。

1）空域分析

通过 SMIL 布局，设置根窗口大小为 800×600，并首先在根窗口显示一段介绍视频（video），然后把窗口分为三个部分，分别为左窗口（150×500）、右上窗口（600×400）和右下窗口（600×150）。其中左窗口显示卡片制作者信息图片（img0），右上窗口显示卡片内容图片（img1、img2、img3），右下窗口显示卡片内容图片对应的文字说明（text1、text2、test3），而且右上窗口和右下窗口的内容要保持同步，如图 8-4 所示。

2）时域分析

从时间上来看，整个实例分为两个部分：片头视频和图文内容，共 90 秒。其中视频演示 30 秒，图文内容 60 秒（30～90 秒）。视频演示部分很简单，就是一个单一的视频播放，图文内容部分左窗口中始终显示卡片制作者信息图片（30～90 秒），右上窗口按照顺序显示三张卡片内容图片（每张 20 秒），右下窗口按照顺序显示卡片内容图片对应的文字说明，时间和内容图片对应。整个流程如图 8-5 所示。

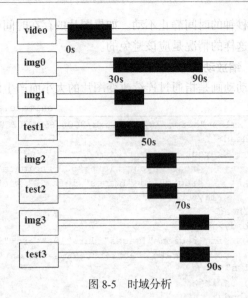

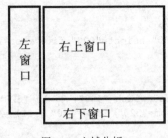

图 8-4 空域分析　　　　　　　　　　　　　图 8-5 时域分析

其源代码如下：

```
<?xml version="1.0"?>
<!DOCTYPE smil PUBLIC "-//W3C//DTD SMIL 2.0//EN"
                "http://www.w3.org/2001/SMIL20/SMIL20.dtd">
<smil xmlns="http://www.w3.org/2001/SMIL20/Language">
    <head>
        <layout type="text/smil-basic-layout">
        <root-layout width="800" height="600" background-color="gray"/>
        <region  id="video_region"  left="10"  top="10"  width="700"  height="500"
fit="meet"/>
        <region  id="message_region"  left="10"  top="10"  width="150"  height="500"
fit="meet"/>
        <region  id="picture_region"  left="160"  top="10"  width="600"  height="400"
fit="meet"/>
        <region  id="text_region"  left="160"  top="420"  width="600"  height="150"
fit="meet"/>
        </layout>
    </head>
    <body>
    <seq>
        <video src="video.mpg" region="video_region" clip-end="1:30" ></video>

        <par>
            <img region="message_region" src=" img0.jpg" dur="60s"/>
            <seq>
                <par>
                    <img region="picture_region" src=" img1.jpg" dur="20s"/>
                    <text region="text_region" src="text1.txt" dur="20s"/>
                </par>
                <par>
                    <img region="picture_region" src=" img2.jpg" dur="20s"/>
                    <text region="text_region" src=" text2.txt" dur="20s"/>
                </par>
                <par>
```

```
                <img region="picture_region" src=" img3.jpg" dur="20s"/>
                <text region="text_region" src=" text3.txt" dur="20s"/>
            </par>
        </seq>
    </par>
    </seq>
    </body>
</smil>
```

其运行效果如图 8-6 所示。

A

B

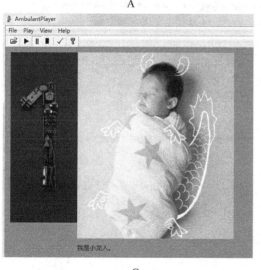

C

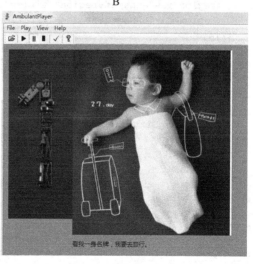

D

A：开头视频部分；B：第一张图片和文字说明；C：第二张图片和文字说明；D：第三张图片和文字说明

图 8-6　静态生日卡运行效果

2．动态生日卡制作

上例中生日卡是一个连续播放的静态过程，用户不能控制。下例中的生日卡是可以和用户互动的，当用户点击不同的孩子时将播放对应孩子的生日视频。

1）空域分析

通过 SMIL 布局，设置根窗口大小为 380×270，并把整个窗口分为三个部分，窗口布局和上例基本一致，分别为左窗口（84×260）、右上窗口（280×216）和右下窗口（220×20）。其中左窗口相当于菜单部分，显示不同孩子的图片，可以响应用户的单击操作；右上窗口为主窗口，显示片头动画和不同孩子的生日视频；右下窗口为固定部分，显示固定生日祝福，如图8-7所示。

2）时域分析

从时间上来看，和上例类似，整个实例也分为两个部分：片头动画和正文内容。其中片头动画23秒，可以跳过；正文内容可以根据用户单击循环播放不同孩子的生日视频。如果用户停止操作，则前一个视频播放结束后自动停止。

其源代码如下：

```
<?xml version="1.0"?>
<!DOCTYPE smil PUBLIC "-//W3C//DTD SMIL 2.0//EN"
                "http://www.w3.org/2001/SMIL20/SMIL20.dtd">
<smil xmlns="http://www.w3.org/2001/SMIL20/Language">
  <head>
    <meta name="title" content="Happy Birthday, Large Screen Version"/>
    <meta name="generator" content="GRiNS Pro for SMIL 2.0, v2.2 Mobile win32 build 151"/>
    <meta name="author" content="Dick Bulterman"/>
    <layout>
      <root-layout id="Player-Window" backgroundColor="gray" width="380" height="270"/>
      <region id="audio" soundLevel="10%"/>
      <region id="bkgd_image" left="0" width="380" top="0" height="270"/>
      <region id="Video" left="92" width="280" top="6" height="216" z-index="1"/>
      <region id="Captions" left="130" width="220" top="229" height="20" z-index="2"/>
      <region id="Menu" left="2" width="84" top="7" height="260" z-index="1"/>
      <region id="unnamed-region" title="unnamed region" left="0" top="0"/>
      <region id="unnamed-region-1" title="unnamed region" left="0" top="0"/>
    </layout>
    <transition id="slideover" type="slideWipe"/>
    <transition id="fade" type="fade"/>
    <transition id="push" type="pushWipe"/>
  </head>
  <body>
    <par id="BigBirthday">
      <seq>
        <par id="Intro" endsync="SkipIntro">
          <seq>
            <img id="FBT" region="Video" begin="5" dur="4s" fill="transition"
src="HBdata/In-1.gif" transIn="fade"/>
            <img id="FBT-0" region="Video" begin="0.9" dur="3.2s" fill="transition"
src="HBdata/In-2.gif" transIn="fade"/>
            <img id="FBT-1" region="Video" begin="2" dur="15s" fill="freeze"
src="HBdata/In-3.gif" transIn="fade" transOut="fade"/>
          </seq>
          <audio id="HmGeb" region="unnamed-region-1" src="HBdata/HappyBirthday.mp3"/>
          <img id="SkipIntro" fill="freeze" end="HmGeb.end;activateEvent"
src="HBdata/Skip.png" region="Menu" top="193" />
        </par>
        <par id="MenuImages" dur="indefinite">
          <img id="F1s" region="Menu" src="HBdata/F1s.jpg" width="81" top="5" height="54"
transIn="slideover"/>
          <img id="W1s" region="Menu" src="HBdata/W1s.jpg" width="80" top="66"
height="53" transIn="slideover"/>
          <img id="A1s" region="Menu" src="HBdata/A1s.jpg" width="81" top="123"
height="54" transIn="slideover"/>
```

```
        <img id="FBTs" region="Menu" src="HBdata/FBTs.jpg" width="81" top="195"
height="54" transIn="slideover"/>
        <excl id="Videos" dur="indefinite" fillDefault="freeze">
          <par id="Fz3" begin="0; F1s.activateEvent">
            <video id="Fz3-0" region="Video" src="HBdata/Fz3-g.mpg"/>
            <audio id="Birthday" region="audio" src="HBdata/Birthday.mp3"/>
          </par>
          <par id="Wz3" begin="W1s.activateEvent">
            <video id="W1s-1" region="Video" src="HBdata/Wz3-g.mpg"/>
            <audio id="Birthday-0" region="audio" src="HBdata/Birthday.mp3"/>
          </par>
          <par id="Az3" begin="A1s.activateEvent">
            <video id="Az3-0" region="Video" src="HBdata/Az3-g.mpg"/>
            <audio id="Birthday-1" region="audio" src="HBdata/Birthday.mp3"/>
          </par>
          <par begin="FBTs.activateEvent">
            <seq>
              <img id="FBT-n" region="Video" dur="5.9s" fill="transition" src="HBdata/
FBT.jpg"/>
              <video id="BTz3" region="Video" fill="transition" src="HBdata/BTz3-g. mpg"
transIn="fade"/>
              <img id="FBP" region="Video" dur="9.56667s" fill="transition" src="HBdata/
FBP.jpg" transIn="slideover" transOut="push"/>
            <video id="BPz3" region="Video" src="HBdata/BPz3-g.mpg" transIn= "fade"/>
            </seq>
            <audio id="V0RB0KFJ" region="audio" src="HBdata/Ballgame.mp3"/>
          </par>
        </excl>
      </par>
    </seq>
    <img id="BkgdImg" region="bkgd_image" fill="freeze" src="HBdata/Back3s.gif"/>
  </par>
 </body>
</smil>
```

其运行效果如图 8-7 所示。

A   B

A：开头动画部分，可跳过；B：正文内容部分，可根据用户单击显示不同的视频

图 8-7 动态生日卡运行效果

现在 SMIL3.0 已经推出一段时间了，它在技术上迈进了一大步，添加了许多有用的功能并且将引擎模块化，使其可用于各种平台上的各种设备，即使这些设备大小、类型和功能不同。相信今后 SMIL 在 Web 和移动领域将有更广泛的应用前景。

8.4　实验内容与要求

以 "XXX 的发展史" 为主题，用 SMIL 制作一个多媒体演示课件。其中 "XXX" 为自选主题，如手机发展史、太原理工大学发展史等。具体要求如下：

1. 整个课件要由三个部分组成，即片头部分、主题部分和片尾部分。各个部分要分工明确，重点突出。

2. 课件应该由丰富的媒体种类组成，其中至少要用到文本媒体、图像媒体以及声音媒体。而且要有两种以上媒体同时播放的内容。

3. 要有链接。

4. 在特定的地方要有转场效果。

5. 时间不少于 1 分钟。